"十二五"国家重点图书出版规划项目

海河流域水循环演变机理与水资源高效利用丛书

山西省水生态系统保护与修复研究

刘家宏 王 浩 秦大庸 尹 婧 等著

科学出版社

北 京

内 容 简 介

本书系统地总结了山西省水生态系统保护与修复科研及实践中的主要成果。建立了同等考虑"自然-社会"二元因子的水生态系统分区理论，揭示了植被覆盖与水循环相互作用的机理，提出了水生态系统修复的价值评价理论与方法；针对不同类型区域提出了 5 项水生态保护与修复的关键技术，解决了我国北方严重缺水地区典型水生态系统的修复模式、调控阈值和维持途径等技术问题；开展了清水复流工程、泉域保护、盆地地下水超采治理、矿井水和煤矸石综合利用等技术示范。

本书可供大专院校和科研单位及从事水资源管理、水生态修复设计的专家学者、研究生及技术人员参考。

图书在版编目(CIP)数据

山西省水生态系统保护与修复研究／刘家宏等著. —北京：科学出版社，2014.1

(海河流域水循环演变机理与水资源高效利用丛书)

"十二五"国家重点图书出版规划项目

ISBN 978-7-03-038054-8

Ⅰ. 山⋯ Ⅱ. 刘⋯ Ⅲ. 水环境–生态系统–环境保护–研究–山西省 Ⅳ. X143

中国版本图书馆 CIP 数据核字（2013）第 136070 号

责任编辑：李　敏　张　震／责任校对：宣　慧
责任印制：钱玉芬／封面设计：王　浩

科学出版社　出版
北京东黄城根北街 16 号
邮政编码：100717
http://www.sciencep.com

中国科学院印刷厂 印刷
科学出版社发行　各地新华书店经销

*

2014 年 1 月第　一　版　开本：787×1092　1/16
2014 年 1 月第一次印刷　印张：16 1/4　插页：2
字数：500 000

定价：100.00 元
（如有印装质量问题，我社负责调换）

总　　序

　　流域水循环是水资源形成、演化的客观基础，也是水环境与生态系统演化的主导驱动因子。水资源问题不论其表现形式如何，都可以归结为流域水循环分项过程或其伴生过程演变导致的失衡问题；为解决水资源问题开展的各类水事活动，本质上均是针对流域"自然–社会"二元水循环分项或其伴生过程实施的基于目标导向的人工调控行为。现代环境下，受人类活动和气候变化的综合作用与影响，流域水循环朝着更加剧烈和复杂的方向演变，致使许多国家和地区面临着更加突出的水短缺、水污染和生态退化问题。揭示变化环境下的流域水循环演变机理并发现演变规律，寻找以水资源高效利用为核心的水循环多维均衡调控路径，是解决复杂水资源问题的科学基础，也是当前水文、水资源领域重大的前沿基础科学命题。

　　受人口规模、经济社会发展压力和水资源本底条件的影响，中国是世界上水循环演变最剧烈、水资源问题最突出的国家之一，其中又以海河流域最为严重和典型。海河流域人均径流性水资源居全国十大一级流域之末，流域内人口稠密、生产发达，经济社会需水模数居全国前列，流域水资源衰减问题十分突出，不同行业用水竞争激烈，环境容量与排污量矛盾尖锐，水资源短缺、水环境污染和水生态退化问题极其严重。为建立人类活动干扰下的流域水循环演化基础认知模式，揭示流域水循环及其伴生过程演变机理与规律，从而为流域治水和生态环境保护实践提供基础科技支撑，2006年科学技术部批准设立了国家重点基础研究发展计划（973计划）项目"海河流域水循环演变机理与水资源高效利用"（编号：2006CB403400）。项目下设8个课题，力图建立起人类活动密集缺水区流域二元水循环演化的基础理论，认知流域水循环及其伴生的水化学、水生态过程演化的机理，构建流域水循环及其伴生过程的综合模型系统，揭示流域水资源、水生态与水环境演变的客观规律，继而在科学评价流域资源利用效率的基础上，提出城市和农业水资源高效利用与流域水循环整体调控的标准与模式，为强人类活动严重缺水流域的水循环演变认知与调控奠定科学基础，增强中国缺水地区水安全保障的基础科学支持能力。

　　通过5年的联合攻关，项目取得了6方面的主要成果：一是揭示了强人类活动影响下的流域水循环与水资源演变机理；二是辨析了与水循环伴生的流域水化学与生态过程演化的原理和驱动机制；三是创新形成了流域"自然–社会"二元水循环及其伴生过程的综合模拟与预测技术；四是发现了变化环境下的海河流域水资源与生态环境演化规律；五是明晰了海河流域多尺度城市与农业高效用水的机理与路径；六是构建了海河流域水循环多维临界整体调控理论、阈值与模式。项目在 2010 年顺利通过科学技术部的验收，且在同批验收的资源环境领域 973 计划项目中位居前列。目前该项目的部分成果已获得了多项省部级科技进步奖一等奖。总体来看，在项目实施过程中和项目完成后的近一年时间内，许多成果已经在国家和地方重大治水实践中得到了很好的应用，为流域水资源管理与生态环境治理提供了基础支撑，所蕴藏的生态环境和经济社会效益开始逐步显露；同时项目的实施在促进中国水循环模拟与调控基础研究的发展以及提升中国水科学研究的国际地位等方面也发挥了重要的作用和积极的影响。

  本项目部分研究成果已通过科技论文的形式进行了一定程度的传播，为将项目研究成果进行全面、系统和集中展示，项目专家组决定以各个课题为单元，将取得的主要成果集结成为丛书，陆续出版，以更好地实现研究成果和科学知识的社会共享，同时也期望能够得到来自各方的指正和交流。

  最后特别要说的是，本项目从设立到实施，得到了科学技术部、水利部等有关部门以及众多不同领域专家的悉心关怀和大力支持，项目所取得的每一点进展、每一项成果与之都是密不可分的，借此机会向给予我们诸多帮助的部门和专家表达最诚挚的感谢。

  是为序。

海河 973 计划项目首席科学家
流域水循环模拟与调控国家重点实验室主任
中国工程院院士

2011 年 10 月 10 日

序

  山西省是我国重要的能源化工基地，在国家能源战略安全中占有重要地位，但由于地处北方缺水地区，其生态环境脆弱。在能源开发和经济社会发展过程中，山西省付出了较为沉重的生态环境代价，突出表现在河道断流、地下水超采、水质污染以及岩溶大泉干涸等方面，不仅严重影响了山西省社会经济的可持续发展，甚至危及了京津唐地区的能源安全和北京市水资源安全，因此，最大限度地保护与修复退化的水生态系统已刻不容缓。2006年3月，温家宝总理视察山西省时指出"山西最大的制约因素在水"，2007年3月21日，山西省政府通过《关于加强水利建设实施兴水战略的决定》。作为"兴水战略"的重要组成部分，山西省水利厅组织开展了"山西省水生态系统保护与修复规划"的编制，并通过了水利部的审查批复，被列为全国水生态系统保护与修复的第一个省级试点。"山西省水生态系统保护与修复研究"立足基础研究，面向水生态系统的保护和修复实践，在理论创新、关键技术攻关和示范工程方案设计等方面为山西省级水生态保护修复试点提供了系统的技术支撑。

  全面、系统的省级水生态保护与修复研究，在世界各国尚无先例。国外水生态系统的修复主要是局部地区或关键点的修复，例如，河流重要河段的修复、加油站（或垃圾填埋场）周边地下水质的保护与修复等，相应的技术要点也比较孤立，缺乏系统性保护与修复技术体系。目前国内已经开展了十几个城市的水生态系统保护与修复试点，针对的主要是城市生态水网，问题相对单一，对综合技术集成的要求不高。山西省水生态系统受人类活动干扰程度深、问题复杂，涵盖了我国北方缺水地区水生态保护与修复的主要内容。本项研究及示范是我国首次投入巨资，开展此类工作，其内容之广泛、技术难度之高、工作量之大，在国内外同类研究中都是少有的。其研究成果对支撑我国水生态保护与修复实践，推动学科发展具有重要意义。

  该书面向山西省资源型经济转型和生态环境保护的重大需求，以山西省水生态系统的突出问题为导向，将技术原创与现有技术的再开发有机结合，研究了我国北方严重缺水地区的生态系统评价理论，形成了水生态系统分区理论、植被覆盖与水循环相互作用机理、水生态系统服务价值理论3项原创性理论成果；针对河流廊道、退化湿地、岩溶泉域、采煤区、水土流失区 5 种典型水生态系统，研究了各自相应的修复模式、调控阈值和维持途径等技术难题，形成了 5 项水生态保护与修复关键技术的集成创新成果。在上述科学认知和关键技术研究成果的基础上，抓住山西省汾河断流、岩溶大泉破坏、地下水超采、采煤排水污染及水源地水质不达标等突出的水生态问题，在全省范围内开展了 6 项技术示范，具体包括：汾河清水复流工程、娘子关泉域保护、汾河流域地下水超采区治理、古交矿区矿坑水与煤矸石综合利用、水土流失区生态保护与修复，以及水污染治理与水源地保护。在示范区实现了汾河清水复流、娘子关泉水出流稳定且水质明显改善、太原盆地地下水位止降回升、古交矿坑水综合利用及水源地水质达标率明显提升等一系列示范效果，取得了显著的生态和社会经济效益。该书系统地建立了适合我国北方严重缺水和资源型经济区的水生态系统保护与修复的理论和技术体系，为践行科学发展观、构筑生态文明提供了重要的理论基础和技术借鉴。

中国工程院院士

2013 年 5 月

前　言

山西省为保障国家的能源安全和京津唐地区的电力供应作出了重大贡献。20 世纪 80 年代以来，山西省进入了一个较长的枯水期，水资源量持续偏少。1956~2000 年系列山西省全省多年平均水资源总量为 123.8 亿 m³。1980~2000 年系列山西省全省水资源总量降为 109.3 亿 m³，其中最小年份（1996 年）仅为 79.4 亿 m³。水资源的连续偏枯，加之人类活动影响带来了一系列生态环境问题。

开展山西省的水生态系统保护与修复工作已迫在眉睫，山西省省委、省政府历任领导都十分重视。2007 年 6 月 15 日，山西省政府领导在北京就有关于山西省"兴水战略"全局的几个重要问题与水利部陈雷部长、矫勇副部长进行了座谈，提出希望水利部将山西省列为全国水生态系统保护与修复试点省份。根据水利部和山西省政府领导的指示，山西省水利厅将编制《山西省水生态系统保护与修复规划》作为 2008~2009 年的重要任务。为提高规划的科学性和可操作性，山西省水利厅委托中国水利水电科学研究院等单位开展"山西省水生态系统保护与修复研究"工作，负责基础理论创新、关键技术攻关和示范工程方案设计，为山西省水生态保护与修复及其示范工程建设提供系统的技术支撑。2011 年 6 月，经过深入的调研和严格的技术审查，水利部最终批复山西省成为第 12 个水生态系统保护与修复试点，同时也是唯一一个省级试点。

本书系统地汇集了山西省水生态系统保护与修复科研和实践中取得的主要成果，共分 9 章，主要包括四个部分：第 1~2 章为第一部分，概述项目基本情况、研究区基本情况和国内外研究进展；第 3~7 章为第二部分，叙述水生态系统分析与评价基础、水生态系统保护与修复指标体系、典型水生态系统保护与修复技术及应用、面向生态的河流水资源配置，以及水生态系统修复的价值评价技术；第 8 章为第三部分，介绍水生态系统保护与修复的 6 类示范工程及相应的保障措施和政策建议；第 9 章为第四部分，对研究成果和示范效益进行总结，并对未来的研究内容进行展望。

本书是在国家自然科学基金面上项目"城市高强度耗水的机理与模型研究"（51279208）、国家重点基础研究发展计划（973 计划）项目"海河流域二元水循环模式与水资源演变机理"（2006CB403401）、国家自然科学基金创新群体研究基金"流域水循环模拟与调控"

(51021066)、青年科学基金项目"中国干旱半干旱地区植被与水循环相互作用机理研究"(51109222)以及国家自然科学基金重点项目"社会水循环系统演化机制与过程模拟研究"(40830637)共同资助下，由中国水利水电科学研究院等3个单位的研究人员共同撰写完成。分章撰写人员如下：第1章刘家宏、王浩和秦大庸；第2章邵薇薇、刘家宏和陈向东；第3章秦大庸、邵薇薇和刘淼；第4章尹婧、苟思和侯卓；第5章褚俊英、尹婧和葛怀凤；第6章桑学锋、刘家宏和秦大庸；第7章褚俊英、杨朝晖和李玮；第8章刘家宏、尹婧和李玮；第9章王浩、刘家宏和秦大庸。

限于写作水平和时间，书中难免存在不足之处，敬请广大读者不吝批评指教。

作　者
2013年5月于北京

目　　录

总序

序

前言

第1章　绪论 ··· 1

1.1　项目概况 ·· 1

1.1.1　立项背景 ·· 1

1.1.2　技术路线 ·· 1

1.1.3　研究过程 ·· 2

1.1.4　成果与效果 ·· 4

1.2　山西省水生态系统概况 ·· 5

1.2.1　自然地理 ·· 5

1.2.2　社会经济 ·· 5

1.2.3　水生态系统 ·· 6

1.2.4　面临的主要问题 ·· 8

第2章　国内外研究现状与述评 ··· 12

2.1　生态修复研究现状 ·· 12

2.1.1　国外研究现状 ·· 14

2.1.2　国内研究现状 ·· 16

2.2　植被与水循环相互作用研究进展 ·· 19

2.2.1　覆被变化对流域水循环的影响 ·· 19

2.2.2　植被变化对降水量的影响 ·· 20

2.2.3　土壤水分对植被的影响 ·· 22

2.3　水生态系统理论研究进展 ·· 23

2.3.1　生态分区 ·· 25

2.3.2　水文分区 ·· 29

2.3.3　生态水文分区 ·· 32

2.3.4　区划方法 ·· 34

2.4 山西省水生态系统保护与修复研究现状 ························ 35

第3章 水生态系统分析与评价基础 ······························ 38

3.1 水生态系统分区理论 ·· 38
3.1.1 分区指标体系 ·· 38
3.1.2 主要指标数据及分区评价 ······························ 39
3.1.3 山西省水生态系统分区 ································ 50

3.2 植被与流域水循环相互作用机理 ······························ 55

3.3 山西省水生态系统总体评价 ·································· 62
3.3.1 坡面生态系统 ·· 62
3.3.2 河流廊道生态系统 ···································· 67
3.3.3 地下水系统 ·· 68
3.3.4 煤炭开采区 ·· 79
3.3.5 饮水水源地 ·· 82

第4章 水生态系统保护与修复指标体系 ·························· 83

4.1 河流廊道系统保护与修复指标 ································ 83
4.1.1 河流廊道生态保护与修复目标 ·························· 83
4.1.2 河流廊道生态保护与修复指标体系 ······················ 83

4.2 地下水系统保护与修复指标 ·································· 85
4.2.1 地下水生态保护与修复目标 ···························· 86
4.2.2 地下水生态保护与修复指标体系 ························ 86

4.3 采煤区生态保护与修复指标 ·································· 86
4.3.1 采煤区生态保护与修复目标 ···························· 87
4.3.2 采煤区生态保护与修复指标体系 ························ 87

4.4 水土流失区生态保护与修复指标 ······························ 89
4.4.1 晋西黄土高原区生态保护与修复目标 ···················· 89
4.4.2 晋西黄土高原区生态保护与修复指标体系 ················ 89

4.5 饮水安全保障指标 ·· 91
4.5.1 饮水安全目标 ·· 91
4.5.2 饮水安全指标体系 ···································· 92

第5章 典型水生态系统保护与修复技术及应用 ···················· 93

5.1 河流廊道修复技术及应用 ···································· 93
5.1.1 河道整治与修复技术及应用 ···························· 93

5.1.2　入河污染物控制技术及应用 …………………………………… 97
　　5.1.3　生态水量调控技术及应用 ……………………………………… 103
5.2　地下水系统保护与修复技术及应用 ………………………………………… 106
　　5.2.1　地下水控采技术及应用 ………………………………………… 106
　　5.2.2　岩溶泉域保护技术及应用 ……………………………………… 112
　　5.2.3　地下水水位监测技术及应用 …………………………………… 117
5.3　采煤区水生态保护与修复技术及应用 ……………………………………… 118
　　5.3.1　矿井水综合利用技术及应用 …………………………………… 118
　　5.3.2　矸石山生态修复技术及应用 …………………………………… 121
5.4　水土流失区生态保护与修复技术及应用 …………………………………… 124
　　5.4.1　坡耕地退耕还林还草技术及应用 ……………………………… 124
　　5.4.2　基于数字流域模型的淤地坝规划技术 ………………………… 130
　　5.4.3　水土流失治理对粮食安全的影响及对策 ……………………… 133
5.5　饮水安全保障技术及应用 …………………………………………………… 135
　　5.5.1　水质问题解决方案 ……………………………………………… 135
　　5.5.2　水量问题及饮水保证率问题及解决方案 ……………………… 136

第6章　面向生态的河流水资源配置理论方法及应用 …………………………… 139

6.1　面向生态的河流水资源配置理论与方法 …………………………………… 139
　　6.1.1　面向生态的河流水资源配置理论 ……………………………… 139
　　6.1.2　面向生态的河流水资源配置方法 ……………………………… 141
　　6.1.3　面向生态的河流水资源配置特点 ……………………………… 141
6.2　面向生态的河流水资源配置模型构建 ……………………………………… 142
　　6.2.1　目标函数 ………………………………………………………… 143
　　6.2.2　约束条件 ………………………………………………………… 143
　　6.2.3　模型主要计算模块 ……………………………………………… 145
　　6.2.4　模型水量平衡计算 ……………………………………………… 146
　　6.2.5　配置模型运行策略 ……………………………………………… 147
6.3　山西省河流生态系统用水配置 ……………………………………………… 149
　　6.3.1　研究分区 ………………………………………………………… 149
　　6.3.2　主要河道断面控制 ……………………………………………… 151
　　6.3.3　规划水平年河道供水分析 ……………………………………… 153
　　6.3.4　规划水平年需水分析 …………………………………………… 155
　　6.3.5　水生态系统方案设置 …………………………………………… 170
　　6.3.6　河道生态供水配置及分析 ……………………………………… 172

  6.3.7 各水平年方案总结 ··· 189

第7章 水生态系统修复的价值评价技术 ································· 195
 7.1 水生态系统修复价值评价的理论框架 ····························· 195
 7.2 水生态系统修复的价值评价技术 ···································· 196
  7.2.1 重点河流廊道 ··· 196
  7.2.2 地下水系统 ·· 202
  7.2.3 煤炭开采区 ·· 204
  7.2.4 水土流失区 ·· 205
  7.2.5 饮水安全 ·· 206
 7.3 山西省水生态系统修复的价值评价结果 ························· 207
  7.3.1 重点河流廊道 ··· 207
  7.3.2 地下水系统 ·· 210
  7.3.3 煤炭开采区 ·· 210
  7.3.4 水土流失区 ·· 210
  7.3.5 城乡饮水区 ·· 211
  7.3.6 价值总量 ·· 211

第8章 水生态系统保护与修复示范 ··· 213
 8.1 汾河清水复流工程 ··· 213
  8.1.1 水源涵养与生态修复 ·· 213
  8.1.2 源头雷鸣寺泉域保护 ·· 214
  8.1.3 滨河湿地修复 ··· 215
  8.1.4 汾河河道疏浚及岸坡整治 ······································ 215
 8.2 娘子关泉域保护 ··· 217
  8.2.1 泉源区非点源污染控制 ··· 217
  8.2.2 工业污染源控制 ··· 217
  8.2.3 泉口景区建设 ··· 218
  8.2.4 泉源水土保持绿化工程 ··· 218
 8.3 汾河流域地下水超采区治理 ·· 218
  8.3.1 汾河流域地下水超采分布 ······································ 218
  8.3.2 汾河流域节水型社会建设 ······································ 218
  8.3.3 汾河流域地下水关井压采 ······································ 219
  8.3.4 汾河流域地表水替代水源网络 ······························· 220
 8.4 采煤区水生态保护与修复 ··· 221

  8.4.1 古交煤矿矿坑水综合利用 ·· 222
  8.4.2 煤矸石综合利用 ·· 223
  8.4.3 采煤区生态复垦 ·· 223
 8.5 水土流失区生态保护与修复 ·· 224
  8.5.1 坡耕地退耕还林还草 ·· 224
  8.5.2 淤地坝建设 ·· 225
  8.5.3 小流域水土保持生态修复 ·· 225
  8.5.4 荒滩整治与坡改梯 ·· 225
 8.6 水污染治理与水源地保护 ·· 226
  8.6.1 滹沱河上游综合整治工程 ·· 226
  8.6.2 漳河生态环境综合治理 ·· 227
  8.6.3 神头泉水源地保护 ·· 227
  8.6.4 郭庄泉水源地保护 ·· 229
 8.7 保障措施 ·· 231
  8.7.1 法律法规保障 ·· 231
  8.7.2 制度保障 ·· 231
  8.7.3 工程与技术保障 ·· 232
  8.7.4 资金保障 ·· 232
  8.7.5 社会保障 ·· 233
 8.8 相关政策建议 ·· 233
  8.8.1 积极推动地方水生态系统保护法规出台 ······························ 233
  8.8.2 完善并落实各项水生态系统保护制度 ································ 233
  8.8.3 加强水生态系统保护工程和技术建设 ································ 234
  8.8.4 确保水生态系统保护资金支持 ······································ 234
  8.8.5 加大社会宣传力度 ·· 235

第9章 基本结论与展望 ·· 236
 9.1 基本结论 ·· 236
 9.2 主要创新点 ·· 237
 9.3 研究展望 ·· 238

参考文献 ·· 240

第1章 绪 论

1.1 项目概况

1.1.1 立项背景

《中华人民共和国水法》(以下简称《水法》)第四、三十、四十条等都明确提出了保护水资源与水生态系统的要求。开展水生态系统保护与修复工作是贯彻落实《水法》,实现人与自然和谐相处的重要内容,是各级水行政主管部门的重要职责。2004年水利部下发了《关于水生态系统保护与修复的若干意见》(水资源 [2004] 316 号),正式启动了水生态系统保护与修复工作。2005年水利部水资源司又下发了《关于开展水生态系统保护和修复试点工作的指导意见》(以下简称《指导意见》),明确提出"试点应按照国家(流域)级试点、省级和市级试点分层次进行"。2007年6月,山西省政府领导提出希望水利部将山西省列为全国水生态系统保护与修复试点省份。水利部陈雷部长提出山西省可以先开展水生态系统保护和修复规划及相关关键技术研究,把试点方案拿出来,出台一些政策,水利部将山西省作为全国的试点给予支持。根据水利部和山西省政府领导的指示,山西省水利厅委托中国水利水电科学研究院和山西省水资源研究所联合开展"山西省水生态系统保护与修复研究"工作,并在此基础上编制了《山西省水生态系统保护与修复规划》及试点实施方案。

截至2011年,山西省是第一个申报水生态系统保护与修复试点的省份。此前,水利部已在全国11个城市开展了水生态系统保护与修复试点,全省范围内的试点还没有展开。2010年9月28日,《山西省水生态系统保护与修复试点实施方案》已通过水利部组织的审查,山西省被列为第一个省级试点。

2010年12月13日,国务院正式批准"山西省国家资源型经济转型发展综合配套改革试验区"建设,要求山西省在改革试验中一定要正确处理好产业发展和生态环境保护的关系,逐步偿还环境和生态欠账。这既是山西省水生态系统保护与修复工作的一项重大成果,同时也给本项目的研究成果提供了广阔的应用空间。

1.1.2 技术路线

山西省的山川地貌大体可分为三大部分:西北部为黄土高原,东南部为华北土石山区,中间为比较平坦的汾河谷地,山谷之中泉水分布。20世纪80年代以来,随着人类活动的增强，水生态系统受到的影响和冲击越来越大，问题主要表现为河道萎缩、水质污染、地下水水位下降、水土流失、地质塌陷、矸石山遍布及水源地枯竭等。

本项目拟在山西省水生态系统演变及现状调查分析的基础上，完善水生态系统分析与评价基础理论，进行生态水文分区并归纳、解析各区水生态系统存在的问题，进而制定水生态系统保护与修复的目标与指标体系。

根据水生态系统的类型和存在的问题划分，开展五类典型水生态系统保护与修复的关键技术研究，具体包括两类自然生态系统和三种人类活动关键影响区。两类天然生态系统即河流生态系统和晋西黄土高原生态系统；三种人类活动关键影响区即地下水（岩溶水）超采区、煤炭开采区和城乡饮水水源地。

在分类修复技术的基础上，开展面向生态保护的水资源配置理论与方法研究，合理配置国民经济用水和生态环境用水，使得生态系统保护与修复的各项用水指标能够得到满足，保障修复目标的实现。研究水生态系统服务价值评估技术，建立半湿润半干旱地区水生态系统服务价值的理论框架，开发相关的价值评估技术，为水生态系统保护与修复的效益评估奠定基础。

在具体研究方案上，项目面向山西省资源型经济转型和生态环境保护的重大需求，以山西省水生态系统的突出问题为导向，将技术原创与对现有技术的再开发有机结合，研究了我国北方严重缺水地区的生态系统评价理论，形成了水生态系统分区理论、植被覆盖与水循环相互作用机理及水生态系统服务价值理论三项原创性理论成果。针对河流廊道、退化湿地、岩溶泉域、采煤区和水土流失区五种典型水生态系统，研究了各自相应的修复模式、调控阈值和维持途径等技术难题，形成了五项水生态保护与修复关键技术的集成创新成果。在上述科学认知和关键技术研究成果的基础上，抓住山西省汾河断流、岩溶大泉破坏、地下水超采、采煤排水污染、水源地水质不达标等突出的水生态问题，在全省范围内开展了六项技术示范，包括汾河清水复流工程、娘子关泉域保护、汾河流域地下水超采区治理、古交矿区矿井水与煤矸石综合利用、水土流失区生态保护与修复、水污染治理与水源地保护。项目研究的技术路线如图1-1所示。

1.1.3 研究过程

本项目研究工作于2007年11月正式启动，经过一年半的努力，项目组成员调研了国内外水生态系统保护与修复方面的理论成果和实践应用案例，完成了水生态系统分析与评价基础、水生态系统保护与修复指标体系、五大典型水生态系统修复关键技术、面向水生态的水资源配置理论及模型等的研究工作。2009年5月9日，在山西省太原市召开的中期成果咨询会上，与会专家对研究取得的理论和关键技术成果给予了高度评价，且山西省政府领导指示在关键技术研究的基础上尽快组织编制《山西省水生态系统保护与修复规划》。2009年12月20日，作为本项目研究成果之一的《山西省水生态系统保护与修复规划》编制完成，并通过了山西省科技厅、水利厅等单位联合组织的验收。

本项目的研究过程得到了水利部和山西省各界的高度重视。在十一届全国人大第三次

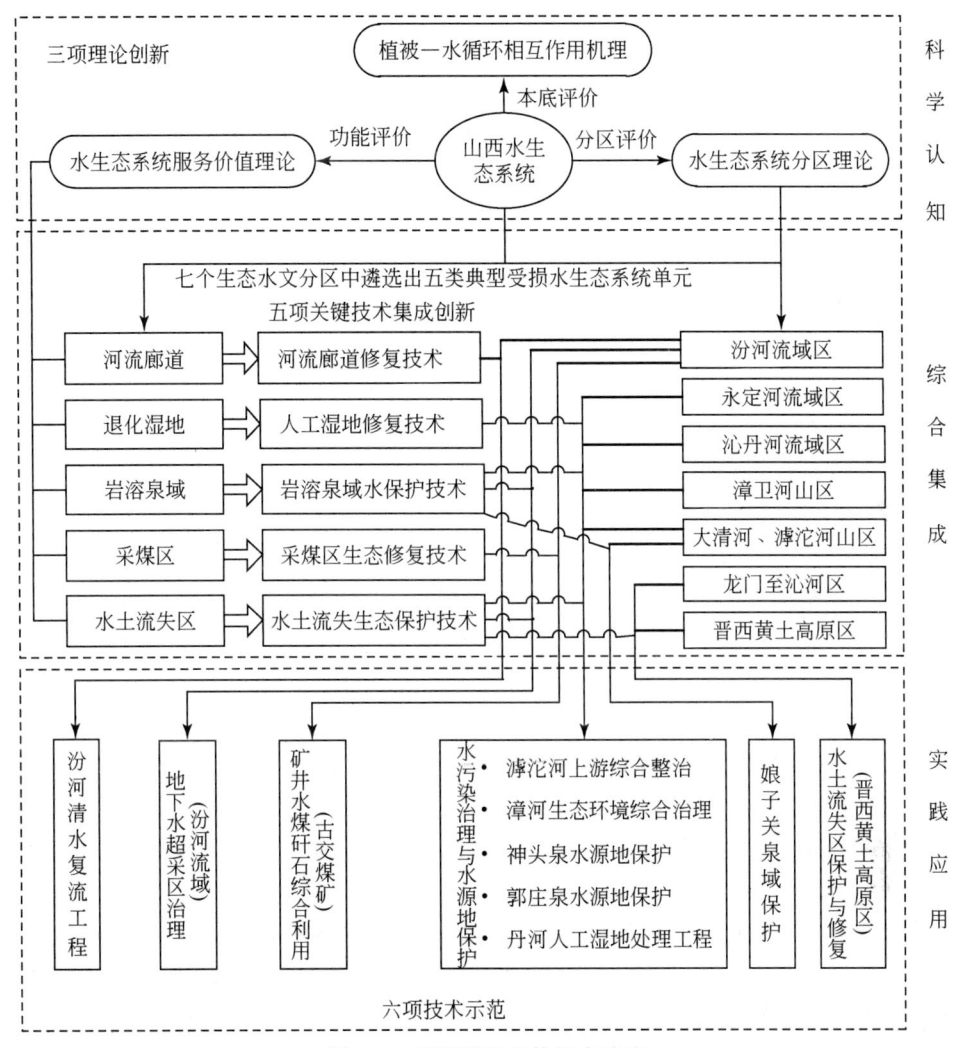

图 1-1 项目研究总体技术路线

会议上,山西省代表团以全团提案的方式提交了将山西省列为全国水生态系统保护与修复试点省的议案,拟通过 5~10 年的努力,彻底扭转水生态系统持续恶化的趋势,争取使山西省的生态环境有一个大的改观。2010 年 11 月山西省常委、副省长李小鹏同志与陈雷部长座谈时恳请水利部尽快批复实施。2011 年 3 月 7 日,山西省委书记袁纯清同志在接受中央电视台"经济半小时"栏目专访时,进一步提出"现代山西"的核心内涵之一就是"城乡生态化",在"十二五"期间将大力推进资源型经济转型,实施"生态兴省"战略。2011 年 3 月 27 日,国家水利部和山西省人民政府签署"省部合作备忘录",把水生态修复保护作为"两型"(资源节约型、环境友好型)社会建设的重要内容和有力抓手。2011 年 4 月 1 日,山西省人民政府正式批复了基于本项目研究成果而开展的《山西省水生态系统保护与修复规划》(晋政函〔2011〕39 号)。

本项目研究过程中组织了两次较大规模的踏勘调查，并进行了4次专家咨询。从研究大纲的编制到最终成果的形成，山西省水利厅的领导和有关专家都给予了密切的关注和充分指导。通过对山西省水生态系统的多次实地考察和与有关专家的数次探讨交流，本项目组掌握了翔实的第一手资料，综合运用了国内外先进的理论和研究手段，明晰了山西省水生态系统问题的症结所在，并有针对性地提出了五大典型水生态系统的保护与修复关键技术，提出了覆盖全省范围的保护与修复方案。

1.1.4 成果与效果

本项目研究成果主要包括：

1）研究了生态-水分相互作用机理等前沿理论，定量评价了山西省水生态系统现状，识别了水生态系统保护与修复的重点，即五大河流地表水、六大盆地地下水、19个泉域岩溶水。

2）应用生态水文分区理论等划分并确定了山西省五大典型水生态系统，并深入研究了这5类水生态系统保护与修复的关键技术，提出了相应的保护与修复方案。

3）建立了面向生态的水资源配置理论与方法，对山西省的国民经济和生态环境用水进行了重新配置，提出了万家寨引黄南、北干线的生态补水方案以及汾河下游引沁入汾补水方案。

4）提出了适合半干旱半湿润地区的水生态系统服务价值评估理论及相应的水生态系统服务价值计算方法，将山西省对五大水生态系统保护和修复所产生的生态服务价值进行了定量化计算和评估，明确给出了生态系统保护与修复措施发挥效用后，生态系统服务价值的增量。

本项目的多项研究成果直接被山西省政府和水利厅采纳应用，发挥了显著的生态、社会和经济效益。山西省实施"兴水战略"以来，重点推动了"三水"保护行动，即河湖地表水、盆地地下水和泉域岩溶水。在河湖地表水保护方面，启动了五大河流及主要水库湿地的污染源治理、生态基流调控、河道整治与湿地修复工作。山西省全省县级以上城市全部建立了污水处理厂，加强了生产、生活污水的处理及回用力度。投资106亿元实施了汾河清水复流工程，通过引黄南干线和马坊沟调水工程向汾河中下游生态补水1.5亿 m^3/a，实现了非冰冻期的千里汾河复流，结束了兰村—柴村桥段连续12年的断流局面。正在实施的桑干河生态补水工程，规划2020年向桑干河生态补水2000万 m^3，可基本解决桑干河生态缺水问题。在盆地地下水保护方面，实施了地表水替代水源工程，加大了超采区的关井压采力度，布设了地下水水位监测网络，并将地下水水位的升降幅度纳入了地方政府的政绩考核指标体系。全省已建立省、市、县三级取水监控信息系统，对城市生活、工业开采井取水进行监控。作为地下水保护试点县，清徐县普及了农灌机井IC智能监控系统，对全县农灌水井的取水量和取水过程进行了在线监控。在泉域岩溶水保护方面，划定了全省19个泉域的泉源、水量、水质等保护区，对重点泉域，如神头泉、娘子关泉域进行了源头生态修复和污染治理工程，关闭了源头高污染、高耗水的电厂等企业，搬迁了泉源保护区范围内的住户，建立污水处理厂，有效控制了源头的污染，改善了泉源区的生态环境。

此外，为保障水生态系统保护与修复方案的落实，山西省政府出台了一系列政策法规。2008年，地下水水位升降幅度被纳入地方政府的政绩考核指标体系。同年，《山西省人民政府关于促进资源型城市可持续发展的实施意见》（晋政发［2008］19号）以及《山西省人民政府办公厅关于印发汾河流域生态环境治理修复与保护工程方案的通知》（晋政办发［2008］59号）下发。2009年10月1日起，在全省主要河流实行跨界断面水质考核及生态补偿机制，包括9个国控断面和36个省控断面。这些政策法规有力地保障了全省的水生态系统保护与修复工程的实施。经过3年多的努力，全省的水生态系统状况有了明显改善，当地人民群众对水生态系统保护与修复的成果表示满意。

1.2 山西省水生态系统概况

1.2.1 自然地理

山西省位于华北地区的西部，黄河的中游，黄土高原的东缘。地理坐标为110°14′E～114°33′E、34°34′N～40°43′N。

山西省境内地形复杂，按地形特点，可大致分为东部山区、西部高原区和中部盆地区三大部分。全省山地面积为5.58万km^2、丘陵面积为6.96万km^2、盆地平川面积为3.08万km^2，分别占全省面积的35.7%、44.6%、19.7%。

山西省属中纬度大陆性季风气候，中南部属暖温带，境内长城以北属温带。气候特征表现为：春季短促、少雨干旱多风沙；夏季高温多暴雨，南北起讫时间相差较大；秋季温和晴朗；冬季降水稀少、寒冷干燥。

山西省的天然林主要分布在中条、吕梁、太岳、太行、关帝、管涔、五台和黑茶八大山区的50多个县、市。因林区所处不同的地域和高程，组成了多种森林类型，包括高寒地区生长的云杉、落叶松林，低山生长的油松林和阔叶林以及暖温带的漆树、泡桐、杜仲林等。人工林除山地有少量栽植外，主要分布在风沙危害较严重的晋西北和桑干河、滹沱河流域，已形成相当规模的防护林网和护岸林带。草地主要分布在雁北干草原区与晋西北灌丛草原区。

1.2.2 社会经济

山西省行政区划共设太原、大同、阳泉、长治、晋城、朔州、晋中、忻州、临汾、运城、吕梁11个地级市，119个县（市、区）。全省国土总面积15.62万km^2，省会太原市。2008年总人口3410.64万，其中从事农业的人口约占总人口的70%，农业在山西省占有重要地位。

改革开放以来，山西省的国民经济有了快速发展，但由于山西省的工业结构以重工业为主，能源和初级矿产品比重较大，技术含量和附加值低，经济发展速度和整体效益与沿海先进省份差距较大。近年来，山西省省委、省政府将调整产业结构作为工作重点，采取了一系列措施，已经初见成效。2008年全省生产总值为7055.8亿元，人均国内生产总值（gross domestic product，GDP）为20 688元。

山西省煤炭资源丰富，是国家的能源重化工基地。2008年全省原煤产量为6.56亿t，占全国总产量的1/4，其中外调量为5.33亿t，输送给全国26个省（自治区、直辖市），占全国产销省外调量的70%，为全国的经济发展提供了强大的动力。目前，山西省已基本形成了以重工业为主，以煤炭、电力、冶金、化工、机械为主要支柱的工业体系，新兴产业和高新技术产业也在迅速发展。

1.2.3 水生态系统

1.2.3.1 水资源特征

山西省河流属自产外流型水系，河流水源主要来自大气降水，绝大部分河流发源于境内，向省外发散流出。除流经省界西、南两面长达695km的黄河干流以外，全省流域面积大于4000 km^{2}的较大河流有9条，流域面积小于4000 km^{2}但大于1000 km^{2}的中等河流有44条。

山西省的河流分属黄河、海河两大流域。其中黄河流域总面积为97 138 km^2，约占全省总面积的62%；海河流域总面积为59 133 km^2，约占全省总面积的38%。大体上，向西、向南流的河流属黄河水系，汇入黄河干流中游河段。向东流的河流属海河水系，是海河流域永定河、大清河、子牙河、漳河及卫河等主要河流的发源地。山西省的河流大多发源于东西两翼山区，具有山地型河流的特点，河长都比较短，坡度也比较陡。据统计，河长长于150km的河流只有8条，绝大部分河流长度只有几十公里，流域纵深比较小；河道比降一般在3‰以上，普遍具有源短流急、侵蚀切割严重的特点（李英明和潘军峰，2004）。

1956~2000年系列山西省全省多年平均水资源总量为123.8亿m^3，其中河川径流量为86.77亿m^3，地下水不重复量为37.03亿m^3。1980~2000年系列全省多年平均水资源总量为109.3亿m^3，其中河川径流量为72.9亿m^3，地下水不重复量为36.4亿m^3。

1.2.3.2 水生态系统特征

(1) 降雨年际、年内变化大

山西省多年平均降水量（1956~2000年系列）为508.8mm，大部分地区介于350~650mm，降水量分布由东南向西北递减。6~9月是每年降雨最为集中的月份，降水占全年降水总量的70%以上。降水量年际变化大，最大与最小年降水比值可达3~4，且存在连续枯水年情况。

(2) 径流年际、年内变化大

山西省内各河流的径流年际变化，因河流的流域面积、流域地形和地质条件而各有不同。流域面积相对较大，流域内有较大岩溶泉水出露的河流，由于流域的调蓄作用，河川径流的年际变化比较平缓，而流域面积较小的山溪性河流地表径流年际变化相对较大。地区间，流域下垫面对年径流的影响，差异较大。灰岩漏水区年径流极值比最大，变质岩山区、黄土丘陵区、砂页岩山区年径流极值比依次减小。一般情况下，森林对年径流的调蓄作用使其年际变化相对趋于平缓，远小于同类岩性非林区极值比。径流的年内变化呈现丰枯年份径流量集中程度不一的特征，丰水年因洪水比例大，径流量集中程度较高，枯水年则较为平均。

（3）生态系统脆弱，人类活动干扰影响加剧

山西省植被覆盖度受降水量影响显著，1988~1992年植被覆盖度随着降水量的下降而快速下降。1992年上半年山西省出现重大旱情，其植被覆盖度较1988年下降了近50%；1992~1995年，随着降水量增加，植被覆盖度也开始有所好转。可见，山西省植被生长对水分条件的依赖性较强。

近年来，随着人类对生态环境影响的不断增强，人类活动已成为了除降雨年际变化影响外对植被变化影响最大的因素。

（4）地下水严重超采，地下水源枯竭，水质恶化

山西省位于中国北方干旱半干旱地区，水资源较为贫乏。近年来，随着社会经济的迅速发展，人口的快速增长，城镇化步伐的加快，人民生活水平的提高和工农业对水的需求量不断增加，水资源供需矛盾和生态环境恶化问题日益突出。自20世纪80年代以来，山西省水源组成有了较大变化。近30年来，全省未建大型地表水控制工程，地表水利用率较低，供水量呈逐年减少趋势，致使地下水开采量逐年增加。20世纪80年代以来，地表供水量由年均35亿m^3下降至20亿m^3。相应的地下水开采量从11亿m^3增加到40亿m^3。近30年来地下水供水量一直占总供水量的60%~70%。

除20世纪50~60年代中期山西省主要岩溶大泉平均泉水流量变化不大外，60年代中期以后泉水流量一直处于明显的持续性衰减状态，总体年衰减率达0.0674 m^3/s（主要泉域总流量以每年1.01 m^3/s约合3185万m^3/a的速度递减）。截至2003年，主要大泉的平均流量较1956~1979年早期系列平均流量减少52.13%。完全断流的泉水有晋祠泉、兰村泉、古堆泉三眼；接近断流的有郭庄泉、洪山泉；较早期平均泉水流量减少40%以上的还有娘子关泉、神头泉、辛安泉、柳林泉、水神堂泉；泉水流量减少30%以下的有马圈泉、城头会泉、外加天桥泉。

由于长期超采地下水，地下水集中开采区地下水水位逐年下降。20世纪70年代初全省地下水降落漏斗仅有3处，分别出现在太原市、运城涑水盆地及介休城区。20世纪80年代以来，除太原、介休、运城三大漏斗不断扩大外，还形成了以大同、侯马、临汾、祁县、榆次、汾阳、原平、交城等城市水源地为中心的地下水降落漏斗。截至2008年年末，全省形成地下水降落漏斗20余处（其中岩溶水降落漏斗两处），漏斗面积超过3000 km^2。伴随着山西省地下水水位的持续下降，其水质也逐渐受到污染。山西省七大盆地中，除天阳盆地各项指标全部达标，符合生活饮用水标准外，其余6个盆地均不同程度地分布有超标水体。其中重点地下饮用水源地的大同盆地、忻定盆地和临汾盆地地下水中氟化物超标。

山西省地下水资源面临着储量日益减少、水位持续下降等严重危及地下水资源可持续利用的严峻挑战，同时地下水水质的不断恶化也极大地威胁着当地居民的饮水安全。

(5) 水质呈恶化趋势，水质污染较严重

20世纪80年代到2008年，山西省的水质经历了"恶化—好转—再恶化"的曲折变化过程。1982~1990年，水质恶化，污染加剧。1990年水质较1982年降低，仅氨氮、COD和挥发酚污染河长比例分别增加了23.9%、9.6%和10.3%，而且污染范围迅速扩大。1990~2000年，污染面扩大趋势有所放缓，重度污染比例增加。2000年Ⅳ类以下水质污染河长占82.1%，较1990年增加了7.9个百分点。随着各级政府和社会公众对污染防治工作的重视以及一系列水生态系统保护与修复措施的实施，2008年较2000年水质恶化趋势得到一定遏制，特别是Ⅰ、Ⅱ类优质水的河长比例有所上升，保护与修复措施的效益得到初步体现。总体来看，山西省河流水质呈下降趋势，水质污染较严重。

1.2.4　面临的主要问题

山西省是我国的能源大省，其煤炭生产为我国的社会经济发展作出了巨大的贡献，同时也付出了沉重的生态环境代价。当前，山西省水生态系统面临的主要问题有以下几方面。

1.2.4.1　河道流量衰减，断流时间加长

1980年以来，一方面由于降水减少，径流偏枯；另一方面能源基地建设和城镇化对水资源需求快速增长，使得汾河水量大部分被引用消耗，河道实际流量迅速减少。据统计，汾河流域1980~2000年平均地表水利用消耗率为64.8%，同期平均汇入黄河的水量为5.85亿 m^3，1997~2006年平均汇入黄河的水量为3.02亿 m^3，径流衰减48%。由于流量的衰减和沿河取水量的增加，河道断流时间逐步加长，从兰村水文站到义棠水文站160km的河道在非灌溉引水期基本处于断流状态，河道内往往只有少量污水。兰村水文站2001年以来断流天数一直在250天以上，最多一年断流达278天，汾河二坝和义棠水文站的断流天数也超过了140天。

1.2.4.2　水资源供需矛盾突出，生态用水难以保障

山西省永定河流域2006年人均当地水资源量仅为177 m^3，加上过境水资源量也仅为239 m^3，属于严重缺水地区。20世纪80年代以来，该区经济和社会发展迅速，水资源供需矛盾日趋突出，水资源开发利用量已超过当地水资源的承载能力。由于缺水，在供水分配上不得不采取"限农、压工、保生活"的方针，生态用水更是难以保障。2008年，该区内的生态供水仅为0.02亿 m^3，而该区实际需要的生态水量（仅包括城郊水土保持用水、城市生态防护带用水、城市河湖用水、城市绿地浇灌用水等，不包括天然生态用水）约为0.25亿 m^3（据《山西省万家寨引黄工程北干线河道输水方案专题报告》，2007），生

态供水不及需求的十分之一。由于缺水，该区的生态环境日趋恶化，形成"缺水—污染—更缺水"的恶性循环局面。同时由于地下水局部超采，引起地下水水位的降低以及河道断流，导致使整个生态系统逐步退化。

1.2.4.3 岩溶泉域破坏严重，自然出流几近衰竭

山西省汾河流域的7处岩溶大泉自然出流量已由20世纪60年代的27.1 m³/s 衰减到现状的不足6.2 m³/s。兰村泉已干涸24年，晋祠泉已干涸16年，古堆泉已干涸13年。这些泉水的干涸是由天然降水减少造成的，但更重要的原因则是泉水的过度开采以及煤炭开采对泉流通道的破坏。

永定河流域的神头泉是朔州市最重要的供水水源。20世纪80年代以前主要供给桑干河灌区农业灌溉用水。随着国家重点项目——神头项目一期、大同二电厂项目、平朔露天煤矿建设和朔州市城市建设的发展，相继增加了神头电厂、刘家口和夏阁3个水源地。截至2000年，3个水源地岩溶水的开采量达1602万 m³。此外，第四系孔隙水农业开采量为1205万 m³，平均开采流量为0.89 m³/s。由于大量开采，致使泉水流量衰减严重，由1956~2000年系列多年平均6.96 m³/s 衰减到2000年的5.30 m³/s。

大清河及滹沱河山区分布的娘子关泉是我国北方最大的岩溶泉群，20世纪60年代以来，泉水出流呈振荡下降的趋势。这虽与全球气候变化导致的降水减少有一定关系，但阳泉市城市生活和工业开采地下水的增加对泉流量的衰减影响更加直接。煤炭的开采透水对马圈泉域岩溶水的水量影响较大。同时，采矿区矿坑废水和地表雨污水渗入地下，对岩溶泉域的水质也造成一定影响。

1.2.4.4 入河污水量大，河流污染严重

据2007年的调查，永定河流域入河排污口超过466处，对河流水体影响较大的口门106处。其中，以生活污水为主的口门29处，矿井排水为主的口门34处，其他工业废水为主的口门43处。初步统计，该区2007年的入河污水量约1.74亿 m³，平均日排48万 m³。在2007年《山西省朔同区水资源配置规划》的水环境评价中，总评价河长567 km，符合Ⅰ、Ⅱ、Ⅲ类水质的河长仅168 km，占总评价河长的29.6%，Ⅳ类水质河长146.8 km，占25.9%，劣Ⅴ类严重污染河长90.4 km，占15.9%。由此可见，一半以上的河段受到污染或严重污染，特别是一些中下游河道，除汛期有雨水汇入外，河床内几乎全年都是废污水。由于水量少，河流的自净能力很低。该区主要污染物为氨氮、COD和挥发酚。氨氮主要来源于农业化肥非点源污染和化肥厂排水，COD主要来源于生活污水，挥发酚主要来源于炼焦排水。

由于河流水质水污染严重，大清河、滹沱河山区水功能区达标率较低。大清河、滹沱河山区共分为22个水功能二级区，其中只有唐河浑源农业用水区、滹沱河繁峙农业用水区、滹沱河代县农业用水区、松溪河晋冀缓冲区等7个区达标，达标率仅31.8%，区内水域整体污染较重。

汾河流域的排污量为3.35亿 m³，占全省排污总量的48.7%，入河废水主要来自太

原、临汾、晋中等城市的工业和生活污水。汾河流域区地表水评价的 1321 km 河长中，全年劣Ⅴ类水质的河长占 55%，其中上中游Ⅴ类水质的河长占上中游评价河长的 46.6%，下游Ⅴ类水质的河长占下游评价河长的 87.3%。据统计，汾河干流水体 80% 以上受到不同程度的污染，COD、氨氮等主要指标均超过国家地面水最低水质标准 3~40 倍，部分河段已丧失基本农灌功能。

漳卫河流域降水较为丰富，地表植被覆盖度较好，坡面天然生态系统比较健康。生活、矿山、工业排污对河道生态系统造成了一定程度的伤害。浊漳河评价河长 178.3 km，符合Ⅰ、Ⅱ、Ⅲ类水标准河长为 25.1%，污染河长占 74.9%，其中劣Ⅴ类水河长占 66.3%。浊漳河南源污染河段暴河头水质为劣Ⅴ类水，主要污染物氨氮超标 6.1 倍。漳泽水库以下河段水质同样污染严重，依然为劣Ⅴ类，主要污染物为氨氮、氟化物等。浊漳河北源上游榆社石栈道断面水质良好，为Ⅱ类水，至武乡断面由于受县城排污影响，水质严重污染，为劣Ⅴ类。浊漳河西源上游段控制断面，由于受沁县排污影响，水质为Ⅴ类，至后湾水库水质由Ⅴ类转化为Ⅲ类水，原因一是沿途无较大污染源汇入，二是水体经稀释、自净后，水质有了明显好转。

丹河流域由于水资源开发利用程度高，径流量小，加之沿河排污量较大，水质污染较重。

龙门至沁河区的涑水河由于水量较小，水资源开发利用程度高，非汛期基本处于断流状态，没有自净和稀释能力，导致河水污染严重。据 2000 年统计，排入涑水河的工业废水和生活污水量达 5506 万 t/a，下游河段水质常年为劣Ⅴ类。其中，挥发酚、硫酸盐、砷、铅、氟化物等严重超标。亳清河近几年由于生活和工业污水大量流入，河水污染日趋加重，挥发酚污染物排放量为 3.89 t/a，氰化物污染物排放量为 0.74 t/a，铬污染物排放量为 0.76 t/a，COD 污染物排放量为 1392.1 t/a。

1.2.4.5　部分地区水土流失严重

晋西黄土高原区地形起伏大，河流水系发育，河道比降大，降水集中，多暴雨洪水，森林面积少，植被条件差。由于这些因素的综合影响，地表侵蚀比较严重。特别是吕梁山以西的黄土堆积侵蚀地貌区表现尤为突出，侵蚀模数高达 20 000 t/km^2，悬移质年输沙量为 2.86 亿 t，占山西省全年输沙量 4.4 亿 t 的 65%，成为山西省水土流失的重点地区。山西省多沙河流给水利工程特别是蓄水工程带来了极大危害。山西省已建的各类水库因泥沙淤积损失库容达 1/3，威胁着山西省水资源和水生态安全。

漳河流域多年平均输沙量为 1330 万 t，平均输沙模数为 839 t/(km^2·a)。浊漳河的输沙量为暴雨侵蚀形成，产沙主要源自丘陵沟壑区。输沙量集中在汛期，占输沙量的 98%。实测最大输沙量和最小输沙量之比为 67∶1，远大于年径流的年际变化。最大输沙量是关河断面，多年平均输沙量为 347 万 t。流域内侵蚀模数为 1000~3000 t/(km^2·a)。自石栈道以下至关河区间侵蚀最严重，其次是关河至西邯郸这一区间。浊漳河南源和西源的侵蚀模数为 1000~2000 t/(km^2·a)，上游山区侵蚀模数在 2000 t/(km^2·a) 左右，下游盆地则在 1000 t/(km^2·a) 左右。

沁河流域植被条件总体较好，水土流失较小。年内泥沙主要集中于汛期，汛期输沙量占到全年的90%以上。输沙量年际变化较大，多年平均输沙量为131.3万t，平均输沙模数为489.5 t/(km²·a)，实测年最大输沙量为432万t（1966年），最小输沙量为0.4万t（1997年），相差1080倍。同时，多年平均含沙量为4.8 kg/m³，汛期平均含沙量为8.82 kg/m³。

1.2.4.6 地下水高氟高砷地区的饮水安全问题

运城盆地是山西省高氟地下水的主要分布区，水文地质条件复杂，水化学特征异常。近年来，通过水质分析，发现该区地下水含氟量严重超标，面积达数千平方公里。地下水作为饮用水的主要水源，含氟量高低直接影响到人们的正常生活。若人体长期摄入过多的氟会引起钙磷的代谢紊乱，过量的氟可与血钙形成氟化钙，沉积于骨骼组织中，将引起腰椎僵直、关节畸形、形成斑釉齿等。饮水是氟的主要来源（占65%），饮水中氟含量的高低和氟病的发病率有直接的关系。

在涑水盆地的浅层水（埋深小于60m的潜水和微承压水）中，氟的富集面极广，其广泛分布于涑水盆地的浅层水中，其中超标面积达3155.3km²，占整个盆地浅层水的76.6%。在盆地中深层地下水（埋深大于60m）中，氟仍然是全区性富集，超标面积2757.8km²，占深层水面积的56.4%。其中，嵋阳、临晋、七级、青渠屯一带含量最高达4~11.2mg/L，面积237.7km²，最大值超标10倍多。

位于大同盆地中部冲积湖平原一带的高砷富集带，从盆地南端的朔城区开始延伸至大同县一带。高砷富集带在朔城区至应县一段呈连续分布，应县至大同县段呈断续分布，主要分布在河道两侧，带宽平均约6km，最宽处在山阴县，约12km。高砷富集带地下埋有厚度不一的高砷含水层，埋深20~50m，水中含砷量为0.05~4.4mg/L。砷的富集主要是当地的地质环境砷背景值较高，即细颗粒的黏性土、粉细砂及腐殖质的砷背景值高，加之盆地地势低，地下水径流滞缓，蒸发作用强的封闭/半封闭还原性地理环境所致。带内存在着活跃型、隐伏型等不同类型的病区，由于长期饮用含砷量高的地下水，该区居民不同程度地受到地方性砷污染的危害。高砷富集带的一些村庄，虽已取用高砷水，但目前用量少，时间短，中毒发病率低。随着地下水开采量的增大，饮用时间延长，砷中毒的发病率和病情程度必将增加。

未来几年山西省仍将担负重要的煤炭生产任务，自身的经济发展也将进入关键时期，水生态问题将是制约发展最主要的因素，如何协调社会经济发展与水生态保护之间的关系是我们亟待解决的关键问题。

第 2 章　国内外研究现状与述评

生态系统是生物圈（动物、植物和微生物等）及其周围环境系统的总称。生态系统是一个复杂的系统，由大量的物种构成，它们直接或间接地连接在一起，形成一个复杂的生态网络。本章将从生态修复、植被与水循环的相互作用、生态水文分区理论及生态服务价值方面阐述国内外的相关研究进展。

2.1　生态修复研究现状

生态恢复是指停止人为干扰，解除生态系统所承受的超负荷压力，依靠生态本身的自动适应、自组织和自调控能力，按生态系统自身规律演替，通过其休养生息的漫长过程，使生态系统向自然状态演化，恢复原有的生态功能和演变规律（焦居仁，2003a）。生态修复（restoration）是指根据生态学原理，通过一定的生物、生态以及工程的技术与方法，人为地改变或切断生态系统退化的主导因子或过程，调整、配置和优化系统内部及其与外界的物质、能量和信息的流动过程及时空秩序，使生态系统的结构、功能和生态学潜力尽快成功恢复到一定或原有乃至更高的水平（章家恩和徐琪，1997）。20多年来，国内外学者从不同的角度对这些概念有不同的理解和认识，尚无统一的看法。从目前情况看，恢复生态从术语到概念尚需规范和统一。学术较常用的是"生态恢复"和"生态修复"，生态恢复的称谓主要应用在欧美国家，在我国也有应用，而生态修复的称谓主要应用在日本和中国。

生态修复研究的时间和历史可追溯到19世纪30年代，但将生态修复作为生态学的一个分支进行系统研究，是自1980年Cairns主编的《受损生态系统的恢复过程》一书出版以来才开始的。在生态修复的研究和实践中，涉及的相关概念有生态修复（ecological restoration）、生态恢复（ecological rehabilitation）、生态重建（ecological reconstruction）、生态改建（ecological renewal）、生态改良（ecological reclamation）等。虽然在涵义上有所区别，但是都具有"恢复和发展"的内涵，即使原来受到干扰或者损害的系统恢复后使其可持续发展，并为人类持续利用。如restoration是指对受到干扰、破坏的生态环境修复使其尽可能恢复到原来的状态。rehabilitation是指将被干扰和破坏的生境恢复到使原来定居的物种能够重新定居，或者使原来物种相似的物种能够定居。reclamation是指根据土地利用计划，将受干扰和破坏的土地恢复到具有生产力的状态，确保该土地保持稳定的生产状态，不再造成环境恶化，并与周围环境的景观（艺术欣赏性）保持一致。reconstruction是指通过外界力量使完全受损的生态系统恢复到原初状态。renewal是指通过外界力的力量使部分受损的生态系统进行改善，增加人类所期望的人工特点，减少人类不希望的自然特点。

关于"生态修复/恢复",具有代表性的界定主要有以下几种。

Harper(1987)认为,生态恢复就是关于组装并试验群落和生态系统如何工作的过程。Cairns(1995)认为,生态恢复是使受损生态系统的结构和功能恢复到受干扰前状态的过程。Egan(1996)认为,生态恢复是重建某区域历史上有的植物和动物群落,而且保持生态系统和人类传统文化功能持续性的过程(彭少麟和陆宏芳,2003)。

美国自然资源委员会(The US Natural Resource Council)把生态恢复定义为使一个生态系统恢复到较接近于受干扰前状态的过程。国际恢复生态学会(Society for Ecological Restoration)先后提出三个定义:①生态恢复是修复被人类损害的原生生态系统的多样性及动态的过程(1994);②生态恢复是维持生态系统健康及更新的过程(1995);③生态恢复是帮助研究生态整合性的恢复和管理过程的科学,生态系统整合性包括生物多样性、生态过程和结构、区域及历史情况、可持续的社会时间等广泛的范围(1995)。

上述界定的共同点是生态修复既可以依靠生态系统本身的自组织和自调控能力,也可以依靠外界人工调控能力,但均未强调生态系统本身的自组织、自调控能力和外界人工调控能力对生态系统恢复作用的主次地位。

我国水利学者焦居仁(2003a)认为,生态修复指停止人为干扰,解除生态系统所承受的超负荷压力,依靠生态系统自身规律演替,通过其休养生息的漫长过程,使生态系统向自然状态演化。在其界定的定义中,恢复原有生态的功能和演变规律完全可以依靠大自然本身的推进过程,生态恢复仅依靠生态系统本身的自组织和自调控能力。

焦居仁认为,为了加速被破坏生态系统的恢复,可以辅助人工措施,为生态系统健康运转服务,而加快恢复则被称为生态修复。该概念强调生态修复应该以生态系统本身的自组织和自调控能力为主,而以外界人工调控能力为辅。

"恢复"强调主体(生态系统)的一种状态,其实现方式包括自然恢复与人为恢复。而"修复"更强调人类对受损生态系统的重建和改进,强调人的主观能动性。实现生态自我修复应遵循人与自然和谐相处的原则,控制人类活动对自然的过度索取,停止对大自然的肆意侵害,依靠大自然的力量实现自我修复。它的含义包括以下三个方面:一要遵循自然生态经济规律;二要充分利用自然资源;三要快速恢复植被(王治国,2003)。

近年来有学者认为生态修复的概念应包括生态恢复、重建和改建,其内涵大体上可以理解为通过外界力量使受损(开挖占地、污染、全球气候变化、自然灾害等)生态系统得到恢复、重建或改建(不一定完全与原来的相同)。按照这一概念,生态修复涵盖了环境生态修复,即非污染的退化生态系统,比如湖泊开发利用的不合理导致湖泊水位下降和湖周湿地退化,可以通过合理开发湖泊水资源和植树造林使生态系统得到修复,并逐渐恢复到或接近生态系统未被破坏的状态。按照这一内涵,生态修复可以理解为"生态的修复",即应用生态系统自组织和自调节能力对环境或生态本身进行修复。

因此,我国生态修复在外延上可以从四个层面理解:第一个层面是污染环境的修复,即传统的环境生态修复工程概念;第二个层面是大规模人为扰动和破坏生态系统(非污染生态系统)的修复,即开发建设项目的生态修复;第三个层面是大规模农林牧业生产活动破坏的森林和草地生态系统的修复；第四个层面是小规模人类活动或完全由于自然原因（森林火灾、雪线上升等）造成的退化生态系统的修复，即人口分布稀少地区的生态自我修复。第二、三、四层面综合起来即为生态恢复学的内容，这四个层面的生态修复可能在同一较大区域并存或交叉出现。

从狭义上对生态修复进行研究的，国内外也略有所见，美国河溪生态恢复研究组织认为，生态系统的修复需要对河道生态系统的结构、功能以及影响生态系统结构、功能的物理过程、化学过程和生物特征有充分的认识，并提出河道生态修复是使河道生态系统恢复到与未被破坏前近似的状态，且能够自我维持动态均衡的复杂过程（董哲仁，2004）。多年从事生态修复方面研究的杨海军等针对受损河岸生态系统提出了生态系统修复的概念，他们认为"受损河岸生态系统修复"是根据需要和可能按照生态学原理设计并建设符合人类文明进步和可持续发展的健康河流生态系统，即在预先对河流护岸工程进行生态设计，实现在生态系统零损失的前提下，对河流自然资源和环境进行合理的利用（杨海军等，2004），其在阐述受损河岸生态系统修复概念中，特别强调了人与自然和谐共处。

2.1.1 国外研究现状

2.1.1.1 发展篇

退化生态系统的恢复与重建始于20世纪20~50年代的美国、英国、澳大利亚对采矿废弃地以及地下水开采所造成的退化系统的生态恢复研究。美国是世界上最早开展生态恢复研究与实践的国家之一，Leopold等于1935年成功恢复了一片温带高原草场。此后德国、美国、英国、澳大利亚等国家对矿山开采扰动受损土地进行了恢复和利用，逐渐形成了土地复垦技术，包括农业、林业、建筑、自然复垦等，实际仍是土壤环境修复的范畴。60年代开始的北方阔叶林、混交林等生态系统的恢复试验研究，探讨了采伐破坏及干扰后系统生态学过程的动态变化及其机制，取得了重要发现。90年代开始的世界著名的佛罗里达大沼泽的生态修复研究与试验，至今仍在进行。欧洲共同体国家，特别是中北欧各国家（如德国），对大气污染（酸雨等）胁迫下的生态系统退化研究开始较早，研究人员从森林营养健康和物质循环的角度开展了深入研究，迄今已有20年的历史。英国对工业革命以来留下的大面积采矿地以及石楠灌丛地的生态恢复研究最早，而且很深入。北欧国家对寒温带针叶林采伐迹地植被恢复开展了卓有成效的研究与试验。在澳大利亚、非洲和地中海沿岸的欧洲各国，研究重点则是干旱土地退化及其人工重建。此外，澳大利亚将采矿地的生态恢复列为长期重点研究对象，美国、德国等国的学者对南美洲热带雨林也有所研究，英国和日本学者对东南亚的热带雨林采伐后的生态恢复也有较好的研究。

20世纪70年代以来，为减缓和防止自然生态系统的退化，受损生态系统的恢复和重建越来越受到国际社会的广泛关注和重视。1975年，在美国召开了主题为"受损生态系统的恢复"的国际会议，第一次专门讨论了受损生态系统的恢复与重建等许多重要的生态学问题，并呼吁要加强对受害生态系统基础数据的收集与生态恢复技术措施等方面的研究，建立国际的实施计划（高彦华等，2003）。生态恢复被列为当时最受重视的生态学概念之一。80年代，联合国教育、科学及文化组织（简称联合国教科文组织）的人与生物圈计划（man and the biosphere program，MAB）的中心议题就是运用生态学的方法研究人类活动对生态的影响以及人类参与资源管理的利用与恢复。国际地圈生物圈计划（international geosphere-biosphere program，IGBP）、全球变化的人类因素研究计划（international human dimension program on global environmental change，IHDP）、全球环境监测系统（global environmental monitoring system，GEMS）等国际大型计划也都包含恢复生态学的内容。Cairns 主编的《受损生态系统的恢复过程》从不同角度探讨了受害生态系统恢复过程中的重要生态学理论和应用问题（Cairns，1991，1994，1995）。1983 年，在美国召开了题为"干扰与生态系统"（Disturbance and Ecosystem）的学术会议，与会专家系统地探讨了人类的干扰对生物圈、自然景观、生态系统、种群和物种的生理学特性的影响。1984 年 10 月，在美国麦迪逊市举行的恢复生态学学术研讨会上，来自美国和加拿大的 300 位生态学专家向会议提供了 14 篇有关生态恢复的报告，对开始于 1935 年的植被恢复工作进行了总结。1985 年 Aber 和 Jordan 两位英国学者提出了"恢复生态学"的概念，并出版了有关恢复生态学研究的论文集。同年，国际恢复生态学会成立，标志着恢复生态学学科的形成。1987 年 Jordan 编撰出版了《恢复生态学：生态学研究的一种综合途径》（*Restoration Ecology, A Synthetic Approach to Ecological Research*）一书。从此，生态恢复的理论日趋完善，并成为了研究的热点。1989 年在意大利召开的第 5 次欧洲生态学研讨会把生态系统恢复作为该次会议讨论的主题之一。1991 年在澳大利亚召开了"热带退化林地的恢复"（Restoration of Degraded Tropical Forest）国际研讨会。1993 年《恢复生态学》（*Restoration Ecology*）杂志创刊。1994 年在英国举行第六届国际生态学大会上将生态恢复作为 15 个现代生态学议题之一。1996 年在美国召开的生态学年会把恢复生态学作为应用生态学的五大研究领域之一（彭少麟，1997；章家恩和徐琪，1999）。90 年代在瑞士苏黎世召开了第一届恢复生态学与可持续发展国际会议，强调了恢复生态学在生态学中的地位以及恢复技术与生态学的联系，并出版了《恢复生态学与可持续发展》（*Sustainable Development and Restoration Ecology*）（Jordan et al.，1987a，1987b）一书，对恢复生态学的理论基础、有关概念及生态恢复的经济进行了探讨。1997 年著名刊物 *Science* 连续刊载了 7 篇关于生态恢复的论文。1998 年 2 月 Foedler 编写了《资源保护生态学》一书，书中着重讨论了生态系统恢复、生物侵害以及种群生活力等问题。1998 年 7 月，在意大利召开的国际生态学会议上专门召开了"恢复生态学：全球的需求和经验"（Restoration Ecology：Global Requirement and Experience）专题讨论会，着重对以往和正在进行的生态恢复工作的成败进行了评价，并对恢复生态学的理论框架以及生态系统恢复的机理和模式进行了探讨。2000 年在英国召开的恢复生态学会国际大会，其主题是"以创新理论深入推进恢复生态学的自然与社会实践"。2001 年召开的国际恢复生态学（International Conference of Ecological Restoration）大会，其主题是"跨越边界的生态恢复"。这一系列学术会议的召开、国际生态恢复学会的成立及恢复生态学专著的出版，表明生态恢复的研究迈上了一个新的台阶。

2.1.1.2 实践篇

20 世纪 50 年代以来，随着人口的增加、社会经济的飞速发展，资源与环境危机日益突出。荒漠化、环境污染、森林破坏等一系列世界生态环境问题的出现，严重威胁到人类社会的可持续发展。因此，如何保护现有的自然生态系统并防止其萎缩，综合整治与恢复受损和已退化的生态系统以及重建可持续的人工生态系统，已成为摆在人类面前亟待解决的重要课题。

生态恢复的实践可追溯到20世纪20~50年代（康乐，1990；赵晓英等，2001），当时侧重于采矿业和地下水开采所造成的各种塌陷环境及其生态恢复方面的研究。美国在20世纪70年代后期，首先开展了大规模的生态恢复工作。Jordan进行了采矿地植被的恢复与重建（US National Research Council，1992）。Shapiro等对美国很多湖泊、河岸的恢复进行了研究，针对西部河岸生态系统的水文、地质和生物过程划分出发生在这类生态系统的人为干扰活动的类型，提出了每一种类型的恢复方法（Shapiro，1990）。印度TARA能源研究院（Tata Energy Research Institute）在Himalayas Daljeeling地区干旱混交阔叶林采伐后的生态系统重建恢复研究中，烧掉采伐后的剩余物，选择材质优良的林木造林，实行混农林业，且造林后头两年连续间作农作物。经过35年生态系统的恢复后，形成的混交林业改变了景观，干扰了生态系统的结构，但也引起了大量树种资源的损失（李贤伟等，2001）。

国际上开展生态恢复研究较早的还有宫胁照教授，他于20世纪70年代在日本的一些城市中开展了建设环境保护林的研究，利用当地的乡土树种的种子进行营养钵育苗，在较短时间内建立起适应当地气候的顶级群落类型。美国对湿地的研究非常重视，开展了如俄亥俄州"老妇人"河湖滨生态工程、佛罗里达州钢城湾酸性电池废液污染下的湿地恢复等研究，并通过对生态经济系统的能指分析来评选治理方案。法国中南部煤田矿山公司在其露天采矿设计中，在矿山开发可行性研究阶段就开始考虑土地复垦问题，特别是Lamartinie排土场的建设及其生态恢复工程成为矿山土地复垦方面的一个示范性工程。英国采用表面覆盖法成功地处理了锌冶炼厂废弃物，种植耐锌牧草，扎根深度可达26cm。目前国际上对有关废弃矿区、退化森林、退化土壤、特殊污染环境的恢复及湿地、河流、湖泊、菜地生态恢复的研究较为活跃，具有研究方法综合性强的特点。其对象包括了对植物、土壤微生物、大气、水等的全面研究，也对自然恢复过程有较长的研究史，积累了丰富的经验。

当前在恢复生态学理论和实践方面走在最前列的是欧洲和北美洲的国家，在实践中走在前列的还有新西兰、澳大利亚和中国。其中欧洲国家偏重矿地恢复，北美洲国家偏重水体和林地恢复，而新西兰和澳大利亚以草原管理为主（Cairns，1994；Gaynor，1990；Mansfield and Towns，1997）。国际研究多集中在大型矿区、大型建筑场地、森林采伐迹地、受损湿地等的生态修复方面，研究的焦点领域是土壤、野生动植物及其生物多样性恢复，这与我国开发建设项目水土保持生态修复和矿区生态修复比较接近。

2.1.2　国内研究现状

2.1.2.1　发展篇

1990年我国召开了全国土地退化防治学术讨论会，会议总结了我国在土地退化方面的研究动态与进展，提出了许多切实可行的生态恢复与重建的技术和模式（陈法杨，2003）。1996 年在北京召开的生态恢复国际会议主题之一即为"退化生态系统的生态恢复"（宋永昌，1997；向成华等，2003）。2000 年水利部根据国民经济和社会发展的新要求，提出充分发挥大自然的力量，依靠生态自我修复能力，加快水土流失防治步伐的工作思路，并围绕这一思路采取了一系列对策和措施。2001 年水利部在黄河、长江中上游地区选择了 20 多个县和地区开展了生态修复试点工程，2002 年 8 月又在全国 106 个县（市、旗）部署了更大范围的全国生态修复试点工程，2003 年在全国普遍开展了生态修复工程。

20 世纪 90 年代开始的沿海防护林建设研究，提出了许多切实可行的生态恢复与重建的技术与模式，先后有大量的有关生态系统退化和人工恢复重建的论文（张小全和侯振宏，2003；桑晓靖，2003；杜晓军等，2003；陆宏芳等，2003；包维楷和陈庆桓，1998；李宗峰等，2002；郝云庆等，2005）、报告和专著等发表，如《中国退化生态系统研究》（陈灵芝，1995）、《生态环境综合整治和恢复技术研究》（赵桂之等，1992）、《热带亚热带退化生态系统植被恢复生态学研究》（余作岳，彭少麟，1996）和《中国东部常绿阔叶林生态系统退化机制与生态恢复》（宋可昌等，2007）等。

生态自我修复是一项崭新的工作，但从全国的总体情况看，各方面对生态自我修复的认识还不一致，推进力度还不平衡。目前人们在认识上、观念上仍有很大差距，组织实施生态自我修复的技术路线和相关的政策措施还需要进一步完善，各方面用于生态自我修复的资金投入和必要的协调管理还远没有跟上。在政策法规上，国家已经制定了许多保护生态、防治水土流失的法律，如《中华人民共和国水土保持法》、《中华人民共和国森林法》、《中华人民共和国草原法》、《中华人民共和国环境法》等，这些法规比较宏观且强调原则，对生态自我修复具有一定的指导作用。

2.1.2.2 实践篇

我国是世界上生态系统退化类型最多、山地生态系统退化最严重的国家之一，也是较早开始生态重建研究和实践的国家之一。我国有关专家自 20 世纪 50 年代开始研究人类活动及资源不合理利用所带来生态环境恶化、生态系统退化的问题，并在华南地区退化的坡耕地上开展恢复生态学中的植被恢复技术与机理研究，进行了长期的定位观测试验。50 年代末，余作岳等在广东省的热带沿海侵蚀台地上开展了植被恢复研究（余作岳和彭少麟，1996）。我国 70 年代开展了"三北"防护林工程建设；80 年代在长江中上游地区（包括岷江上游）开展了沿海防护林工程建设、水土流失综合治理工程等一系列的生态恢复工程建设；80 年代末在农牧交错区、风蚀水蚀交错区、干旱荒漠区、丘陵、山地、干热河谷和湿地、城市水土流失区、工业废弃地等退化或脆弱的生态环境中也进行了退化或脆弱生态系统的恢复重建研究与试验示范。90 年代淮河、太湖、珠江、辽河、黄河流域防护林工程建设以及大兴安岭火烧迹地森林恢复、阔叶红松林生态系统恢复、山地生态系统的恢复与重建、毛乌素沙地恢复等研究提出了许多生态恢复的重建技术和优化模式，发表了大量有关生态恢复与重建的论文、专著，在实践上已形成大批的小流域生态恢复的成功事例（王国梁等，2002；左长清，2004），极大地促进了我国恢复生态学的研究与发展。

中国科学院沈阳应用生态研究所自20世纪50年代起在科尔沁沙地章古台、乌兰敖都、甘旗卡等地开展了固沙造林、防沙治沙、干旱区综合治理、退化生态系统恢复与重建等主题内容的定位试验，组织多学科科研力量对科尔沁沙地天然植被特别是大青沟落叶阔叶林和松树山松栎混交林进行了考察，积累了丰富的第一手资料，取得了多项成果（姜凤岐等，2002）。内蒙古大学刘钟龄、王炜、郝敦元等从1983年起，在锡林河中游对放牧退化的冷蒿占优势的草原群落变形进行封育恢复试验与长期监测，通过对其连续12年的监测资料分析，对退化草原群落的性质与特征提出了一些认识，并对退化草原恢复演替的驱动因素进行了探讨（李政海等，1995；王炜等，1996）。华东师范大学陶希东等在《黑河流域退化生态系统恢复与重建问题探讨》一文中提出黑河流域生态恢复与重建的基本思路，即"从水土资源开发利用及生态环境的现状出发，遵循干旱区内陆河流域绿洲演变的基本规律，把上游山区、中游川区、下游荒漠区作为一个完整的生态系统进行流域综合整治，按照'南护水源，北御风沙，中保绿洲'的原则，优化水土资源开发利用的方式和空间结构，在保证城乡生活用水和生态环境用水的前提下，合理安排农业和工业用水"（陶希东，2001）。江西农业大学林学院的郭晓敏、牛德奎等选择了10个试验点，分别对5种类型的退化荒山生态系统进行了针对性的恢复与重建试验研究，经过4年有效整治取得了明显的生态效益（郭晓敏等，1998，2002）。彭少麟等对热带沿海侵蚀地的生态恢复研究做了大量工作，对采矿业和地下水开采所造成的各种塌陷环境的生态恢复也开展了大量研究（彭少麟等，1995，2003），成果显著。章家恩、徐琪（1997）在三峡库区退化土壤恢复与重建的研究中，定量地探讨了其恢复与重建的标准，采取的工程技术措施包括建立坡地复合农业生态系统、优化肥料施用结构、实施移土重建工程等。史德明等（1996）根据我国南方侵蚀土壤的发展过程和属性变化特点，提出了侵蚀土壤退化指标体系，并系统全面地论述了侵蚀土壤物理退化、化学退化和生物退化的具体内容和定量指标。李永宏（1995）在内蒙古典型草原地带退化草原的生态恢复项目研究中，通过应用多种数据源、多种决策分析方法，建立了生态环境基础空间数据库，确定生态环境适宜度评价模型，在地理信息系统平台上分析了生态环境适宜度，决策生成植被恢复的布局方案和优化栽培技术组合（优良先锋植被品种筛选、土壤培肥、生物与微生物改良土壤）。

在过去十多年中，环境保护科研单位和大专院校大量开展了对我国湖泊（水库）和湿地的自然环境现状及其变化趋势（营养类型和功能特征）、生态系统退化的防治对策以及水资源的持续利用与发展方面的调查和系统研究，出版了不少专著。其研究内容主要集中在湖周湿地的修复、湖滨带的修复、利用水生生物修复等（梁彦龄和刘伙泉，1995；顾丁锡，1983）。中国科学院水生生物研究所对长江中下游典型浅水型湖泊，进行了长期的调查研究并积累了丰富的资料（屠清瑛等，1990）。中国科学院地理科学与资源研究所、中国科学院动物研究所和中国科学院生态环境研究中心在对河北省白洋淀生态系统特征进行深入细致的研究基础上，提出了白洋淀区域水污染控制、水域生态系统修复的综合技术方案，该项研究被列入《中国21世纪议程》首批优选项目（章申等，1995）。尹澄清等（1995）在白洋淀进行了野外实验，研究了水生植物构成的水陆交错带对陆源营养物质的截流作用，研究结果表明湖周水陆交错带中的芦苇群落和群落间的小沟都能有效地截流陆源营养物质。王启文等（2005）研究了针对水源地湖泊水库微污染的修复，指出生物操纵修复方法是一种廉价适用的方法，适用于我国的发展国情。中国科学院水生生物研究所在我国首次利用水域生态系统藻菌共生的氧化塘生态工程技术，使昔日污染严重的湖北省鸭儿湖地区水相和陆相环境得到很大的改善，推动了我国水污染生态综合治理的研究工作。中国科学院南京地理与湖泊研究所、中国科学院生态环境研究中心对太湖、巢湖的富营养化形成与发展进行了系统的研究分析，进而提出富营养化防治措施，提出了流域控制规划和应用了多水塘系统净化技术（张震克等，2001）。

综上所述，我国研究人员在退化生态系统的恢复与重建理论、应用技术和研究手段方面已经做了大量的研究工作，取得了丰富的理论成果和实践经验，为我们今后的研究提供了借鉴。如在热带亚热带退化生态系统研究中，提出了被极度破坏的森林是可以恢复的，生物多样性和群落丰富度在恢复过程中呈现规律性的变化，其最大值出现在演替的中后期，然后逐步降低；在对黄土高原砂岩荒漠化的研究中，在以植物"柔性坝"拦截粗沙的基础上，进行小流域综合治理，形成生态环境治理与经济建设相结合的大系统。部分集中治理使得地区的生态环境有极大改善，人民生活水平有所提高，但从大范围上看，环境压力依旧不断加剧，生态恢复的速度赶不上被破坏的速度。

我国退化生态系统恢复与重建研究侧重于研究退化生态系统形成原因、解决对策、恢复与重建技术方法、物种筛选以及恢复与重建过程中的生态效应等方面研究，形成了以生态演替理论和生物多样性恢复为核心，注重生态过程的恢复生态学研究特色。恢复生态学的发展对生态系统退化机理及恢复过程的揭示为生态修复提供了理论支撑，日本、美国及欧洲各国的实践也表明其有效性，我国不同区域进行的封禁也为生态修复提供了证据（梁宗锁和左长清，2003）。我国近 50 年的生态恢复与重建研究主要表现出如下特点：①注重试验实践多于理论研究，特别注重生态恢复重建的试验与示范研究；②注重人工重建研究，特别注重恢复有效的植物群落模式试验，相对忽视自然恢复过程的研究；③大量集中于研究砍伐破坏后的森林和放牧干扰下的草地生态系统退化后的生物途径恢复，尤其是森林植被的人工重建研究；④注重恢复重建的快速性和短期性；⑤注重恢复过程中的植物多样性和小气候变化研究，相对忽视对动物、土壤生物（尤其是微生物）的研究；⑥对恢复重建的生态效益及评价较多，特别是人工林重建效益，还缺乏对生态恢复重建的生态功能和结构的综合评价；⑦近年来开始加强恢复重建的生态学过程的研究（包维楷等，2003）。

2.2 植被与水循环相互作用研究进展

2.2.1 覆被变化对流域水循环的影响

引起覆被变化的原因主要包括自然和人工控制两大类。其中自然因素包括林地自然生长树龄变化引起的森林系统结构变化和自然衰落、野火、虫害等；人工控制包括砍伐（皆伐或选择性砍伐）、植树造林、人工火烧、放牧、化学处理（如人工或飞机喷洒除草剂）等（刘昌明和曾燕，2002）。森林水文学研究对象主要为自然气候条件变化、砍伐和植树造林所引起的流域覆被变化。

关于覆被变化对流域水循环影响的研究已有约80多年的历史，主要内容是研究覆被变化前后流域产水量、蒸散发量的变化情况，并分析造成产水量、蒸散发量变化的主要原因。研究所用到的植被信息主要有两种来源：一种是"对比流域"或"对照流域"（paired-catchment）试验技术，另一种为"单个流域"（single-catchment）研究方法（Zhang et al., 1999）。"对比流域"试验的方法一般选择两个地理位置比较靠近，并且面积形态、方位海拔、地质条件、土壤类型、局地气候、植被特征等方面都比较接近的流域。在研究阶段内，首先对这两个流域进行多年的共同观测，称为"校准期"或"校正期"。通过"校准期"的观测建立两个流域径流量之间的回归方程。通过植树造林或砍伐森林等方式改变其中一个流域的植被状况，此流域称为"研究流域"，同时保持另一个流域的植被状况不变，称为"对照流域"或"参照流域"。在植被变化后将"研究流域"的径流量与通过"对照流域"径流量按回归方程预测的"研究流域"植被未改变情况下的径流量进行比较，从而确定研究流域植被变化所引起的产水量、蒸散发量的变化，以评价植被变化对水文过程的影响（刘昌明和曾燕，2002）。"对比流域"试验的优点是排除了观测期间气候变异所产生的误差，然而这种方法一般只适用于集水面积较小的流域（1000 km²以下），不适用于大流域（Zhang et al., 1999）。而"单个流域"研究方法主要包括水量平衡法和模拟模型法。水量平衡法主要根据流域植被变化前后降雨损失量的改变来确定径流量的变化；模拟模型法则以植被变化前后的气象、水文、植被和土壤等参数为输入项来模拟产水量的变化。"单个流域"研究方法主要是为了反映在气候、植被和土壤多样性的流域中，植被在水量平衡中所扮演的水文学角色。

2.2.2　植被变化对降水量的影响

关于森林与降水量的关系，一种观点认为森林与垂直降水无关或关系很小，其理由是林木蒸腾给空气中增加的水汽量较少，森林没有产生降水的机能，而且森林分布与降水分布是一致的。而另一种观点认为森林可以增加降水量，其依据如下：林木蒸腾增加了大气的水分，森林能给大气提供大量的凝结核，而且林区反射率小，被林冠吸收并用来产生阵雨的热量比反射率大的旷野要多；另外，林区下垫面粗糙度大，森林上方紊流加强，可促进气流的垂直运动，把林木蒸腾蒸发的大量水汽迅速输送到高空促进降水（袁嘉祖和朱劲伟，1983；于静洁和刘昌明，1989；张卓文等，2004）。王焕榜（1984）认为评价森林对降水的作用时，应该排除进行对比地区的地理位置、地势以及地面相对高度等因素对降水的影响。他指出当其他条件相同时，森林地区的降水量是否会显著增加仍然需要进一步探讨。雒文生（1989）从降水的主要因素——动力抬升和水汽来源上分析了森林对降水的影响，指出面积为300~3000 km²的森林对区域降水量的影响不显著，可以忽略不计。而大面积的森林，由于增加了蒸散发，促进了水分循环，使得区域的降水有所增加。其研究还表明，在全球除大洋洲以外的其他各洲内，陆地蒸散发量的41%~76%又以降水的形式回落到地面（亚洲约65%），这部分降水约占总降水量的30%~40%（王焕榜，1984）。

2.2.2.1 植被变化对蒸散发量的影响

关于植被变化对流域蒸散发量的影响，国内外学者进行了一系列的研究。有的学者指出了不同流域森林覆盖率变化对蒸散发量变化的影响可能有差异。石培礼和李文华（2001）指出，在黄河流域、秦岭和东北等地，森林植被的破坏或森林覆盖度的降低一般会导致径流量增加，蒸散发量降低。这主要是由于森林砍伐后，降低了冠层的蒸腾，增加了产流量。而在长江流域情况则相反，森林的砍伐会导致流域产流量降低，蒸散发量增加，蒸散发量占降水量的比例增加。对于长江流域与其他流域得出的相反结论，学者们给出了这样的解释：在长江上游地区，山高谷深，气候湿润，潜在蒸散发量与实际蒸散发量接近，在这种气候条件下森林生长并不一定引起实际蒸发量的显著增加。相反，由于森林的调蓄作用，使河流洪水减少，平水期流量增大，森林体现出涵养水源的作用。因此，森林的破坏反而可能导致流域径流量的降低。而在干旱半干旱地区，如黄土高原等，年潜在蒸散发量大于实际蒸散发量，甚至可以大一倍以上，森林的生长必然引起冠层蒸腾量增加，流域的蒸散发量增大；砍伐森林则导致流域的蒸散发量降低，径流量增加（刘昌明和钟骏襄，1978；马雪华，1993）。

另外，还有学者针对土地利用/覆被类型的改变对蒸散发量变化的影响进行了研究。莫兴国等（2004）以黄土高原地区无定河流域的岔巴沟子流域为研究对象，利用基于过程的分布式地表通量模型，模拟了不同土地利用情景下流域水量平衡和能量平衡的响应。分析结果表明，当假定全流域覆盖上不同种类的植被时，流域地表获取的净辐射的差异较小，而流域的径流量变化却较显著。在全流域的土地利用类型都变为落叶阔叶林时，流域的径流量略有减少，而全变为农田时，流域的径流量略有增加。对于这两种覆被变化，流域的植被蒸腾量和土壤蒸发量的变化的差异非常明显。其中，蒸腾量在土地利用类型全变为农田时大幅减少，而在土地利用全变为落叶阔叶林时大幅增加。土壤蒸发量则在土地利用类型全变为落叶阔叶林时大幅减少，全变为农田时大幅增加。流域总蒸散发量由高到低的排列顺序为：落叶阔叶林、混交林、草地、针叶林、灌木、农田，但是差别不大。该研究结果表明，在干旱半干旱地区，土地利用和覆被变化对水量平衡的影响非常复杂。

2.2.2.2 植被变化对径流量的影响

在较早期的研究中，Bosch 和 Hewlett（1982）根据对全球 94 个流域的实验结果，分析了流域对植被覆盖状况大范围变化的响应，指出流域森林覆盖的减少将减少蒸散发量从而增加产流量。他们还指出，流域产流量下降的程度与植被品种的生长速率有关。而前苏联学者 Ahmanov 在伏尔加河上游 50 个观测站的测定结果则表明，随着流域内森林面积增加，流域的年径流量也增加，而且夏季、秋季、冬季的径流量均增加（刘昌明和曾燕，2002）。可见，关于森林对流域总径流的影响长期存在争论。美国水文学家大多认为，森林对流域年径流量的影响，可能与流域的面积大小有关。面积较小的集水区和流域（数十平方公里以下），森林的存在会减少年径流量，采伐森林通常可使得年径流量增加，而面积较大的流域（数百或数千平方公里以上）情况则相反（周晓峰等，2001）。这可能是由于流域面积较小时，森林蒸腾大量水分起着主要作用。但是关于形成上述正负效应的流域面积大小的界限亦无公认结论，即使同一学者所作的分析亦因地区不同而不同。

我国自20世纪60年代开展森林水分循环研究以来，已经积累了较多成果，但是关于森林与年径流量的关系的研究结论也是因地域不同而不同。刘昌明等通过比较黄土高原不同森林覆盖率地区的年径流量发现，在其他自然条件相似的情况下，森林覆盖率的增加将导致年径流量的减少（刘昌明和钟骏襄，1978；于静洁和刘昌明，1989）。周晓峰等（2001）指出黄河中游子午岭地区各小流域明显表现出年径流量随森林覆盖率增加而减少的趋势，但相近的六盘山地区的渭河和泾河水系的各流域则无此趋势。黑河流域（7231 km²）和岷江上游的杂谷脑河流域（4625 km²）经过大量采伐后，森林覆盖率分别下降15%和10%，同期的年径流深分别增加了26.27 mm和24.76 mm。而长江中游（包括岷江流域）5组多林和少林流域（674~5322 km²）的对比分析结果则相反，多林流域的年径流量无一例外比少林流域大，而蒸发量却较小，多林流域的年径流系数比少林流域的增加33%~218%。松花江地区20个流域（101~170 000km²）的10年测定多元回归分析结果也得出类似结论，多林流域的年径流量大于少林流域的径流量，森林覆盖率每增加1%，年径流深将增加1.46mm（孙慧南，2001）。中国林学会森林涵养水源考察组对华北地区地质、地貌、气候等条件相似的3组对比流域的研究得出，森林的覆盖率每增加1%，流域径流量将增加0.04~1.1mm（刘昌明和曾燕，2002）。刘玉虹等（2006）研究了四川省黑水河流域不同植被类型与流域产流量的关系，发现流域整体植被覆盖（森林、亚高山带松类林）的减少将导致地表径流和土壤径流产流的减少，而高山类灌木和牧草地覆盖的增加将会导致产流量的增加。他们发现整体的植被覆盖对大尺度的产流作用有重要作用，而松类林的覆盖则会影响相对小尺度流域的产流。

总之，基于已有的研究，植被变化对流域水循环要素影响的一些经验研究成果被学者们提出。但是在已有研究中，关于植被变化对流域蒸散发量和径流量的影响，有些结果还存在争论。由于影响森林植被生态功能的环境异质性的普遍存在，不同地区、不同尺度流域森林植被变化对水文循环过程的影响幅度相差较大（王清华等，2004）。关于覆被变化对水文循环要素的复杂影响，还有待进一步定量研究。

2.2.3　土壤水分对植被的影响

关于植被与土壤水分的相互作用，国内外的学者也进行了大量的相关研究，其中有一些研究关注土壤水分和植被指数之间的相关关系。如Adegoke和Carleton（2002）研究了美国玉米带的土壤水分和卫星植被指数的关系，发现消除季节性影响的土壤水分测值与归一化植被指数（normalized difference vegetation index，NDVI）及植被覆盖度（fractional vegetation coverage，FVC）在两种土地利用类型（森林和农田）都呈微弱相关。在生长季节时森林地区土壤水分和植被指数的相关性要比农田地区略好。当NDVI和植被覆盖度的像元从1km被合并到3km、5km及7km时，土壤水分和植被指数的相关性增加。Adegoke和Carleton（2002）认为相关关系的增加一方面可能是由于卫星数据在空间合并时误差减小，另一方面也可能是因为植被指数和土壤水分之间的关系具有尺度依赖性。另外，该研究还指出土壤水分推后 8 周对植被指数的相关性也很强，意味着土壤水分对植被生长状态而言可能是一个有效的指标，可以用来预测作物的产量。

还有一些研究关注土壤水分对植被生物量或生长潜力的影响。如 Boulain 等（2006）研究了半干旱环境下水文和土地利用对流域植被生长和净初级生产力（net primary productivity, NPP）的影响。该研究指出半干旱区的植被对可利用的土壤水分有很高的敏感性，尤其是在生长季节的初期。他们指出对于每种植被类型，都有一个临界的入渗量使植被达到完全的生长潜力。在临界值以下，植被生长随着累计入渗量呈线性变化，在临界值以上，植被生长与实际的入渗量几乎无关。

也有一些研究反映了植被的蒸腾作用与土壤水分之间的联系，如 Yamanaka 等（2007）分析了植被在土壤水分循环和地表能量平衡过程中的作用，指出地表潜热通量 λE 和 3 cm 深处的土层体积含水量 θ_3 有很强的线性关系，并且 $\Delta\lambda E/\Delta\theta_3$ 随着植被覆盖度的增加而增加，这显示了植被的存在驱动着快速的水循环，并通过蒸腾作用来控制地表能量平衡。

还有一些研究分析了土壤水分变化对生态系统过程的影响，如秦大河等（2005）指出："在水分胁迫下，植物净光合作用速率、叶绿素含量均下降，气孔阻力增加，叶绿体超微结构受损。干旱可以阻碍植物根的生命活动能力，并使根系吸水功能受到抑制，但轻度干旱可以促进营养物质向根部运输，减少冠部分配，导致根冠比增大。土壤水分变化影响植物的生长发育过程，干旱将导致植物生育期缩短，干物质积累减慢，而复水后存在补偿作用。缺水对冬小麦生长造成的滞后效应在复水后将成为作物快速生长的驱动因素，反映了植物对水分变化的适应机制。"

总之，在气候变化和人类活动影响下，土壤水分也将产生一系列的变化，将会影响植被的水分利用。反之，植被在适应于当地的土壤水分条件的过程中，也会对区域的土壤水分有所反馈，改变当地的土壤水分状况，它们之间是一个动态平衡关系。在进行水土保持工程等活动时，需要充分考虑到土壤水分和植被之间的相互作用，以期达到水资源的可持续利用和生态系统的可持续发展之间的均衡。

2.3 水生态系统理论研究进展

生态水文分区主要基于二元水循环理论和生态水文学。其中，二元水循环理论揭示了现代水循环的基本机理和特征，阐述了生态水文分区中水文方面的科学基础。生态水文学研究了生态和水系统的相互作用关系，这也是生态水文分区中最为关注的方面。

在自然水循环中，流域内存在着大气水—地表水—土壤水—地下水的"四水"转化过程。但是大规模的人类活动改变了天然水循环的大气、地表、土壤和地下各个过程，使水循环呈现出明显的"天然-人工"二元特性。水循环的二元特性，主要表现在四个方面（王浩等，2003a，2003b）：①水循环服务功能的二元化，这是水循环二元特性的本质，体现为水分在循环过程中要同时支撑自然生态与环境系统和社会经济系统。②水循环的驱动力的二元化，即水循环的驱动力由过去的一元自然驱动演变为现在的"天然-人工"二元驱动，这是水循环二元特性的基础。③循环结构与参数的二元化，即人类聚集区的水循环过程由自然循环和人工侧支循环耦合而成，两大循环之间保持动力关系，通量之间此消彼长。④循环路径的二元化，是水循环二元特性的表征，由于人类取用水、航运等活动的影响，水循环已经不局限于河流、湖泊等天然路径，人类在天然路径之外开拓了包括长距离调水工程、人工航运工程、人工渠系、城市管道等新的水循环路径，同时天然的水循环路径在人类活动的影响下也发生了变化。由此可见，人类活动对天然水循环过程和生态系统产生了重要的影响。进行生态水文分区研究，不能仅仅关注于自然的生态系统和水循环的相互关系以及空间分异性，还必须考虑人类活动的影响。

生态水文学作为生态学与水文学的交叉学科，由 Dublin 于 1992 年正式提出，并出现了生态水文学和水文生态学等概念，目前尚未形成公认的统一概念。Zalewski（2000）认为，生态水文学主要是对地表环境中水文学和生态学相互关系的研究。Rodriguez（2002）认为，水文生态学是在生态模式和生态过程的基础上，寻求水文机制的一门科学，土壤水是连接气候变化和植被动态的关键因子，而植物是水文生态学研究的核心内容。Nuttle（2002）认为，水文生态学关心的是水文过程对生态系统配置、结构和动态的影响，以及生态过程对水循环要素的影响。Baird 和 Wilby（1999）认为，生态水文学是一门边缘学科，是描述生态格局和生态过程水文学机制的一门科学，是研究植物如何影响水文过程及水文过程如何影响植物分布和生长的水文学和生态学之间的交叉学科。水文过程在生态系统中的重要性和植物对水文过程的影响变得越来越明显，任何生态系统格局和生态过程的变化都与水文过程相关联。正确的管理水资源方法应该建立在对生态系统格局和过程的水文学机制深入了解的基础之上，这正是生态水文学的核心所在（Wood et al., 2007）。

生态水文分区是应对生态危机和水资源危机的基础，其目的在于为生态系统和水资源的研究、管理、评估、监测等提供合适的空间单元。生态水文分区研究区域生态水文系统分异性，考虑人类活动对生态水文系统的干扰，从而划分生态水文分区单元。以生态水文分区为基础，对区域内生态系统问题和水问题进行识别，提出生态系统和水资源开发、利用、保护和修复的措施。生态水文分区是在生态分区和其他自然分区的基础上发展起来的，其刻画了生态水文系统的相似性和差异性，分析了自然条件和人类活动对生态水文系统分异性的影响。

随着分区目的、分区对象、区划尺度、分区指标选取、分区方法不同和研究者不同，生态水文分区有所差别。但总体上，生态水文分区需要遵循以下原则：

1）主导性原则。分区需要考虑分区目的和分区对象的特点，研究引起区域系统分异性的因子，摸清区域出现分异性的原因，把握区域分异的本质，抓住主导因素，这是生态水文分区的基础。

2）层次性原则。在分区时，要考虑不同的空间和时间尺度的具体问题和特征。不同的时空尺度中，关注的角度不同，造成分异性的主导因子不同，需要结合不同尺度特征具体考虑。

3）可操作性原则。要考虑分区方法的可操作性和管理的可操作性。当分区边界和行政区域边界临近的时候，在不影响分区原则的情况下，尽量保证行政区域的完整性。这样便于今后生态系统保护和修复工作的开展和实施。

2.3.1 生态分区

欧洲及俄罗斯的学者在20世纪初就尝试对陆地生态系统进行分区。Bailey将"生态区"的概念进一步发展普及（Bailey，1976，1983，1998）。在20世纪80年代，我国进行了自然生态区划，并进行了一些针对农业生产、植被等的生态区划，如农业生态区划、植被生态区划等（中国科学院自然区划工作委员会，1959）。至21世纪初，傅伯杰等（1999，2001）提出了中国生态区划的原则和方法，建立了中国的生态区划体系。根据各种研究和管理的需要，又划分了生态敏感区、生态功能区划等（苗鸿等，2001；欧阳志云等，1999，2000）。

国际上以美国环保局（USEPA）所提出的生态分区影响最为深远。不少国家（ANZECC，1997；Wasson，2003）以此分区思想为基础，划分了生态区、水生态区等，为生态系统的管理提供了依据。

2.3.1.1 自然生态区划

在20世纪80年代，国内学者对自然生态区划、农业区划等进行了研究。进行自然生态区划时，从微观生态系统上看，要考虑人类不能改造的大气热量和大气湿度资源，以及动植物之间的相互联系性。从宏观生态系统来看，要考虑生态区内同一流域不同系统之间的联系。

自然生态区命名时，主要利用自然植被的名称加上其他自然地理特征。因为自然植被是大气温度和湿度相结合的最好标志。虽然一些地区人类活动干扰较大，但是残留的自然植被仍然能够反映出人类无法改造的大气候特征。同时，分区时要考虑过渡区域的独立性，过渡区域不能简单地划归为某一类。在综合考虑植被气候等因素后，将我国划分为寒温带针叶林生态区、温带森林草原生态区等区域。每个区域有其独特的植被、动物和气候特征（侯学煜，1988）。

根据实际需要，又进行了农业生态区划（徐文铎等，2008；傅伯杰，1984；黄滋康等，2002）。该区划在性质上属于功能单元区划，将特定的空间环境划分为不同的农业生态单元，并分析农业生产条件、生产结构和生产布局，为合理利用农业自然条件与资源，建立良好的农业生态系统提供科学依据。农业生态区划的划分一般遵循区域分异、自然地理环境结构一致、农业生产结构一致、农业生态系统功能协同性以及发展与环境统一性的原则。农业生态系统划分为两级。一级为农业生态区，即考虑大地构造和大地貌类型，区域性恒定的自然资源、光照、热量和降水以及大的农业生产结构。二级考虑中地貌类型，植被和土壤类型，水资源作用和农业生产的特点。根据研究和生产的需要，有更多的生态规划应运而生，如棉花生态规划、植被生态规划等。

2.3.1.2 生态区划

2001年傅伯杰等（1999，2001）提出的中国生态区划方案近年来在生态区划方面影响比较大。其生态区划的目的是研究各生态因子的空间分析和承载力，研究生态资产的空间分布，探讨不同生态因子和生态过程对人类活动胁迫反映的敏感性。同时以生态环境区划为基础，解释我国区域生态环境问题的形成机制，提出综合整治对策，为区域资源与环境保护提供决策依据，为全国和区域生态环境整治服务。

中国生态区划考虑了社会—经济—自然生态系统。其特点是特征区划和功能区划相结合，考虑了人类活动的影响并且和区域经济的发展相结合。

在指标体系的选取上，要注意指标体系的确定和各个指标的选取要尽可能地体现出区划的目的并反映出区域的分异规律。同时，在综合分析各要素的基础上，要抓住主导因素。一般地，气候是大尺度下生态系统的主要决定因素，而地貌和地形对于水热因子的分布起到了重要的作用。傅伯杰等的中国生态区划采用了三级分区，在一级区选取了气候指标和地势指标，气候指标主要选取了水热气候指标、干燥度与湿润情况及年均温度，地势指标主要考虑了大的地势格局和海拔高度。结果将我国划分为 3 个生态大区，即东部湿润半湿润生态大区、西北干旱半干旱生态大区和青藏高原高寒生态大区（傅伯杰等，1999，2001）。

在一级区的基础上划分了二级区，二级区的划分认为地形地貌格局影响了大尺度的水热因子分布，而水热因子的变化又进一步影响了区域内生态类型的变化，表现在植被的纬向和经向的分异规律。因而二级区采用两类指标进行划分：①温湿指标，包括年平均温度、积温和年降雨量等；②地带性植被类型，由于地带性植被能够充分反映出年平均温度、积温和降水分布的区域差异，因而使用地带性植被作为区域单元划分的主要标志（傅伯杰等，1999，2001）。

三级区在二级区的基础上，将地貌进一步细分。同时还在这一级体现了人类活动的影响。三级区的划分主要考虑三类指标：①地貌类型，即盆地、河谷、平原、高原或丘陵；②生态系统类型，即生态系统结构和物种组成、生态系统服务功能和生态环境敏感性等；③人类活动指标，即人口密度、水土流失状况、沙漠化状况和土地利用状况等。最后综合前人的划分成果，将我国划分为 3 个一级区（生态大区）、13 个二级区（生态地区）和 57 个三级区（生态区）（傅伯杰等，1999，2001）。

一般地，生态区划按照以下步骤进行：确立生态区划目标→广泛收集规划区域的自然与人文资料（地理、地质、气候、野生动植物、自然景观、土地利用、人口、交通、文化等）→对生态环境特征、生态系统敏感性、生态系统服务功能进行评价→确定区划的指标体系→选择区划的方法—确定区划的方案。进行生态区划有两种方法：一种是自上而下的区划方法，即从大到小揭示内在的差异性，逐级划分，比较有代表性的就是傅伯杰等进行的中国生态区划，一般大尺度的地域单位采用这样的方法；另一种就是自下而上的区划方法，又称为合并法，它以相似性为基础，从最小的单元开始，通过聚类慢慢合并成比较复杂的高级区划，这种方法适用于中小尺度的区划。自上而下的方法一般采用结合 GIS 的地图法，而自下而上的方法采用数理统计的方法（傅伯杰等，1999，2001）。

不少学者利用不同的生态区划方法对同一地区进行了划分，并将结果进行了比较。张全等（2005）在吉林省进行了两级区划的研究，第一级区划采用自上而下的基于 GIS 的地图法，选取地貌、气候、植被和土壤等生态因子进行空间叠加，分为4个生态特征区。二级区划应用系统聚类法和模糊聚类法，又将吉林省分为11个生态亚区。叶延琼等（2006）在岷江上游用两种不同的方法进行了生态区划分。首先使用自上而下的划分方法，其划分指标的选择和傅伯杰等选取的指标基本一致。第二种方法采用的景观生态区划法，以研究区的92个乡镇作为基本分类单元，选取基于景观结构的景观生态分类指标。剔除一些信息量重复或相关度较大的指标，将原始指标标准化处理之后，通过聚类分析获得区划结果。从根本上来看，第二种方法采用的是聚类分析法，但是在指标的确定方面，却是从景观生态学的角度进行选取的，例如平均斑块面积大小、斑块分维数、多样性、均匀度、优势度、破碎度和人为干扰系数等。

其他学者在生态区划的基础上，进行了专门的分区研究。例如，舒若杰等（2006）做的黄土高原生态分区，采用了降水量、干燥度、积温、植被带类型、土壤、农业产业结构、农业发展方向和城市化水平等指标，将黄土高原划分为7个区。也有学者进行了城市生态区划，达良俊等（2004a，2004b）就对上海市进行了城市生态分区，考虑城市的自然生境条件、环境质量状况、生态敏感区分布、城市化程度等方面进行分区，但多为定性描述。

2.3.1.3 生态功能区和生态敏感区

生态区划考虑了生态功能区和生态敏感区等。我国于2008年颁布了《全国生态功能区划》，在生态调查的基础上，分析了区域的生态特征、生态系统服务功能与生态敏感性的空间分异规律，确定了不同地域单元的主导生态功能。其划分的基本原则有：主导功能原则，即以生态系统的主导服务功能为主；区域相关性原则，即考虑流域上下游关系，考虑区域间生态功能的互补关系；协调原则，即要与国家的其他功能区规划相协调；分级区划原则。其目标是要分析全国不同区域的生态系统类型、问题、生态敏感性和生态系统服务功能类型及其空间分布，为生态保护提供支持。

生态功能区划的分区方法如下。首先将全国陆地生态系统划分为3个生态大区，即东部季风生态大区、西部干旱生态大区和青藏高寒生态大区。然后进行3个等级的划分。根据生态系统的自然属性和主导服务功能，将全国划分为生态调节、产品提供与人居保障3类生态功能一级区。在生态功能一级区的基础上，依据生态功能重要性划分生态功能二级区。生态功能三级区是在二级区的基础上，按照生态系统与生态功能的空间分异特征、地形差异、土地利用的组合来划分。

最终划分为3类生态功能一级区、9类生态功能二级区和216个生态功能三级区。其中一级区生态调节包括水源涵养、防风固沙、土壤保持、生物多样性保护、洪水调蓄5类。产品提供包括农产品提供和林产品提供两类。人居保障包括大都市群和重点城镇群两类。

生态敏感性的研究也纳入到生态区划中。生态敏感性是指生态系统对人类活动干扰和自然环境变化的反映程度，说明发生区域生态环境问题的难易程度和可能性大小。根据研究目的和研究对象的不同，生态敏感性评价的对象也不同。欧阳志云等和刘康等主要针对水土流失、盐渍化、沙漠化和酸雨等生态问题进行了分析。欧阳志云等（1999，2000）利用降水和气温因子进行生态敏感性分区。刘康等（2003）运用降水冲蚀力、土壤质地、地形起伏、植被、湿润指数、土壤质地、起沙风天数、地表植被覆盖率、蒸发量、降水量、地下水矿化度、地貌类型等因子对甘肃省进行了生态环境敏感性评价并分析了其空间分布。张治华等（2007）从大气、生境、水、土地和地质5个角度选取生态敏感因子，对广西北部湾经济区进行了生态敏感区划分，其划分方法主要是考虑各因子造成生态问题的权重。

2.3.1.4 水生态区划

水生态区划可以看做生态区划的一类。Omernik（1987，1995）将生态系统分区的方法用于水生态系统，其理念日益被人们接受，并在水质管理中得到了广泛应用。USEPA据此提出了美国水生态的区划方法，澳大利亚、加拿大以及欧盟国家和组织也逐步将水生态区划用于水生态系统管理中。USEPA在1987年提出了美国的水生态区划方案，其主要目的是从全国层面上对水资源进行研究，这需要一套针对水生态系统的区划体系，能够指导水质管理，也能够反映水生生物及其自然生活环境的特征。澳大利亚在吸收USEPA水生态区划方法的基础上，对本国进行了水生态系统分区。水生态分区的基本理念最初源于Omernik在水生态系统方面的生态分区思想，即具有相对同质的水生态系统或生物及其环境，且在同一个区划内在物理、化学和生物特征方面没有太大的差别的土地单元。Omernik的方法基于土壤、自然植被、地形和土地利用等指标，将具有相对同质的淡水生态系统或生物体及其与环境相关的土地单元划分为同一生态区（Omernik，1995；Omernik et al.，1981；Omernik and Powers，1983；Omernik and Griggith，1991）。

通过对影响或反映水生态系统分异性的生物和非生物因素进行分析能够对水生态系统进行划分，USEPA水生态区划便是基于这一理念。这些因素包括地质、地形、植被、气候、土壤、土地利用、野生生物和水文。

USEPA对水生态分区进行了分级，第一级是最粗的分级，北美一共包括15个生态区；第二级将其分成了50个小区；第三级将美国大陆划分为182个生态区；第四级在第三级的基础上进一步划分。目前美国大部分州已经进行了第四级水生态分区。在进行第三级区划时，4个区域的环境因子被认为对水生态系统影响最大，分别为当前的土地利用类型、土壤、地形和自然植被。每一个因子都有相应的类型分布图，通过对这4个因子的类型分布图进行叠加比较分析，能初步确定水生态分区。USEPA水生态分区方法主要是定性分析，在分区过程中使用了专家评判法，不断地对相关因子进行选择、分析、归类。专家评判法在分区过程中是必要的，因为许多因子是相互作用、相互关联的，因此很难运用定量的方法进行分区（孟伟等，2007）。

USEPA的水生态系统分区方法被加拿大、澳大利亚等国家发展并应用。澳大利亚运用了USEPA分区方法中的两个最主要的核心思想，即选择区域的相关环境因子和专家评判法。在选择因子时，需选择对水生态系统影响最大的因子，而且在不同的尺度，其影响因子也不同。因而水生态系统分区时一个关键的问题就是确定合适的尺度和这一尺度上对应的影响因子。各个因子的选择需要专家的认真评选。在澳大利亚维多利亚州进行水生态系统分区时，主要选择了 3 个因子：气候（降水的丰枯程度和季节性）、地相学（海拔和地形）、植被（组成和结构），这 3 个因子被认为是影响维多利亚州水生态系统结构的最主要因子。根据这些因子将维多利亚州划分为 17 个区。澳大利亚水生态系统分区和 USEPA 的分区方法还是略有区别的。澳大利亚所选择的因子没有包括土壤和土地利用类型，因为在维多利亚州这两个因子的边界和降水、地相以及植被的边界比较相近。更主要的区别在于两者研究的细致程度不同，USEPA 分区是一个长期项目，因而对各分区有更为细致的表述和实际踏勘结果。而澳大利亚维多利亚州水生态分区相对较粗，主要用于对水生态系统的情况进行评估（ANZECC，1997；孟伟等，2007）。

在国内，孟伟等在综合国内外研究的基础上，初步提出水生态区划的一些方法。他们认为水生态区划以水生态系统为对象，目的是反映水生态系统的空间分布规律和特征差异。他们进一步在辽河流域做了相应的水生态分区，并认为流域水生态分区是针对流域水生态系统管理的需要而提出的，是以流域内不同尺度的水生态系统及其影响因素为研究对象，应用河流生态学中的格局与尺度等原理与方法，对水体及其周围陆地所进行的区域分类方法，其目的是反映流域水生态系统在不同空间尺度下的分布格局（孟伟等，2007）。

孟伟等在辽河流域所做的水生态分区，在辽河流域采用了二级分区。一级分区考虑水文条件，主要通过径流深度将其划分为丰水区、多水区、少水区和缺水区 4 种类型。在一级分区的基础上，进一步对地貌、土壤、植被类型、土地利用等因子空间特征进行了分析，分别制定流域的地貌分区、土地利用分区和土壤分区专题图。然后，叠加各个指标的专题划分结果，通过定性分析与专家判断相结合的方法对二级区的边界进行初步确定。最后，再次叠加小流域、水库节点分布图以及湖泊湿地分布图于二级分区结果图上，结合流域数字高程模型、起伏状况等辅助信息，通过专家判断对二级分区边界再次进行调整，并最终划定二级水生态区（孟伟等，2007）。

2.3.2 水文分区

在水文分区方面，不少研究都直接以流域为研究单元，针对不同工作目的，又提出了水文区划、水功能区划、水环境功能区划等。上述各种区划随着区划对象、区划目的不同而不同。

2.3.2.1 水文区划

(1) 水文区划的研究进展

中国第一个水文区划草案拟定于 1954 年，罗开富等（1956）将全国划分为 3 级 9 区。1956 年，中国科学院自然区划工作委员会再次进行了全国的水文区划，并撰写了《中国水文区划（初稿）》，该区划将全国分为 3 级区域。20 世纪 80 年代初，中国科学院地理科学与资源研究所在 1959 年水文区划的基础上，进行了中国水文区划的研究，其目的是做出既能反映水文现象的区域特点，又能与农业生产相结合的区划。至 1995 年，熊怡和张家桢（1995）出版了《中国水文区划》，将全国划分为两级区划系统。

针对不同的工作目的，各位学者对水文区划或水文分区的定义略有所不同，但基本认为水文区划是以一种或几种水文特征值为指标，找出它们在区域上的相似性和差异性，然后进行分区划片，并阐明区内各水文要素的分布、变化规律及其影响因素。水文区划是认识水文规律、解决水文资料移用问题、进行水文站网布设、规划与调整的基础，为水资源的合理开发利用和社会发展等提供了水文方面的依据。

（2）水文区划指标体系

1954年罗开富教授等（罗开富和李涛，1956）进行了中国第一个水文区划，他们选取了流域、水流形态、冰情及含沙量为区划标准，将全国分为3级9区。

1959年《中国水文区划（初稿）》（中国科学院地理科学与资源研究所，1959）中，以河流的水文特性和水利条件为指标，将全国划分为三级区域。第一级以水量为指标，用径流深表示，划分为13个水文区；第二级以河流的季节变化为指标，划分为46个水文地带；第三级以水利条件为指标，划分为89个水文带。

1995年出版的《中国水文区划》，为了与农业生产相结合，在指标体系的选取方面有了一定的调整。全国采用了两级区划系统，即水文地区和水文区。一级区的划分以水量的多寡为主要指标，着重分析了大范围内径流的形成条件，以径流量为主要划分指标，将全国划分为11个水文地区。二级区考虑径流的年内变化主要特征要素及农作物主要需水期的供需水指数，以径流的年内分配和径流动态为指标，划分了56个水文区（熊怡和张家桢，1995）。

水文部门为了水文站网的布设，也进行了水文区划。初期用气温作为太阳辐射的能量条件划分出气候带，根据水文条件划分出大区，根据地形、地貌和地质、土壤植被的显著变化划分区域的边界。到了20世纪60年代初期，随着水文资料的丰富，参考了年降水和径流的关系，利用暴雨径流的产汇流参数等单项因素进行了分区，从而得到了各种单因子分区。后来由于分区手段的进步，采用流域水文模型参数进行水文分区，该分区通过建立流域下垫面特征、植被和土壤等因子的关系，按照一定的原则进行了综合的水文分区（张静怡等，2006；李硕和许萌芽，2002；张家桢，1982）。

从以上的水文分区指标选取可以看出，随分区的目的不同，分区的方法不同，采用的分区指标也各不相同。进行流域规划和治理时，往往按照流域进行水文分区。分析评估国民经济用水时，往往水量是很重要的因素，反映出河川径流资源的分布。综合考虑水文特征、下垫面、植被、土壤、气候等因素，能够进行综合的水文分区，在水文站点布设、无资料地区水文预报等方面发挥作用。总体来看，当前我国的水文分区所选择的指标，主要还是集中于水文特征。这些特征值不仅考虑了年际的变化，还考虑了年内的波动情况。

之前的研究者在进行水文区划时采用了多种方法，有以统计参数为指标的统计水文分区法，有传统的主导因素辨识法和聚类法，有模型参数法等。随着技术的发展，模糊聚类法、人工神经网络等方法也被应用于水文区划中（张静怡等，2006；胡凤彬等，1986）。

当前运用较广的《中国水文区划》在分区时首先进行主导因素的判别分歧，找出主要的指标及参考指标，然后用聚类分析的方法进行二级区的划分（熊怡和张家桢，1995）。

主成分分析和聚类分析方法是在水文区划中应用比较广泛的方法，也是水利部黄河水利委员会水文局推荐的方法。由于不同的水文因子之间存在着相关关系，主成分分析的目的主要是消除原始指标之间的相关给聚类分析带来的误差，同时也减少了系统聚类变量的个数。将原始指标合成少数几个独立而又能反映出系统主要信息的主成分进行分析。在进行分区时，首先要选择指标，选取代表性水文站的主要水文特征指标值，计算所选取指标的相关系数得到相关矩阵，该相关矩阵即主成分分析的基础。运用伽柯比法对相关矩阵求解得到相关矩阵的特征值，即主成分。进一步分析主成分与原始指标之间的相关关系，得到各原始指标在主成分上的荷载值，进而得到在主成分上的得分值，从而可以用主成分代替水文特征的原始指标。选取能够代表系统绝大部分信息的几个主成分值，进行聚类分析等数学计算，最后得到分区结果。

主成分聚类分析法在选择水文特征值时根据分区的目的和区域的特征不同而不同。例如余宏等（1988）在进行福建省的水文分区时就选取了集水面积、多年平均降水量、多年平均径流深、蒸发量、年径流系数、径流年内分配比例等10个水文特征值。而李硕等（2002）在进行宁夏的水文分区时选取的是多年平均降水量、多年平均年径流深、多年平均陆面蒸发量、多年平均年输沙模数和多年平均年干旱指数5个水文特征值，反映了宁夏地区降水稀少、蒸发强烈、水土流失严重的特点。

河海大学在20世纪80年代采用了流域水文模型参数的水文分区法。胡凤彬等（1986）利用了新安江模型的参数进行水文分区。他们认为，流域水文模型中的一系列参数都是对流域产汇流过程中各个机理的概化，新安江模型参数的物理意义明确（胡凤彬等，1986），采用其中的流域蒸发能力、流域平均自由水容量、地下水径流产流的出流系数、慢速地下水量与地下水总量比例系数、壤中流出流系数5个系数进行分区。他们认为这5个系数和流域气象条件、高程、森林率、土壤特性等有关，进而进行了综合的水文分区。

近年，一些新的计算机技术和聚类方法被引入到水文分区中（张静怡等，2005；Minns and Hall，1996）。张静怡等（2005）运用自组织特征映射神经网络方法进行水文分区，并将其运用到了江西省和福建省两个省份。该方法首先选取水文因子，包括两个部分，一部分是反映下垫面的因素的6个指标，即流域面积、主河道长度、加权平均河道比降、流域平均高程、植被覆盖率和地质特征指标。另一部分是反映气候因素的两个指标，即年平均降雨量和年平均最大一日降雨量。然后通过SOFM的网络分区方法进行分区，取得了较为满意的结果。

2.3.2.2 水资源分区

为了满足水资源评价和规划的需要，水利部发布了《全国水资源分区》。水资源分区是水资源规划的基础性工作，根据水资源的自然、社会和经济属性，按照开发、利用、治理、配置、节约和保护的要求，将流域水系与行政区划有机结合起来进行分区。其目的是为了研究和指导区域经济发展与生态环境的协调，实现区域资源和经济的互补以及社会经济和生态的良性循环。

当前实施的水资源分区是一个时期内相对固定并带有一定强制性的分区，以利于在一个相对的时间内各项水利规划都采用统一的基本资料。其分区要遵循如下基本原则：其一，要保持主要水系的整体性；其二，要兼顾行政区域的完整性；其三，要满足各项专业规划的基本要求；其四，要有利于同原有评价结果相衔接；其五，三级区的划分要掌握规模适中，总量适当的原则。

水利部颁布的《全国水资源分区》的一级区保持了大江大河的整体性，将全国划分为松花江区、辽河区、海河区、黄河区、淮河区、长江区、东南区、珠江区、西南诸河区和西北诸河区 10 个区。二级区以保证河系的完整性为原则，共划分为 80 个区。三级区在征求各流域机构和各行政机构及专家意见的基础上，划分为 214 个区。各个流域和省份可以根据需要进一步细化到四级区。

也有学者进行了水资源分区的研究，王志良等（2001）就利用模糊聚类分析的方法进行了水资源分区。他们选取年降水总量、年河川径流总量、年地下水总量、年水资源总量、平均年产水模数、年人均水资源总量等因子，通过模糊聚类法进行水资源分区。

2.3.2.3 水功能区划

水功能区划是根据水资源的自然属性和社会属性，按照一定的指标和标准，对流域水系水体的使用功能进行划分，使河流确定其水质保护目标，以保证水资源开发利用发挥最佳经济、社会和环境效益。通过对水资源和生态环境现状的分析，根据国民经济发展规划与江河流域综合规划的要求，将江河湖库划分为不同使用目的的水功能区，并提出相应的水质目标（袁弘任，2003）。

与水功能区划类似的还有水环境功能区划。水环境功能区划是水环境保护的一项基本工作。水功能区划分和水环境功能区划分最终目标都是为了水资源的可持续利用，同时使水环境得到有效的保护。但由于两种划分的立足点不同，划分的侧重点、分类体系、功能区名称存在一定的差异。这样的差异也在一定程度上造成了管理的混乱。当前水功能区已经立法，以下主要就水功能区进行总结。

水功能区划的目的是防治水污染，保护水资源，其采取的是分级分类的系统，需要有 3 个结合，即与水资源的自然状况相结合，与开发利用状况相结合，与当地的经济发展状况相结合。

目前水功能区划分为两级区划，即一级区划流域级和二级区划地方级。一级区划是从宏观上解决问题，主要协调的是地区间的问题，而且考虑的是地区的长远发展。二级区划协调用水部门之间的关系。一级区包括保护区、保留区、开发利用区和缓冲区 4 类。二级区在一级区的基础上，只对开发利用区进行了细化，包括饮用水源区、工业用水区、农业用水区、渔业用水区、景观娱乐用水区、过渡区和排污控制区 7 类。

2.3.3 生态水文分区

生态水文分区作为一个新的分区概念，当前的研究并不多。在欧盟，Wasson 等（2003）

提出将生态水文分区（hydro-ecoregions）用于欧洲水框架指令的水管理中，以改善水生态系统的生态状况，其生态水文分区的思想在法国、英国等国的水管理中得到运用。Wasson 及其团队（1995）对法国进行了生态水文分区，并在玻利维亚的亚马逊流域也进行了类似的生态水文分区。这种分区方法主要由 Wasson 和 Barrere 在 1999 年提出，其分区基于这样的原理，即"分区应该是根据造成类型差别的原因来区分，而不是根据不同的现象来区分"。这种方法也在不同尺度上将生态系统进行分级，并判别出关键的控制性因子。在玻利维亚的亚马逊流域进行生态水文分区时（Michael，2002），所选择的最基本的因子仍然是地质、地貌和气候，但是在分析这些因子时需要认真考虑各因子之间的相互关系以及所获取资料的合理性。例如，玻利维亚有关气候的分布图并不准确，所以研究者运用了植被作为气候的指示因子。研究者主要使用了地质图、DEM 图、温度和降水分布图、植被图、土壤图和水文图。第一级分区主要是根据地貌和气候方面的明显界限进行分区，第二级分区在第一级分区的基础上，使用上述数据进行更细致的分区。分区结束之后对其进行验证，主要使用了山谷和河床的地貌数据，260 多个样本点的水化学性质数据及在安第斯山区域 25 条河流中进行的水文生态实验结果这三方面独立的数据进行验证。

在国内，尹民等所作的中国河流生态水文分区初探其河流生态水文分区就是基于河流生态环境需水量研究的需要而提出的，但未就生态水文分区给出定义（尹民等，2005）。杨爱民等（2008）进行的中国生态水文分区是当前唯一针对全国区域范围的生态水文分区。他们对生态水文分区进行了明确的定义，认为生态水文分区是一个全新理念，是进行生态需水计算的基础。它与生态分区、水文分区、综合自然分区与水资源分区等既有联系又有区别。生态水文分区是指在对流域生态水文系统客观认识和充分研究的基础上，应用生态学、水文学、水资源学和生态水文学原理和方法，采用遥感地理信息系统等技术手段，揭示流域自然生态水文系统的相似性和差异性规律，以及人类活动对流域生态水文系统干扰的规律，从而进行整合和分区，划分生态水文的区域单元，并在图上准确地反映出来。生态水文分区亦称生态水文区划。

尹民等（2005）所做的中国河流生态水文分区以全国水资源分区作为分区的主要依据，同时考虑各种自然因素（如水文气象、地貌类型等）和人为因素（如水利工程等）对河流生态环境需水量的影响，选取主导因素建立河流生态水文分区的指标体系。方案采用三级分区，不同级别分区选取不同的指标。一级区的划分主要考虑流域水系的完整性，借鉴全国水资源分区的结果，将全国划分为 10 个一级区。在一级区的框架下，考虑宏观尺度的水文要素、干湿状况和地形地势的差异，选取径流深度、干燥度和地形格局 3 个指标划分二级区。在二级区的基础上，考虑地貌类型、生态环境功能、河湖特征与水利工程等因素对河流生态环境需水量的影响，选取地貌类型、海拔高度、水生态状况、河湖分布与河段划分以及水库节点等定性和定量指标划分三级区。

杨爱民等（2008）根据我国的地势、地貌、气候、地形、植被、生态水文系统特征以及人类经济活动等特征，并考虑指标值收集与计算的难易性和完整性，选取了 14 个生态水文分区指标，即降水深、径流深、水面蒸发量、产水模数、径流系数、干旱指数、耕地占我国面积、林地占我国面积、草地占我国面积、水域占我国面积、建设用地占我国面积、未利用地占我国面积、人均 GDP 和人口密度。他们采用了二级分区系统，其中一级区采用定性方法进行划分，即以全国生态区划与中国综合自然区划的一级区为基础，以水资源三级区边界为区界进行分区。二级区采用定量方法进行划分，以水资源 214 个三级区为单元采用 ISODATA 模糊聚类分析法进行分类。他们将全国划分成了 3 个生态水文一级区和 36 个生态水文二级区。在一级区划分的基础上，杨爱民等还提出了与水有关的生态环境保护目标与准则。

2.3.4 区划方法

2.3.4.1 USEPA 区划方法

USEPA 的水生态分区一共为 5 级体系。其中，一级二级分别把美国划为 15 和 52 个生态区；在三级层次上美国大陆被划分为 84 个水生态区；四级层次是在三级生态区基础上由各州进行划分的；五级层次是区域景观水平的水生态区划分。在实际应用中，根据数据分析的要求，可以在不同的层次上对水生态区进行重新集合。

USEPA 以 4 个区域性特征指标为基础进行三级生态区划，具体包括土地利用、土壤、自然植被和地形，它们被认为是影响水生态系统特征，能够反映水生态系统与周围陆地生态系统相关关系的关键因素。由于在不同的区域这些因素的相互作用不同，因此，美国水生态区划分的最大特点就是没有全国统一的划分标准。

在三级区划的基础上，美国各州开始利用更高精度的数据来划分四级区，以反映水体的特殊环境特性。四级区的划分主要是根据三级生态区内的气候、水文、土地利用、土壤、植被以及地表水质等指标的差异进行划分。

USEPA 生态区边界最初以定性分析的方法进行确定，首先对 4 个特征因素的专题图进行叠置和比较，确定 4 个因素的空间特点和关系，在权衡各个因素的重要性之后确定水生态区的潜在范围，然后结合专家经验最终确定区域边界。该方法的优点在于能够将主导因子和专家意见相结合，缺点在于方法是非定量化的，不具有可重复性。随着 GIS 技术的发展，美国各州逐渐开始采用量化的区划技术方法。

2.3.4.2 澳大利亚区划方法

澳大利亚提出根据影响水生态系统的景观要素指标，将全国分成不同类型的生态区，以反映水生态系统的自然差异性。区划主要考虑了 3 个基本因素，分别为气候（降水量大小及其季节性）、地形和植被类型（结构和组成），它们被认为是影响澳大利亚水生态系统类型的关键性因素。

2.3.4.3 中国河流生态水文分区

尹民等（2005）所做的中国河流生态水文分区以全国水资源分区作为分区的主要依据，同时考虑各种自然因素（如水文气象、地貌类型等）和人为因素（如水利工程等）对河流生态环境需水量的影响，选取主导因素建立河流生态水文分区的指标体系。

方案采用三级分区，不同级别分区选取不同的指标。一级区的划分主要考虑流域水系的完整性，借鉴全国水资源分区的结果，将全国划分为10个一级区。在一级区的框架下，考虑宏观尺度的水文要素、干湿状况和地形地势的差异，选取径流深度、干燥度和地形格局3个指标划分二级区。在二级区的基础上，考虑地貌类型、生态环境功能、河湖特征与水利工程等因素对河流生态环境需水量的影响，选取地貌类型、海拔高度、水生态状况、河湖分布与河段划分以及水库节点等定性和定量指标划分三级区。

2.3.4.4 中国水生态分区

孟伟等（2007）在辽河流域所做的水生态分区，在辽河流域采用了二级分区。一级区考虑水文条件，主要通过径流深度将其划分为丰水区、多水区、少水区和缺水区4种类型。

在一级分区的基础上，进一步对地貌、土壤、植被类型、土地利用等因子空间特征进行分析，分别制定流域的地貌分区、土地利用分区和土壤分区专题图。叠加各个指标的专题划分结果，通过定性分析与专家判断相结合的方法对二级区的边界进行初步确定。最后再次将小流域、水库节点分布图以及湖泊湿地分布图叠加于二级分区结果图上，结合流域数字高程模型、起伏状况等辅助信息，通过专家判断对二级分区边界再次进行调整，并最终划定二级水生态区。

2.4 山西省水生态系统保护与修复研究现状

山西省水资源极其贫乏，特殊的自然地理环境使得其水资源很难被开发利用，更为严重的是，由于过量开发地下水资源、大规模采矿、开垦山地、破坏植被、大量排放污水等造成了一些地区的水生态环境的急剧恶化。水生态环境的恶化，更加剧了水供需的矛盾，严重影响了山西省国民经济的可持续发展。面对现实，山西省在开发利用水资源的同时，从可持续发展的战略高度出发，采取有效的水资源保护措施，防止水生态环境的进一步恶化，努力争取重点地区、重点河流河段、岩溶大泉及水源地的水环境质量的好转，促进水生态环境的良性循环。

杨士荣等（2002）针对山西省现存的水质污染、水土流失、地下水超采和采煤漏水等一系列水生态环境问题，提出山西省水生态环境保护和治理的具体措施：①控制污水排放量，增加污水处理回用能力；②治理水土流失，加强生态建设；③限制地下水无度开采，科学涵养水源；④减少采煤对水资源的破坏。

孙建轩和张明（1998）提出在山西省黄土高原地区建立水土保持型生态农业的设想，指出山西省黄土高原地区应建设水土保持型生态农业，首先要抓好梯坝滩基本农田建设和乔灌果草植被建设，有效控制水土流失和风沙危害，就地拦蓄雨水与就近拦蓄径流泥沙相结合，水利与水保相结合，水的小循环与大循环相结合，治理开发与农业产业化相结合，实现自给有余型农业、生态保护型林业及商品经济型牧果业。黄土高原干旱地区要创造较高的生物量和农业生产力，必须科学高效地利用多种水资源，提倡雨水资源化，利用高效化，实行集流节灌，是山丘区农业经济的增长点。治理水土流失，建设生态农业，对现有的行之有效的使用技术，要组装配套，大力推广。

左中昌和董晓辉（2002）指出山西省通过水土保持生态环境建设 50 年，通过在三川河、永定河、湫水河流域搞水土保持重点治理，在黄河多沙粗沙区实施治沟骨干工程，在汾河上游连续 14 年进行水土流失综合治理，逐步探索出一条以大流域为骨干，以小流域为单元，以县为单位，山水田林路统一规划，综合防治，工程措施、生物措施、蓄水保土耕作措施科学配置，生态效益、经济效益和社会效益统筹兼顾、相得益彰的山西省特色的水土流失综合防治路子。

段东梅和刘秀琴（2006）指出山西省的生态环境破坏状况，包括土地资源严重损失，植被破坏，农业环境污染，提出山西省保护生态环境的对策：加速森林建设、草业发展；全面推进土地保护、开发与整治。针对防治农业环境污染提出了一系列治理措施，包括水环境污染防治、大气污染综合防治、固体废物的综合利用与处理、调控农业发展方向及建设和完善生态环境保护体系。

李素清等（2005）进行了山西省生态环境破坏对可持续发展的影响及对策研究，指出山西省目前面临着水土流失量大面广，荒漠化扩展迅速，林草植被破坏严重，工矿区生态衰退加剧，环境污染严重等。山西省生态环境破坏对可持续发展已经造成了巨大的经济损失，加剧了自然灾害，制约了产业结构的优化与升级，激化了资源供需矛盾，脱贫难度加剧，区域可持续发展能力不足。他们提出遏制山西省生态环境破坏，促进可持续发展的主要对策：①加大宣传，提高公众生态安全意识；②加大资金投入，加快生态环境建设；③加大法治力度，依法管理生态环境；④控制人口增长，提高人口素质；⑤制定生态建设规划，建立健全环境监测网络与预警系统；⑥加快产业结构调整，积极倡导循环经济发展模式。

梁新阳和田新生（2002）依据监测、调查资料，从河道断流、水库蓄水量减少、地下水超采、泉水枯竭等方面阐述了山西省存在的水资源短缺问题，从河道、水库、地下水水环境恶化等方面说明了山西省水环境污染的严重性。并且，他们提出了维护河道生态平衡、控制地下水超采、防止水质污染、治理水环境的具体措施，如减污增水、水价改革、调整产业结构、强化水资源统一管理等。

杨锁林（2010）通过山西省西山煤田开采对水资源和水环境的破坏机理、破坏过程及破坏程度等的分析研究，提出了煤炭开采区地下水资源保护对策措施，如法制管理、分区管理、制度建设等，探讨了水煤共存、可持续利用的管理保护模式和管理保护政策体系以实现国民经济可持续发展。

王晓宇（2006）分析了对山西省湿地资源及其面临的严重水生态危机状况，包括：①对湿地的盲目开垦与改造及水资源不合理利用导致湿地面积不断减少；②水体严重污染，导致湿地生态环境功能丧失。他还提出了构建山西省湿地资源水生态安全技术支持系统：①疏浚清淤，恢复湿地面积，确保湿地水文循环的通畅；②截污、治污，科学补水，确保湿地生态用水；③顺应自然，逐渐实现湿地水生态修复；④建立完善的水文、水环境监测系统，对湿地水生态环境进行动态监测；⑤建立湿地自然保护区，加强山西省湿地生态系统及管理的科学研究。

曹小虎（2004）研究了山西省地下水开发引起了生态环境恶化状况，指出长期以来地下水的合理开发缺乏统一的规划和管理，从而造成水源地布局不合理，开采井群在平面和空间上高度集中，不合理的开采状况改变了区域地下水天然流场，形成了以城市水源地为中心的大面积地下水降落漏斗，并由此引发了含水层被疏干、地面沉降、水井枯竭、泉水衰减或断流、水质恶化等问题。因此，迫切需要从经济社会可持续发展的角度对水资源进行合理配置，加强水资源的总体规划和统一管理，从而为经济和社会的可持续发展提供保障。

综上所述，省级（含国外的州级）水生态系统保护与修复研究与示范目前学界还未有研究。前人的研究已经构建了生态系统及其健康性的指标体系，但是与山西省生态系统保护与修复相关的指标体系的内容还没有。在山西省水生态系统保护与修复技术方面，目前国内外的文献多是对生态系统修复进行一般性的定性分析，或侧重于生态系统的环境影响评价。

针对项目植被与水循环的相互作用，目前的研究中，有关黄土高原地区坡面植被变化与水循环要素（降水、土壤水分等）的相互影响的一些经验关系已被学者们提出。但总的来说，由于影响植被生态功能的环境异质性的普遍存在，不同地区、不同尺度流坡面植被变化与水文循环过程的影响幅度相差较大。在气候变化和人类活动影响下，土壤水分将产生一系列的变化，将会影响植被的水分利用。而反过来，植被在适应当地的土壤水分条件的过程中，也会对区域的土壤水分有所反馈，改变当地的土壤水分状况。对于山西省黄土高原区，坡面植被覆盖度与土壤水分之间互作用的动态平衡关系有待进一步研究，从而提出坡面生态系统对水分的适应性及弹性范围，把坡面植被生态确立为水生态系统保护对象。

在生态服务价值方面，从现有的研究进展看，以往研究多侧重于定性分析生态系统服务价值评价应考虑的功能构成，定量化评价主要采用单一的支付意愿调查法或影子价格法进行。在面向生态服务功能、考虑实际综合集成机会成本法、旅行费用法、成果参照法以及市场价值法对规划情景下生态系统的保护和修复的价值进行系统评价方面，未见类似研究。

综上所述，山西省的水生态问题比较突出，面临着复杂的问题，而目前尚没有完整的省级水生态保护与修复研究还有待进一步深入。

第 3 章　水生态系统分析与评价基础

水生态系统是由水生生物群落与水环境共同构成的具有特定结构和功能的动态平衡系统，因动植物物种、地域气候环境以及人类活动干扰程度的不同，呈现不同的状态和特点。水生态系统的保护与修复须以科学分析和评价为基础，有针对性地采用适宜的修复技术和保护方案。本章主要介绍相关的基础理论，包括水生态系统分区理论以及植被与流域水循环相互作用机理等，并应用相关理论对山西省水生态系统进行总体评价。

3.1　水生态系统分区理论

水生态系统分区是在水生态系统保护与修复实践中提出来的，目的是为了分区域、有重点地进行典型水生态系统的保护和修复。分区理论有一个发展脉络，其演进历程中先后出现过"生态分区"、"水文分区"、"生态水文分区"、"水文生态分区"等，本研究遵照对象命名原则，定义为"水生态系统分区"。

强烈的人类活动与环境变化，使流域/区域的环境要素和格局发生了巨大变化，巨大的物质和能源需求与日趋严重的环境污染使天然水循环过程发生了重大改变，形成了流域二元水循环及其伴生的水生态与水环境过程。为科学刻画现实社会中业已存在的这个"水生态经济复合系统"的变异特征与演化规律，有效地进行评价、保护、修复与管理，客观上需要一个合适的空间单元体系（分区）。

在这个单元体系中，不仅需要考虑流域的生态与水文特性，更要考虑区域的经济社会与环境属性。因此，单元划分应以变化环境下地域分异规律为理论基础，以生态分区、水资源分区、水功能分区和行政分区为边界划分基础，坚持传统的发生统一性准则、相对一致性准则、区域共轭性准则、综合性准则和主导因素准则，从三方面开展工作：一是辨识综合地域系统的主要自然和人文要素，研究主要地理要素的变化过程、时空格局及其相互作用机理，重点包括主要自然因素变化过程、时空格局；二是辨识综合地域系统的地貌、气候、土壤、植被、水文等自然要素，研究其变化过程；三是整理已有部门及综合经济区划方案，辨识政策、人口、科技、消费等人文要素，研究其变化过程、时空格局。

本部分研究所要解决的关键技术问题包括地域系统主要因素的变化过程、格局及其相互作用关系，典型区域的辨识及其特征分析，系统内在的相互作用，数据的采集、处理、量纲化集成方法，未来发展情景分析，分区方案的动态演示系统等。

3.1.1　分区指标体系

水生态系统分区的意义在于研究水资源与生态系统以及人类社会系统之间的科学关

系。按照系统科学的观点，宇宙万物虽然千差万别，但均以系统的形式存在和演变，尤其是随着人类活动对自然的改造能力不断增强，社会经济系统、自然生态系统相结合，构成了一定的生态经济系统结构。以水事活动为主体的水资源系统与生态经济系统结构相耦合，从而生成了耦合社会经济系统的复杂水生态系统。水生态经济复合系统不同于现行的水资源系统，也不同于传统概念的生态系统，它是以生态系统可持续发展作为先决条件，以社会经济系统的发展为核心目标，从而实现水资源的合理科学开发利用。

现代条件下的水生态系统是一个高度复杂的巨系统，在进行分区时要考虑影响区域或者流域众多因子的共同作用，从而对流域进行细分，做到有的放矢，不同的水生态系统分区采取不同的修复保护方法。本研究遴选的水生态系统分区主要指标见表3-1。

表 3-1　水生态经济复合系统分区主要指标

总体指标	细节指标	备注
气象因子	年均温、年降雨量、年蒸发量、干旱指数	—
地表水文因子	径流系数、径流模数	—
植被因子	植被类型、植被覆盖率	—
土壤因子	土壤类型、产沙模数	—
地形地貌	DEM、坡度	—
水文地质	地下水漏斗、地下水超采	—
景观因子	河流廊道景观要求	城市地区要求高
水功能指标因子	水功能区图	—
社会经济因子	人口、经济、水资源利用、环境状况	—

另外，还包括人类社会经济活动指标，见表3-2。

表 3-2　主要社会经济指标

总体指标	细节指标	备注
人口	人口密度	—
经济	地区生产总值、人均地区生产总值、三次产业产值、煤炭收入总量	—
水资源开发利用	地表地下用水量、工业万元产值用水量	—
生态环境状况	生态环境状况指数、三废排放量	为修复提供依据

客观地讲，对以上提及的指标可以分为三大类，分别是地区生态指标、地区水资源指标以及地区社会经济指标。水生态系统的分区是在这三大类指标的基础上，运用主成分分析和聚类的手段解析出区域差异最大的指标，然后以这些指标为依据对整个山西省进行划分。水生态系统的划分对政府制定相关政策，实现资源的有效整合等意义重大。

3.1.2　主要指标数据及分区评价

3.1.2.1　气象因子

气象因子属于上文提到的三大指标系统的生态范畴。气象因子在很大程度上决定了各个尺度自然生态系统的边界。气象作为能量和湿度的来源，是生态系统的主要控制因素。反之，生态系统又影响了气候,最重要的气象因子是能量和湿度的日变化及季节变化。这样的变化决定了当地占主导地位的动植物类型,同样也决定了土壤的类型(Bailey and Hogg, 1986)。

同时,气象因子对水文系统的影响也是巨大的。气象因子是水文过程的驱动力之一。水文循环是气候系统的重要组成部分,既受到气候系统的制约,又对气候系统进行反馈。

基于众多学者的研究成果,本次选取年降雨量、年均温、年蒸发量及地区干旱指数4个具体参数作为对山西省进行水生态系统分区的气象因子指标(表3-3)。

表3-3 山西省各地级市气象因子统计

城市	年降雨量/mm	年均温/℃	年水面蒸发量/mm	干旱指数
太原市	471.7	10.8	1790.5	3.80
大同市	431.3	5	1998.3	4.63
阳泉市	531.5	10.4	1892.4	3.56
长治市	581.7	9.5	1657.3	2.85
晋城市	635.1	13.1	1693	2.67
朔州市	412.9	6.9	1924	4.66
忻州市	482.1	8	1849.7	3.84
吕梁市	500.2	10.2	1669.7	3.34
晋中市	509.6	9.9	1678.7	3.29
临汾市	541.3	12.4	1779.3	3.29
运城市	579.2	13.9	1806.7	3.12

3.1.2.2 地表水文因子

地表水文因子是表征区域水资源状况的重要因子,在进行水生态系统分区时必须考虑不同流域或者区域的地表产流特性。一般来说,表征区域地表水文的因子很多,包括地表径流深、地表产流系数、地表径流系数、降雨入渗补给系数以及产水模数等。由于这些因子之间存在某些程度的交叉和重复,因此本研究选取了地表径流系数和地表产水模数作为表征区域地表水文的重要因子(表3-4)。

表3-4 山西省各地级市地表径流系数和径流模数统计

城市	面积/km²	地表径流系数	地表产水模数/(万 m³/km²)
太原市	6 878	0.057	0.167
大同市	14 097	0.092	0.143
阳泉市	4 517	0.22	0.184
长治市	13 863	0.12	0.153
晋城市	9 349	0.182	0.21
朔州市	10 656	0.082	0.165
忻州市	25 143	0.104	0.163
吕梁市	20 988	0.087	0.124
晋中市	68 601	0.098	0.146
临汾市	20 200	0.126	0.142
运城市	14 233	0.085	0.168

山西省1956～2000年系列平均年径流深等值线分布见图3-1。

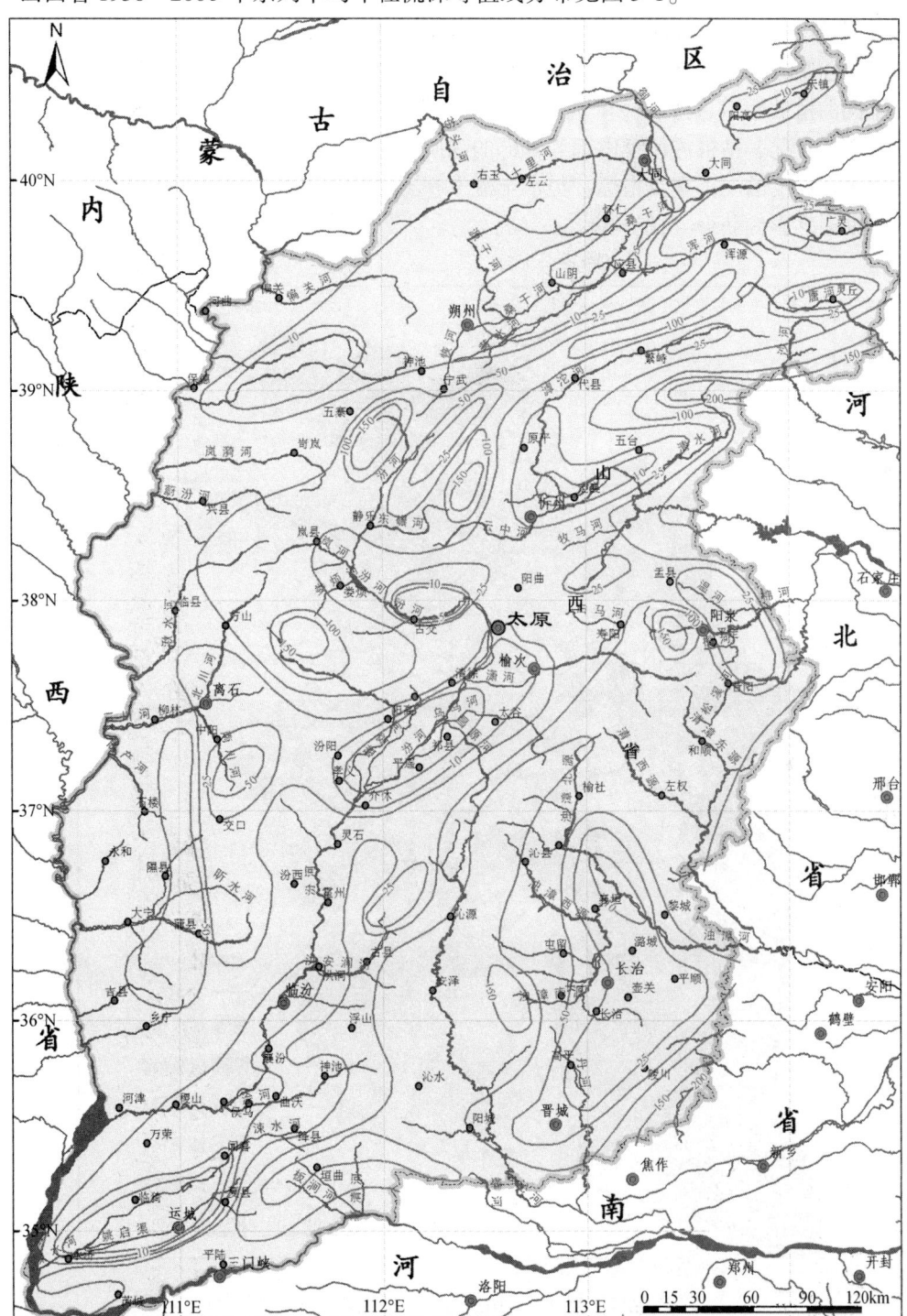

图3-1 山西省1956～2000年平均年径流深等值线分布图（单位：mm）
资料来源：范堆相，2005

3.1.2.3 下垫面因子

下垫面是影响流域水文过程的重要因子之一，主要包括植被因子和土壤因子。

不同的植被覆盖条件对一个地区的产汇流等流域特性有很大影响，根据生态系统中水、气等的状况，植被可调控内部与外部的物质、能量交换。植被覆盖度作为反映植物群落覆盖茂密程度的一个重要指标，与水土流失、土地沙漠化关系密切。植被覆盖度的数据可以借助遥感影像获得（图3-2）。

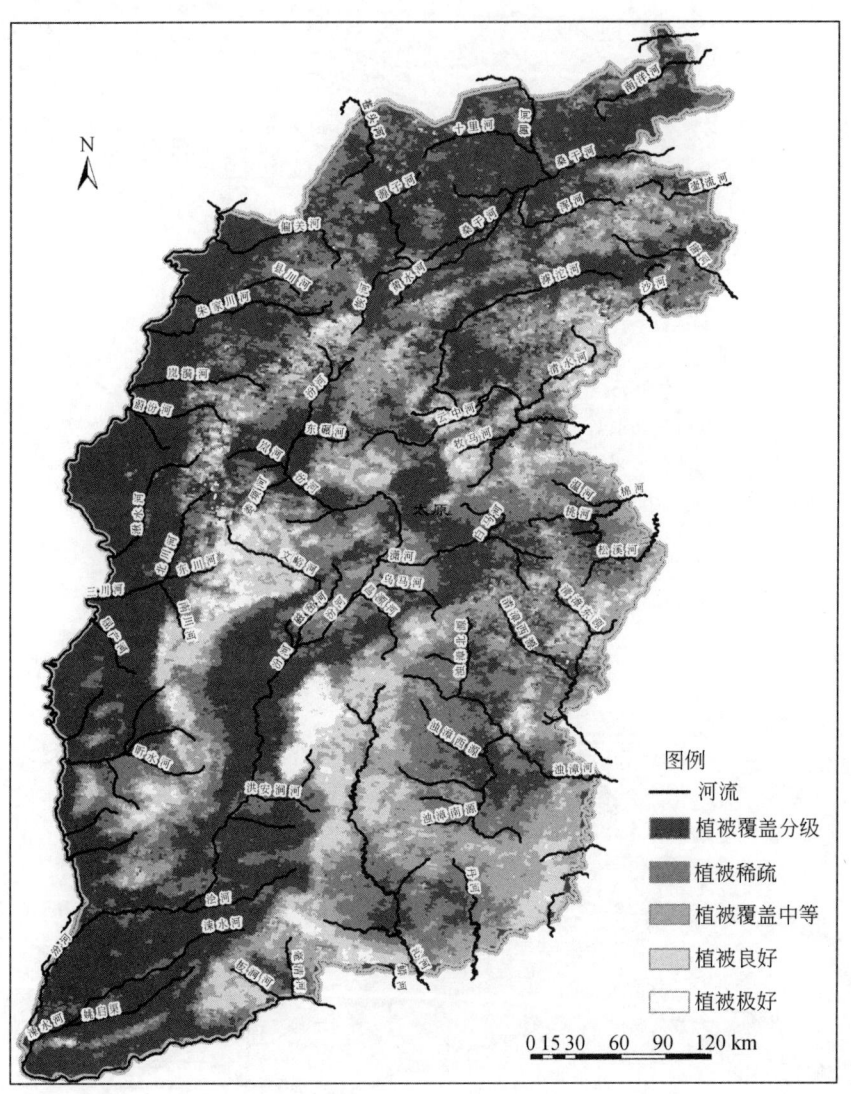

图3-2 山西省植被分布图

山西省各地级市的植被覆盖度统计情况见表3-5。

表 3-5　山西省各地级市植被覆盖度

城市	面积/km²	植被覆盖度/%
太原市	6 878	25.40
大同市	14 097	21.70
阳泉市	4 517	31.80
长治市	13 863	43.60
晋城市	9 349	37.20
朔州市	10 656	17.30
忻州市	25 143	24.50
吕梁市	20 988	23.60
晋中市	16 408	35.10
临汾市	20 200	18.70
运城市	14 233	15.80

土壤下垫面对流域水循环的影响主要表现在对降雨的储存和土壤中的运动规律上，一般来讲，砂质土壤的储水能力强于黏质土壤，同时砂质土壤的导水能力也大于黏质土壤，不同的土壤类型蓄水能力不同。山西省内土壤种类繁多，存在一定的地区分布规律性（图3-3）。

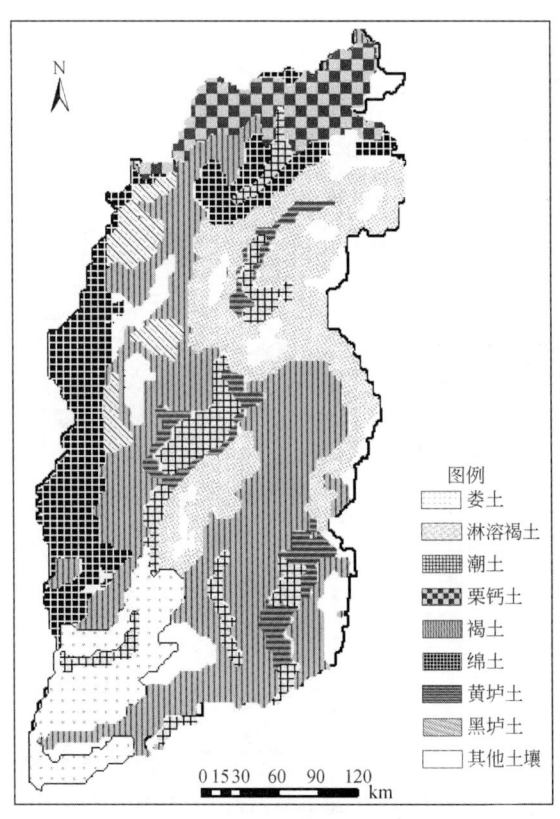

图 3-3　山西省各种土壤分布

土壤流失情况也是表征区域水生态状况的一个重要指标，可以利用输沙模数表示，对山西省行政分区图和1956~2000年系列平均年悬移质输沙模数进行叠置分析如图3-4所示。山西省各地级市1956~2000年系列平均年悬移质输沙模数见表3-6。

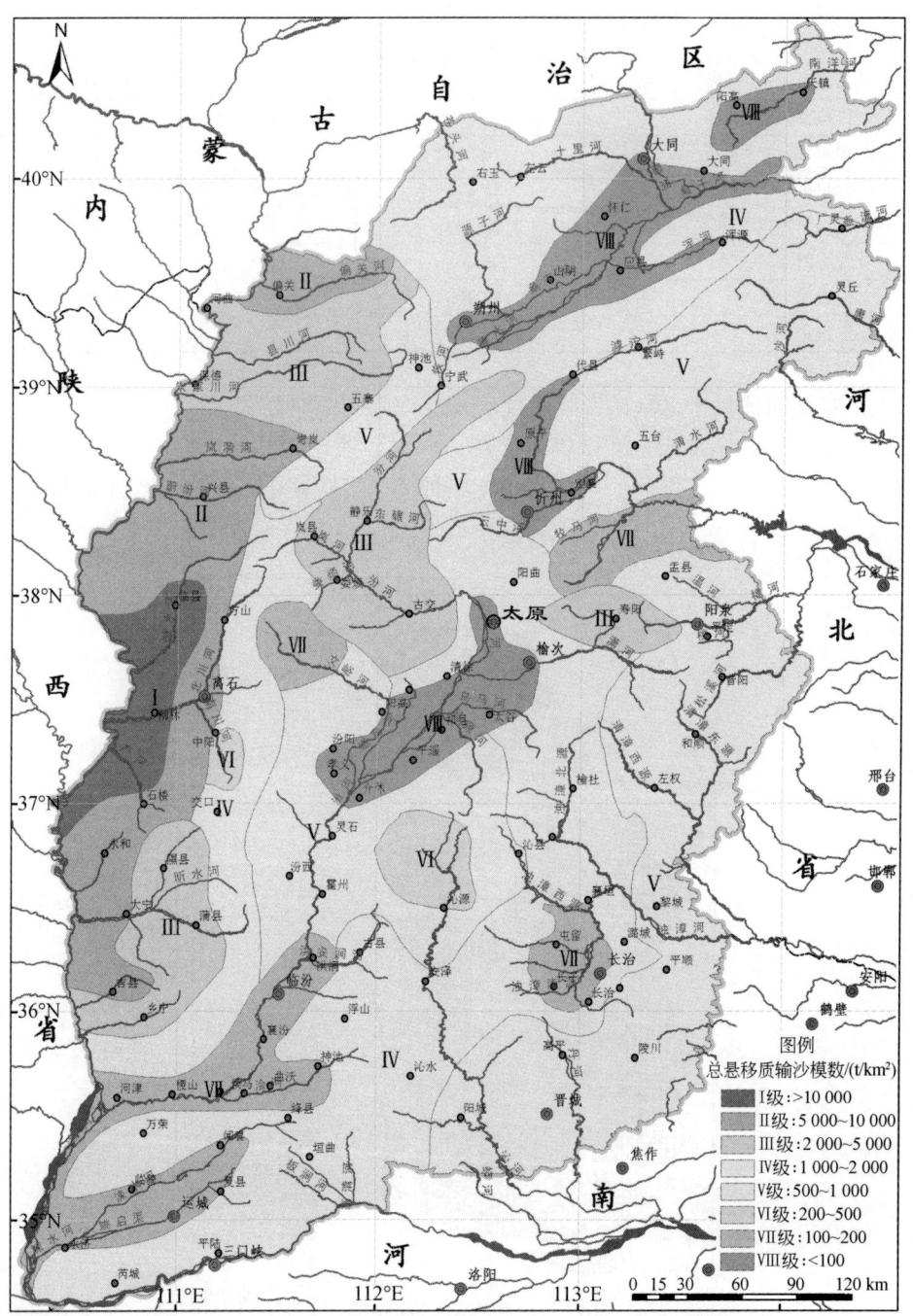

图3-4 山西省1956~2000年系列平均年悬移质输沙模数

资料来源：范堆相，2005

表 3-6 山西省各地级市平均年悬移质输沙模数（1956~2000 年）

城市	面积/km²	输沙模数/(t/km²)
太原市	6 878	2 458
大同市	14 097	900
阳泉市	4 517	648
长治市	13 863	787
晋城市	9 349	1 028
朔州市	10 656	1 468
忻州市	25 143	2 513
吕梁市	20 988	4 220
晋中市	16 408	910
临汾市	20 200	1 015
运城市	14 233	975

3.1.2.4 地形地貌因子

地形地貌是流域/区域水生态复合系统的又一个重要的表征因子。一般来说，地势的高低与地表坡度的变化都会影响到流域/区域的生态景观格局。山西省地处太行山与黄河中游峡谷之间，位于我国三大阶梯状地形第二阶梯中部的前缘地带，按其地形特点，可将山西省分为东部山地区、西部高原区和中部盆地区三大部分。总的地势是东西两侧为山地和丘陵，中部为一列串珠式断陷盆地，平原分布其间（图 3-5）。图 3-6 是山西省全省的 DEM 图，图 3-7 为据 DEM 计算得到的山西省全省地表坡度变化图。

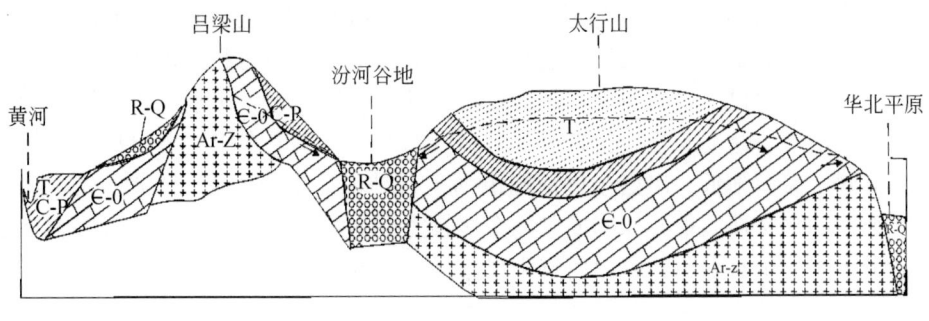

图 3-5 山西省地形纵剖面

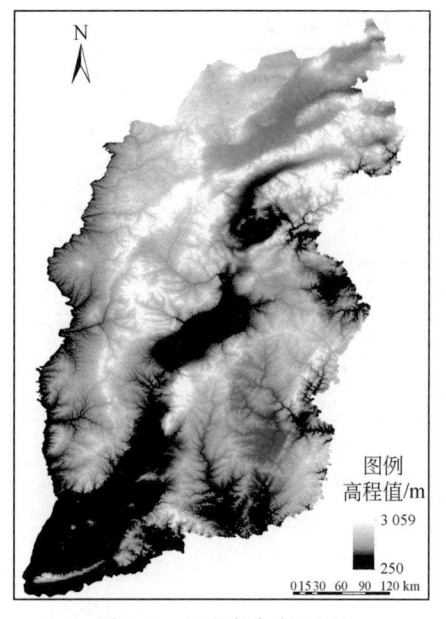 

图3-6 山西省全省DEM　　　　图3-7 山西省地表坡度变化

3.1.2.5 景观因子

山西省是一个水资源极度缺乏的省份，尤其是近年来水资源开发利用率急剧上升，加之水资源开采不合理导致的水污染和水资源破坏，使得山西省地表河流断流，生态环境恶化。要从根本上对山西省全省的水生态进行改善，需要投入的人力和物力是相当巨大的，因此，基于对山西省全省水资源现状的勘察和了解，本研究提出了局部水生态景观的保护与修复目标。这些目标的实现对于提高山西省水生态环境的质量，制定切实可行的应对措施，做到有的放矢是非常重要的。概括来讲，山西省全省景观因子的要求基本集中在以下几个区域：①汾河"清水复流"工程，由于近些年来汾河流域地表水资源量急剧减少，要达到全汾河流域全年不断流的目标是非常困难的，切实可行的目标是在重点河段以及重点时段实现河段周围水体景观的正常功能。基于此，我们采取的措施有水源涵养与生态修复、河道疏浚及岸坡整治以及滨河湿地修复等。②以汾河、沁河和桑干河为重点，开展水污染防治工程试点建设，主要包括：污染负荷的源头减排工程、污水收集管网与处理工程和面源污染的治理与修复工程。③岩溶泉域景观的保护，主要在娘子关泉展开。娘子关泉位于平定县娘子关镇附近，出露于桃河与温河汇合地段，主要由11眼泉组成。娘子关泉域是一个独立的水文地质单元，构成了一个比较完整的水资源系统。泉域岩溶地下水是该区工农业最重要的供水水源，是山西省阳泉市最主要的供水水源。

3.1.2.6 人口指标

人口指标主要用来反映人类改变水生态系统的能力，包括人口密度和城镇化率两项。本次人口指标根据《山西统计年鉴2009》确定，各地级市人口密度和城镇化率如表3-7所示。

表 3-7 山西省各地级市人口指标

城市	面积/km²	人口/万人	城镇化率/%
太原市	6 878	347.14	83.8
大同市	14 097	317.86	77.5
阳泉市	4 517	131.96	87.2
长治市	13 863	328.29	77.6
晋城市	9 349	223.23	74.3
朔州市	10 656	153.56	30.7
忻州市	25 143	309.03	37.0
吕梁市	20 988	359.80	56.5
晋中市	16 408	312.40	53.2
临汾市	20 200	419.80	45.3
运城市	14 233	507.57	36.0

3.1.2.7 经济指标

经济指标主要用来体现社会经济活动发展水平，是人类活动取得的结果。经济是人类活动的目的，一切自然改造都是由经济的发展造成的。各种经济活动使生态系统结构和功能发生了质的变化，因此经济指标是反映人类活动结果的有效指标。

经济指标主要用产值来体现，包括地区生产总值、人均地区生产总值、工业产值和三次产业产值等。考虑到山西省经济发展的特点，该省是能源大省，全国70%以上的外运煤都来自山西省，但是采煤给山西省的生态环境造成了破坏，给生态的保护带来了巨大压力。采煤对煤系含水层造成了破坏，矿坑排水改变了水循环的自然排泄补给情况，还对水质产生了影响。在经济指标中，考虑体现地区的煤炭业发展状况，用煤炭收入量指标体现。本次经济指标根据《山西统计年鉴2009》确定，各地级市产值指标和煤炭收入量指标如表3-8所示。

表 3-8 山西省各地级市经济指标

城市	地区生产总值/万元	第一产业产值/万元	第二产业产值/万元	第三产业产值/万元	工业产值/万元	人均地区生产总值/(元/人)	煤炭收入总量/万t
全省	70 557 600	5 055 300	41 797 100	23 705 200	38 337 500	20 742	83 599.98
太原市	14 680 851	229 807	7 390 468	7 060 576	6 193 562	42 378	6 721.06
大同市	5 696 268	304 418	3 014 191	2 377 659	2 724 179	17 974	7 912.52
阳泉市	3 106 528	50 768	1 839 327	1 216 433	1 654 324	23 593	7 747.93
长治市	6 821 316	324 676	4 329 228	2 167 412	4 043 228	20 821	9 606.23
晋城市	5 275 489	224 948	3 350 240	1 700 301	3 094 772	23 680	12 169.82
朔州市	4 204 038	277 609	2 599 965	1 326 464	2 425 785	27 458	13 610.58

续表

城市	地区生产总值/万元	第一产业产值/万元	第二产业产值/万元	第三产业产值/万元	工业产值/万元	人均地区生产总值/(元/人)	煤炭收入总量/万t
忻州市	3 157 727	340 706	1 630 182	1 186 839	1 482 182	10 247	3 705.80
吕梁市	6 296 438	265 465	4 458 540	1 572 433	4 151 775	17 553	8 654.77
晋中市	5 678 066	426 850	3 290 913	1 960 303	2 970 913	18 219	8 084.38
临汾市	7 546 316	385 620	4 930 181	2 230 515	4 628 209	18 031	5 237.21
运城市	6 914 452	883 711	3 619 251	2 411 490	3 285 825	13 663	149.68

3.1.2.8 水资源开发利用指标

水资源利用指标主要有国民经济总用水量、地下水开采量、人均用水量、万元工业增加值用水量、吨煤用水量等指标（表3-9）。

表3-9 山西省各地级市水资源利用指标

城市	用水总量/亿 m³	地下水开采量/亿 m³	工业用水量/亿 m³	万元工业产值用水/(m³/万元)	人均用水量/(m³/人)	吨煤用水量/m³
全省	56.93	27.30	13.47	35.13	166.88	0.41
太原市	6.94	1.05	2.26	36.46	199.92	0.56
大同市	5.23	3.24	1.30	47.58	164.67	0.13
阳泉市	1.46	0.40	0.85	51.19	110.36	0.58
长治市	3.88	1.27	1.28	31.57	118.07	0.47
晋城市	2.67	1.67	1.37	44.16	119.81	0.55
朔州市	3.28	1.69	0.60	24.64	213.62	0.44
忻州市	4.64	2.05	0.83	56.15	150.01	0.30
吕梁市	5.25	2.55	1.16	27.82	145.91	0.41
晋中市	6.57	3.86	1.10	36.95	210.20	0.53
临汾市	6.29	2.38	1.14	24.56	149.72	0.50
运城市	10.72	7.14	1.60	48.80	211.15	0.50

3.1.2.9 生态环境状况指标

生态环境状况是人类活动对水生态影响的最终体现。山西省各市域生态环境状况可以主要通过两方面指标来反映，即生态环境状况指数和各个地区不安全饮水人口。

（1）生态环境状况指数

依据《生态环境状况评价技术规范（试行）》（HJ/T 192—2006）对山西省各市域生态环境状况指数进行了评价。生态环境状况指数（EI）是生物丰度指数、植被覆盖指数、水网密度指数、土地退化指数和环境质量指数5项指标的加权值。依据生态环境评价技规范（HJ/T 192—2006），各项评价指标权重如表3-10所示。

表3-10 各项评价指标权重

指标	生物丰度指数	植被覆盖指数	水网密度指数	土地退化指数	环境质量指数
权重	0.25	0.2	0.2	0.2	0.15

生态环境质量指数 EI=0.25×生物丰度指数+0.2×植被覆盖指数+0.2×水网密度指数+0.2×土地退化指数+0.15×环境质量指数。

根据生态环境状况指数，将生态环境分为5级，优、良、一般、较差和差，具体见表3-11。

表3-11 生态环境状况分级

级别	优	良	一般	较差	差
指数	EI≥75	55≤EI<75	35≤EI<55	20≤EI<35	EI<20
状态	植被覆盖度高，生物多样性丰富，生态系统稳定，最适合人类生存	植被覆盖度较高，生物多样性较丰富，基本适合人类生存	植被覆盖度中等，生物多样性一般水平，较适合人类生存，但有不适人类生存的制约性因子出现	植被覆盖较差，严重干旱少雨，物种较少，存在着明显限制人类生存的因素	条件较恶劣，人类生存环境恶劣

山西省2008年各地级市生态环境质量指数及生态环境状况分级情况如表3-12所示。

表3-12 山西省2008年生态环境质量

城市	生态环境质量指数	生态环境质量类型
全省	40.44	一般
太原市	40.36	一般
大同市	47.30	一般
阳泉市	39.66	一般
长治市	42.97	一般
晋城市	41.05	一般
朔州市	48.97	一般
忻州市	40.79	一般
吕梁市	39.82	一般
晋中市	48.34	一般
临汾市	29.83	较差
运城市	46.78	一般

(2) 不安全饮水人口

生态环境状况是人类活动对水生态影响的最终结果。人口的急速增长和水资源的过度开采利用导致人口饮用水安全受到极大的威胁。这一问题在经济相对落后的农村地区格外突出。农村不安全饮水人口数与人口增长、经济发展、水资源的开发利用和生态环境状况都有密切关系。各地区的不安全饮水人口也是反映山西省各市域生态环境状况的重要指标。

根据《山西水利统计年鉴2008》，统计得出山西省各地级市农村不安全饮水人口数及农村不安全饮水率，如表3-13所示。

表3-13 山西省2008年农村不安全饮水人口分布表

城市	农村总人口数/万人	农村不安全饮水人口数/万人	农村不安全饮水率/%
全省	1 872.06	851.35	45.48
太原市	62.50	35.54	56.86
大同市	155.32	56.67	36.49
阳泉市	54.79	27.48	50.16
长治市	195.50	68.55	35.06
晋城市	122.27	51.03	41.74
朔州市	84.62	39.02	46.11
忻州市	195.59	75.72	38.71
吕梁市	231.01	111.62	48.32
晋中市	179.10	88.93	49.65
临汾市	262.63	120.57	45.91
运城市	328.73	176.22	53.61

3.1.3 山西省水生态系统分区

山西省水生态系统分区是在水资源分区、水功能区划的基础上，考虑气象、地表水文、下垫面因子、地形地貌、景观、人口、经济和水资源开发利用九方面的水生态系统分区因子，经过主成分分析和模糊聚类分析，以县级行政区边界为基本划分单元做出的。

3.1.3.1 水资源分区

山西省第二次水资源调查将全省划分为17个水资源分区（流域分区），其中海河流域7个，即永定河区、洋河区、壶流河区、大清河区、滹沱河区、漳河区和卫河区；黄河流域10个，即红河区、偏关—吴堡区、吴堡—龙门区、龙门—潼关区、潼关—三门峡区、三门峡—沁河区、汾河上中游区、汾河下游区、沁河区和丹河区。此外，山西省有太原、大同、阳泉、长治、朔州、晋城、忻州、吕梁、晋中、临汾、运城共11个市级行政分区，107个区县（太原、大同等市辖城区合并为大区处理）。

3.1.3.2 水功能区分区

《山西省地表水功能区划》于2005年编制完成。水功能区采用两级体系，即一级区划和二级区划。山西省共有二级水功能区 182 个，其中黄河流域 105 个、海河流域 77 个。一级区划分保护区、缓冲区、开发利用区、保留区 4 类；二级区划在一级区划的开发利用区内进行，分为饮用水源区、工业用水区、农业用水区、渔业用水区、景观娱乐用水区、过渡区、排污控制区 7 类。一级区划宏观上解决水资源开发利用与保护的问题，主要协调地区间的关系，并考虑可持续发展的需求；二级区划主要协调用水部门之间的关系。区划中确定了各水域的主导功能及功能顺序，制定了水域功能不遭破坏的水资源质量保护目标，将水资源保护与管理的目标分解到各功能区单元，从而使管理和保护更有针对性，通过各功能区水资源保护目标的实现保障水资源的可持续利用。山西省水功能区划范围划分原则有：①流域面积大于 1000 km² 的河流，重要的跨省市河流及边界水污染纠纷频发河流全部纳入；②开发程度较高、污染较重的河流基本纳入；③城镇的主要饮用水水源地及工业用水、农业灌溉用水水源地纳入区划范围。区划涉及山西省境内的 59 条河流，31 座水库，区划河长 7075.05 km。基于以上原则和方法，山西省水功能区的划分情况见表 3-14，依据水功能区划分表格做出的山西省水功能区分布见图 3-8。

表 3-14 山西省水功能区分布情况统计

水功能区			汾河水系	河口—龙门	龙门—沁河	沁河水系	涑水河	永定河	大清河	滹沱河	漳卫南	合计
一级	二级	分布情况										
保护区	—	个数/个	9	9	2	3	0	4	0	2	3	32
		河长/km	350.2	431.5	59.4	78.8	0	194.7	0	70	86.7	1 271.3
保留区	—	个数/个	1	1	1	0	0	0	1	1	0	5
		河长/km	28.2	62.7	9	0	0	0	96	14.4	0	210.3
缓冲区	—	个数/个	1	7	0	2	1	4	1	3	2	21
		河长/km	38.3	110	0	90.9	11.5	106	64	87.2	53.2	561.1
开发利用区	饮用水源区	个数/个	7	0	0	2	0	1	0	4	4	18
		河长/km	546	0	0	141.3	0	32	0	105.2	125	949.5
	工业用水区	个数/个	3	1	0	1	0	2	1	1	4	13
		河长/km	86.7	74.5	0	44.5	0	136.1	38	169.5	99.85	649.15
	农业用水区	个数/个	17	8	1	2	3	7	1	9	9	57
		河长/km	763.7	497.8	46	163.2	86.6	343.3	35	433.9	414.7	2 784.3
	过渡区	个数/个	4	0	0	1	2	2	0	2	1	12
		河长/km	53.9	0	0	17	65.5	82	0	45.5	15.8	279.7
	景观娱乐区	个数/个	2	0	0	0	0	1	0	1	1	5
		河长/km	12	0	0	0	0	7	0	6	14.8	39.8
	排污控制区	个数/个	6	3	0	1	4	2	0	2	1	19
		河长/km	69.7	58.1	0	17	122.1	24	0	30	9	329.9
合计		个数/个	50	29	4	12	10	23	4	25	25	182
		河长/km	1 948.7	1 234.6	114.4	552.7	285.8	925.1	233	961.7	819.05	7 075.05

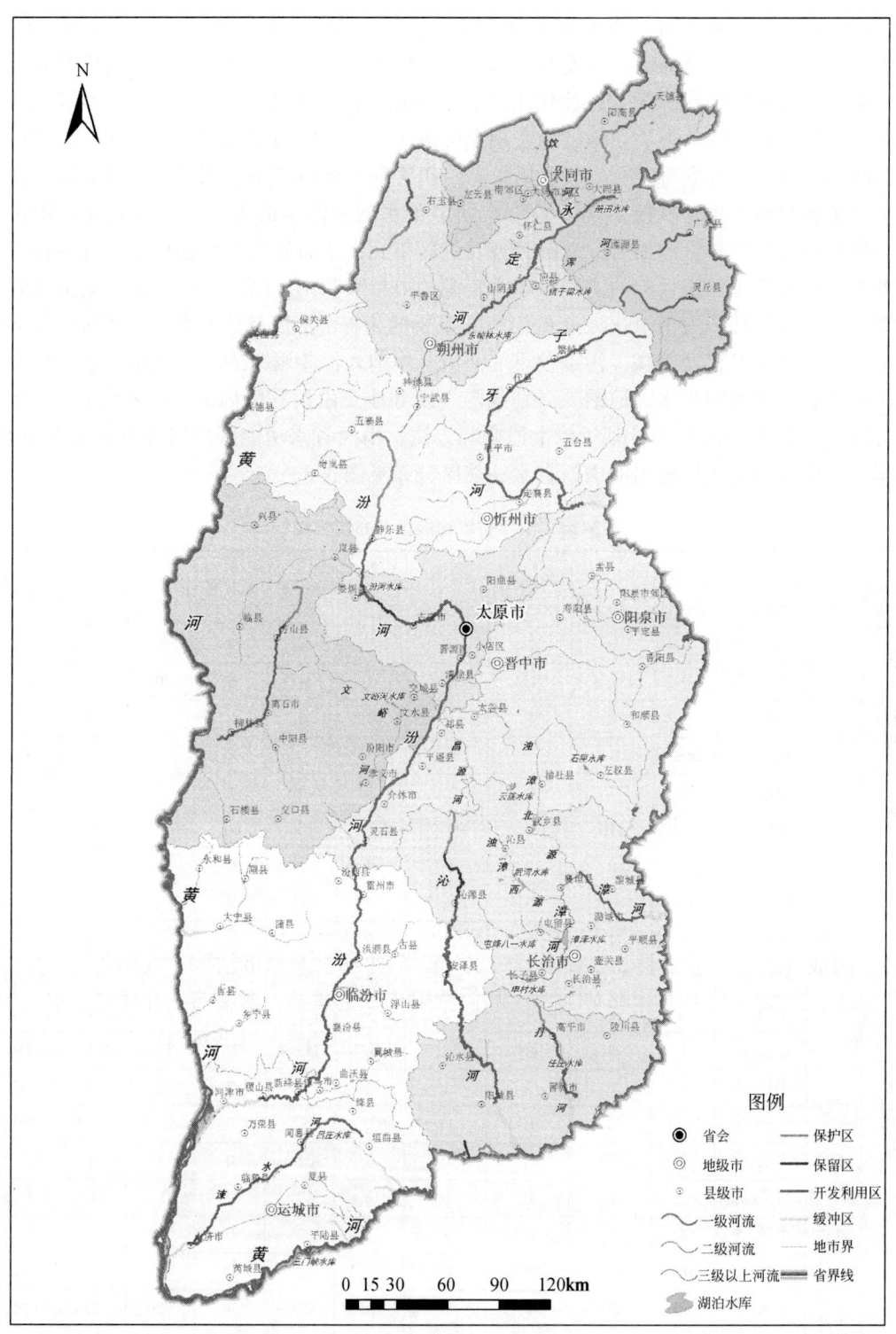

图 3-8 山西省水功能区分布

3.1.3.3 水生态系统分区

基于上述水资源分区和水功能分区，经过水生态系统因子聚类分析，并兼顾天然流域分区和县级行政分区，本研究将山西省划定为 7 个水生态系统分区（图3-9）。

(1) 晋西黄土高原区

大致包括水资源分区的红河区、偏关—吴堡区、吴堡—龙门区，面积为 46 560km²，由 24 个区县组成（右玉县、偏关县、神池县、河曲县、五寨县、保德县、兴县、岢岚县、临县、方山县、离石市、柳林县、中阳县、石楼县、永和县、隰县、大宁县、浦县、吉县、乡宁县、绛县、闻喜县、夏县、盐湖区）。该区突出的水生态问题是：悬移质输沙模数大，水土流失严重，天然植被退化，土地利用结构不合理，农业产量低，影响粮食安全。该区涉及朔州、忻州、吕梁、临汾 4 个地级市，只有 1 个地级行政区，即吕梁市。

(2) 永定河流域区

大致包括水资源分区的永定河山区、洋河区、壶流河区，面积为 19 927km²，由 12 个区县组成（天镇县、阳高县、大同县、大同市辖区、左云县、怀仁县、浑源县、广灵县、朔州市辖区、宁武县、山阴县、应县）。该区突出的水生态问题是：工业及生活污水排放量大，河道污染严重，水资源短缺，生态用水无法保障，部分地区砷富集。该区涉及大同、朔州 2 个地级市。

(3) 大清河、滹沱河山区

大致包括水资源分区的大清河区、滹沱河山区，面积为 21 581km²，由 11 个区县组成（原平市、代县、繁峙县、灵丘县、忻府区、定襄县、五台县、盂县、阳泉市辖区、平定县、昔阳县）。该区突出的水生态问题是：污水排放量大，污染河道，煤炭开采破坏地下水和岩溶水，导致地面沉降。该区涉及大同市、忻州市、阳泉市、晋中市 4 个地级市，区内有 2 个地级行政区，即忻州市和阳泉市。

(4) 汾河流域区

大致包括水资源分区的汾河上中游区、汾河下游区，面积为 30 651km²，由 31 个区（县）组成（岚县、静乐县、娄烦县、古交市、阳曲县、太原市辖区、寿阳县、榆次市、清徐县、交城县、文水县、祁县、太古县、汾阳市、平遥县、孝义市、介休市、交口县、灵石县、汾西县、霍州市、洪洞县、古县、尧都区、浮山县、襄汾县、翼城县、曲沃县、稷山县、侯马市、新绛县）。该区突出的水生态问题是：污水排放量大，污染河道；汾河兰村至柴村段河道采砂，破坏河流形态；煤炭开采破坏地下水、岩溶大泉，导致地面沉降；盆地地区地下水超采。其中岚县和静乐县的突出问题为水土流失。该区涉及太原、晋中、临汾 3 个地级市。

(5) 漳卫河山区

大致包括水资源分区的漳河山区、卫河区，面积为 17 364km²，由 14 个区县组成（和顺县、榆社县、左权县、武乡县、沁县、襄垣县、黎城县、潞城市、屯留县、长治市辖区、平顺县、长子县、长治县、壶关县）。该区突出的水生态问题是：污水排放量大，污染河道，煤炭开采破坏地下水严重，流域内水库调控能力低。该区涉及晋中、长治 2 个地

| 53 |

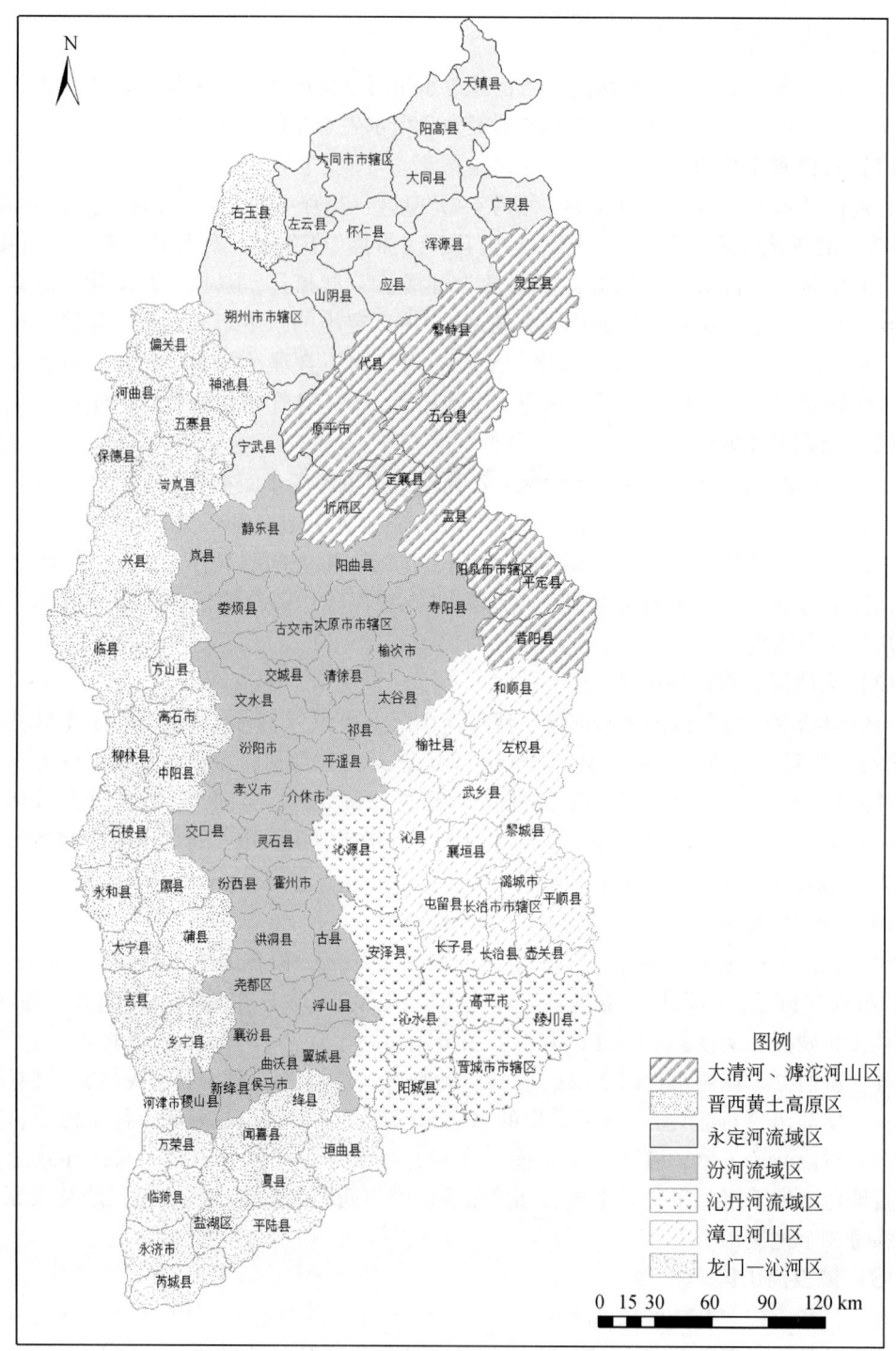

图 3-9 山西省水生态系统分区

级市，区内有1个地级行政区，即长治市。

（6）沁丹河流域区

大致包括水资源分区的沁河区、丹河区，面积为11 984km²，由7个区县组成（沁源县、安泽县、沁水县、阳城县、晋城市辖区、高平市、陵川县）。该区突出的水生态问题是：实施向汾河下游的生态调水后，区域生态用水可能受到影响，使河流污染加重。该区涉及长治、临汾、晋城3个地级市，区内有1个地级行政区，即晋城市。

（7）龙门至沁河区

大致包括水资源分区的龙门—潼关区、潼关—三门峡区、三门峡—沁河区，面积为8 133km²，由7个区县组成（河津市、万荣县、临猗县、永济市、芮城县、平陆县、垣曲县）。该区突出的水生态问题是：地下水含氟高，水量短缺，水质污染严重。该区涉及运城一个地级市。

3.2 植被与流域水循环相互作用机理

山西省部分位于黄土高原地区，部分位于海河永定河流域。本节将利用黄土高原地区和海河流域的气象、水文、土壤水分及植被等数据，采用相关分析方法，研究植被覆盖率与水循环要素的关系。本研究选择了黄土高原地区51个小流域（包括晋西黄土高原地区）作为研究对象。图3-10为所选择的小流域1982~2000年多年平均归一化植被指数（normalized difference vegetation index，NDVI）数据和多年平均降水量的关系，从图中可发现NDVI与降水量在空间上的相关性良好（相关系数R为0.74）。同样，在海河流域的30小流域（包括永定河流域）研究结果也显示，多年平均NDVI数据和多年平均降雨量的关系也良好，相关系数R为0.60。分析结果反映了在山西省黄土高原和永定河流域，植被生长主要是受降水影响，可确定水量是植被生长的主要限制因素。

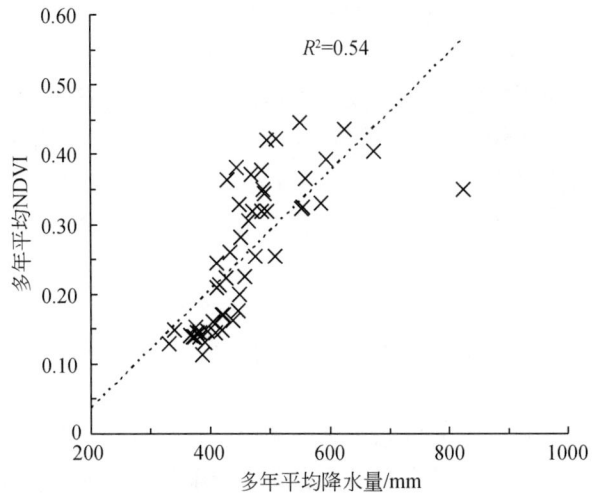

图3-10 黄土高原地区51个小流域的多年平均降水量与NDVI的相关关系

若从多年平均降水量与多年平均 NDVI 的物理意义出发，在多年平均降水量为 0 时，流域多年平均 NDVI 值也应为 0，在多年平均的降水量为无穷大时，流域的植被生长趋于饱和，相应的植被指数 NDVI 将趋于其最大值（约为 0.80）。于是，对黄土高原地区小流域的多年平均降水量与 NDVI 的研究也尝试采用三次多项式拟合。结果发现，在黄土高原地区，当多年平均降水量从 350 mm/a 增加到 450 mm/a 时，多年平均 NDVI 从 0.11 增加到 0.27；当多年平均降水量从 450 mm/a 增加到 550 mm/a 的阶段，多年平均 NDVI 从 0.28 增加到 0.45；当多年平均降水量从 550 mm/a 再增加时，多年平均 NDVI 的增加不明显。因此，当黄土高原地区多年平均降水量为 350~550 mm/a 且增加时，植被生长对降水的响应比较显著。

在黄土高原地区，植被生长主要集中在 4~9 月。这些月份中气温比较适宜，降水比较集中，为植被的快速生长提供了非常有利的条件。在研究区的小流域中，生长季节的降水量平均占到年降水量的 86%。研究分析了晋西黄土高原地区各个小流域 1982~2000 年生长季节平均降水量和生长季节平均 NDVI 的关系，发现生长季节平均降水量与生长季节平均 NDVI 的关系比年降水量与年均 NDVI 的相关性更为显著，前者正相关系数为 0.85。这反映了在黄土高原地区植被的生长主要是受生长季节的降水量影响，生长季节降水量大的小流域，其植被覆盖率相对更高。

不仅植被覆盖的疏密程度受到降水量的影响，植被覆盖的年际变化也受到降水量的影响。通过分析黄土高原 51 个小流域 1982~2000 年 NDVI 的变差系数（C_v）与生长季节平均降水量的关系，发现两者存在较强的负相关性，相关系数 R 为-0.72。这表明区域生长季节的降水量对 NDVI 的年际波动有较为显著的影响。在整个黄土高原区域，生长季节降水量相对越充沛的地区，其植被指数 NDVI 的年际波动也越小，也就是说，植被受气候波动影响的越低。

研究分析了黄土高原地区 51 个小流域多年平均 NDVI 与多年平均蒸散发量的关系，发现多年平均 NDVI 与水量平衡方程估算的实际蒸散发量在空间上均具有良好的正相关性，相关系数 R 为 0.79。这表明，在该研究区域植被状况与实际蒸散发量之间存在显著的联系，植被越多的地方，蒸散发也越大，反映了植被增多对增加区域蒸散发所作的贡献。通过比较黄土高原地区 51 个小流域生长季节蒸散发量和生长季节平均 NDVI 的关系，发现两者的正相关性比年均蒸散发量与年均 NDVI 的正相关性更好。蒸发效率(E/E_0)是实际蒸散发和潜在蒸散发的比值，反映了植被和土壤获得水分并用于蒸腾和蒸发的能力。通过比较黄土高原地区 51 个小流域多年平均的 NDVI 与长期水量平衡方法获得的蒸发效率（E/E_0）的关系，发现两者也存在较好的正相关性，相关系数 R 为 0.75。这说明植被覆盖程度越密集的地方，其蒸发效率也越高。考虑到降水的控制作用，在相对湿润的环境中，植被覆盖和蒸发效率都较高，这可能是因为植被较密集的地区，植被能更有效地利用土壤水分从而产生更多的蒸腾，并伴随冠层对降水更多的截留，从而导致产生更大的蒸发效率。蒸发系数（E/P）则反映了降水在蒸散发和径流之间的分配比例。蒸发系数越大，表示有越多的降水通过土壤蒸发、植被蒸腾和冠层对降水截留蒸发等不可见的形式被消耗。从生态水文学中蓝水和绿水的观点看，降水转化为不可见的绿水（蒸散发）部分的比例越高，转化为可见的蓝水（径流）部分的比例就越少。研究分析了黄土高原 51 个小流域 NDVI 的逐年变化与多年平均的蒸发系数（E/P）之间的关系，发现两者之间具有较为显著的负相关性，相关系数 R 为 -0.72（图 3-11）。

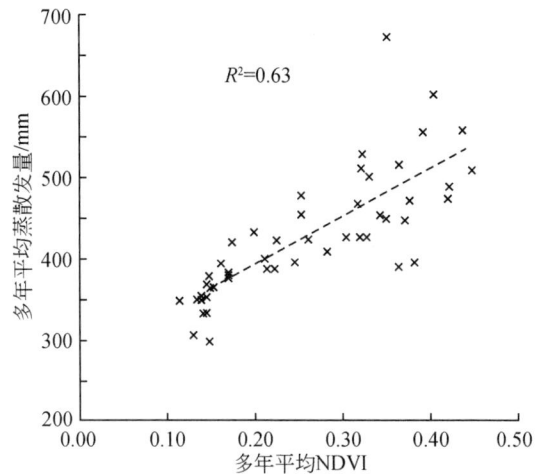

图 3-11 黄土高原地区 51 个小流域多年平均蒸散发量与 NDVI 的相关关系

分析黄土高原地区植被指数 NDVI 与地表和地下径流分配关系发现，在空间上 NDVI 与地下径流占总径流的比例成正相关关系，相关系数 R 为 0.66。可见，植被的覆盖状况与径流成分有一定的联系。在黄土高原地区增加植被覆盖率，将增加地下径流占总径流的比重。

总的来说，分析结果表明：

1) 晋西黄土高原地区的植被生长主要受降水量的控制。在降水量相对越多的地区，植被覆盖越密集，植被受气候波动的影响程度也较低。

2) 晋西黄土高原地区植被覆盖越密集的地区，流域的蒸散发量越高，流域的蒸发效率（即流域长期平均的蒸散发量与潜在蒸散发量的比值）越高，而流域的蒸发系数（即流域长期平均的蒸散发量与降水量的比值）却越低。这表明，晋西黄土高原地区的植被覆盖度增加时，蒸散发也随之增加；当降水增加时，径流量增加的相对比例高于蒸散发量增加的相对比例。

3) 晋西黄土高原地区植被覆盖度与径流成分的相关关系表明，植被覆盖度增加可导致地下径流成分占总径流的比例增大，间接证明了植被对地下径流的调蓄功能。植被覆盖度与实测土壤水饱和度之间的正相关性表明，在不考虑气候变化影响的前提下，提高土壤含水量是增加区域植被覆盖的可能途径。

Budyko（1974）指出，流域的长期平均蒸散发（E）受到水量和能量平衡的影响，长期平均蒸散发值主要由区域可获得的水量和能量控制，该假说称为 Budyko 假设（王浩等，2003）。通常，以流域的潜在蒸散发量（E_0）来代表蒸散发可获得的能量，用流域的降水量（P）来代表可利用的水量。依照 Budyko 假设，湿润地区的实际蒸散发量主要是受潜在蒸散发（蒸发能力）的控制，而在非湿润地区，实际蒸散发量主要是受降水的控制。杨汉波等（2008）在数学推导和量纲分析的基础上，提出了水热耦合平衡公式的解析表达式：

$$E = \frac{E_0 P}{(P^n + E_0^n)^{1/n}} \quad (3\text{-}1)$$

式中，n 为反映流域下垫面特性的参数。

利用我国非湿润地区 99 个小流域 1982～2000 年多年平均的降水量、潜在蒸散发量、实际蒸散发量和植被覆盖度的数据，分析了植被覆盖度在 Budyko 曲线坐标中的分布（图3-12）。观察植被覆盖度在 Budyko 曲线上的分布可以看出，流域植被覆盖度（M）标记的大小沿着 Budyko 曲线有较为明显的变化，沿 Budyko 曲线增大方向，流域植被覆盖度的标记有逐渐变大的趋势。分析结果反映了流域长期的水量平衡和植被之间的联系，即在相对更加干旱（P/E_0 越小）的流域，其蒸发效率（E/E_0）和植被覆盖度较低。而在相对更加湿润（P/E_0 越大）的流域，蒸发效率和植被覆盖度较高。

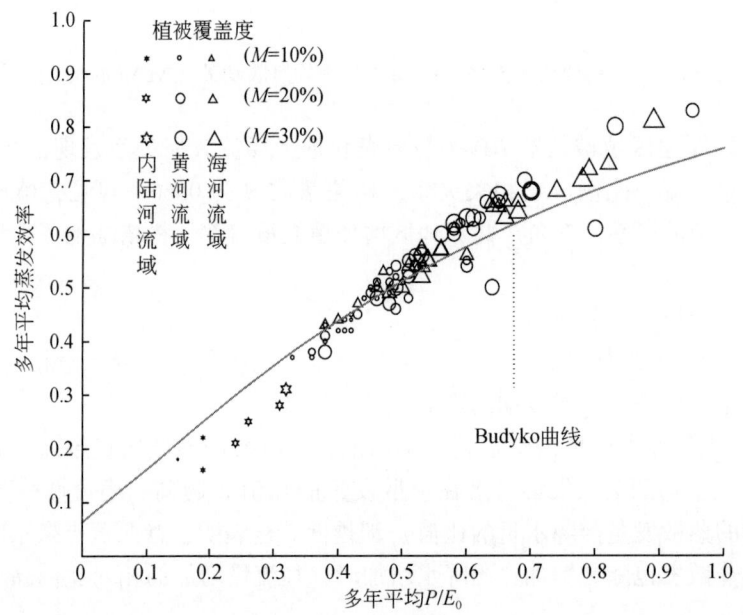

图 3-12　研究区域 99 个小流域多年平均植被覆盖度在 Budyko 曲线上的分布

基于水热耦合平衡原理，结合气象、水文、植被和土地利用等数据，探讨了我国干旱半干旱地区（包括山西省）植被对流域水循环的影响。主要研究结论如下：

1）通过分析植被在水热耦合平衡曲线区间的分布，发现非湿润地区的植被覆盖度主要由年降水量决定。在相对湿润的环境中，植被覆盖度越大，蒸发效率越高。研究还发现在相似气候条件(干旱指数相近)下,植被覆盖度的大小受到土壤、地形等其他下垫面因素的影响。

2) 在极端干旱或极端湿润的环境中，区域年水量平衡完全由气候条件决定，与下垫面条件无关。在正常气候条件下，区域年水量平衡随着气候和下垫面条件的变化而变化，后者包括植被条件、土壤状况和地形条件等。

Eagleson（2002）尝试用一种简化的形式来表示陆面—大气的耦合关系，以解释有关水在植被群落生长中所起作用的物理基础：

$$\underbrace{Mk_v^*\beta_v}_{1} \approx \frac{m_h}{m_{tb'}E_{ps}}\left\{1-\underbrace{\frac{\overline{h_0}}{m_h}}_{2}+\underbrace{\frac{\Delta S}{m_v m_h}}_{3}-\underbrace{\frac{m_{tb''}E_{ps}}{m_h}(1-M)\beta_s}_{4}-\underbrace{e^{-G-2\sigma^{3/2}}}_{5}\right.$$
$$\left.-\underbrace{\frac{m_\tau K(1)}{P_\tau}s_o^c}_{6}+\underbrace{\frac{m_\tau K(1)}{P_\tau}\left[1+\frac{3}{2(mc-1)}\right]\left[\frac{\psi(1)}{z_w}\right]^{mc}}_{7}\right\} \quad (3-2)$$

式中，1 为冠层水分通量，即植被冠层的蒸腾；2 为时空平均的地表（冠层、洼地等）降水截留量；3 为因季节性气候导致的土壤水储量的变化；4 为裸土蒸发项；5 为地表径流项；6 为深层渗漏项；7 为毛细上升项。

第 1 项中，M 即生长季节的平均植被覆盖度，为无量纲数，和前章所指的多年平均植被覆盖度不同，本章特指生长季节 4~9 月的平均植被覆盖；k_v^* 代表潜在冠层导度，为无量纲数，其主要由长期自然选择下的植被的物种决定（Eagleson，2002）：

$$k_v^* = E_{pv}/E_{ps} \quad (3-3)$$

式中，E_{ps} 为简单湿润表面的潜在蒸散发速率；E_{pv} 为冠层的潜在蒸腾速率，Eagleson（2002）认为降水之后的土壤是潮湿的，植物叶片气孔完全张开，其蒸腾将达到最大速率 E_{pv}；β_v 为冠层蒸腾效率，为无量纲数，若土壤含水率很大，而根系深也很大时，有 $\beta_v=1$，表示植被处于未受胁迫状态，蒸腾速率为无胁迫的潜在（最大）速率。

第 2 项中，$\overline{h_0}$ 表示生长季节地表对降水截留量的平均值；m_h 指平均降水深度。

第 3 项中，m_v 为生长季节独立的降水次数；ΔS 为高于季节平均的土壤水分储量。

第 4 项中，$m_{tb''}$ 为降水间隔中用于裸土蒸发的平均时间；β_s 为裸土蒸发效率，为无量纲数（Eagleson，2002）。

第 5 项中，G 为重力入渗参数，为无量纲数；σ 为毛细入渗参数，为无量纲数。

第 6 项中，m_τ 为生长季节平均长度；P_τ 为生长季节的降水量；$K(1)$ 代表土壤的有效饱和水力传导率；s_o^c 为渗漏发生时平均根层土壤水分浓度的临界值，为无量纲数。

第 7 项中，m 为土壤孔隙尺寸分布指数，是无量纲数；c 为土壤的渗透系数，是无量纲数；z_w 指地下水面埋深；$\psi(1)$ 为土壤的饱和土水势。

式（3-2）中水量平衡模型的输入项是降水（平均降水深），输出项包括地表对降水的截留、降水间隔期间冠层的水分通量（植被蒸腾）和裸土蒸发以及径流深、深层渗漏和毛细上升。下面分别阐述一下该水量平衡模型中各项计算式的来由。

降水项：Eagleson（2002）假设一场降水的水量分布是呈泊松分布的，降水历时、降水间隙期历时和降水强度都是呈指数分布的。模型中的降水项用生长季节平均降水深代表。

冠层蒸腾项：Eagleson（2002）假定在地表持水完全蒸发后，蒸散发开始汲取土壤水储量,直到"胁迫状态时刻"土壤水储存量也消耗完。在这部分的蒸散发中,地表植被部分的蒸腾用冠层覆盖度 M 表示,其蒸腾速率为 E_v。模型中用 $Mk_v^*\beta_v m_{tb'} E_{ps}$ 表示植被冠层水分通量(蒸腾),其中 M 是区域平均的植被覆盖度,k_v^* 是植被潜在冠层导度,主要由植被类型决定。

裸土蒸发项:Eagleson(2002)将 Philip(1957,1969)的下渗方程推广应用到描述土壤水补给地表的速率,称为土壤的渗出能力。他关于裸土蒸发机理的解释为:在土壤控制区,即土壤水上升到土壤表层的速度不足以满足大气蒸发的需要时,使得蒸发受限,这时系统是受"水分胁迫"的;在气候控制区,即蒸发量仅受大气蒸发需要的限制,这时受气候控制的蒸发是"能量胁迫"的。模型中在降水间隔期的裸土蒸发项用 $(1-M)\beta_s m_{tb''} E_{ps}$ 表示,其中 $(1-M)$ 代表区域的裸土覆盖度,裸土的蒸发效率 β_s 主要是受到土壤水分的控制,在 0~1 变化。$m_{tb'} E_{pv}$ 和 $m_{tb''} E_{ps}$ 分别表示降水间隔期间的植被的潜在蒸腾和裸土的潜在蒸散发。

地表降水截留项:降水间隔期间的地表(包括植被冠层和洼地等)对降水的截留量(地表持水量)用 $\overline{h_0}$ 表示。地表持水量被假设在降水间隔期中被完全蒸发。其中涉及的地表持水能力被认为是地表性质、温度(及表面张力)、叶倾角、风速等的复合函数。

季节性气候土壤水储量变化反映的是土壤水分在上一生长季节的末期和下一生长季节开始之间的差异。

地表径流项:Eagleson 基于 Philip 的入渗曲线,提出当降水历时足够长时,下渗有三个阶段:第一阶段为以恒定速率(降水强度 i)填充地表截留能力,在该时段内无入渗;第二阶段以恒定速率(降水强度 i)下渗,因为下渗能力 f_i^* 超过降水强度 i;第三阶段入渗以速率 f_i^* 逐渐减小,因为下渗能力小于降水强度 i,这阶段以速率 $i-f_i^*$ 持续产流,直到降水停止。从降水强度和降水历时的联合概率分布可得到地表径流的期望值,即降水地表径流的平均值。而真正的降水下渗量等于降水量减去地表径流,再减去地表持水量。

深层渗漏项:用 $[m_\tau K(1)/P_\tau]s_o^c$ 表示。降水渗透到地下水以及当地下水水位存在时,在土柱的底端边界上存在毛细管上升,毛细上升项用 $\dfrac{m_\tau K(1)}{P_\tau}\cdot\left[1+\dfrac{3}{2(mc-1)}\right]\cdot\left[\dfrac{\psi(1)}{z_w}\right]^{mc}$ 表示。

对于中国北方的非湿润区域,水量平衡模型式(3-2)的简化如下

$$\underbrace{Mk_v^*\beta_v}_{1}\approx\dfrac{m_h}{m_{tb}E_{ps}}\left[1-\underbrace{\dfrac{\overline{h_0}}{m_h}}_{2}-\underbrace{\dfrac{(1-M)m_{tb}E_{ps}f(\theta)}{m_h}}_{3}-\underbrace{\dfrac{R}{m_h m_v}}_{4}\right] \qquad (3\text{-}4)$$

式中,所标记的各项分别为:1 为冠层水分通量(植被蒸腾);2 为时空平均的地表(冠层、洼地等)对降水的截留量;3 为裸土蒸发;4 为径流。其中第 3 项裸土蒸发项中,将原来的 $(1-M)m_{tb''}E_{ps}\beta_s$ 采用 $(1-M)m_{tb}E_{ps}f(\theta)$ 代替,出于两个方面的考虑:一是按照

Eagleson 的计算公式，裸土蒸发效率 β_s 由于部分实测数据难以获得将不易计算；二是使用土壤含水量 θ 的函数 $f(\theta)$ 来取代原来的土壤水参数 β_s，原因是两者从物理意义上说都是反映土壤水分对蒸发的影响的函数，并且变化区间为 $0 \sim 1$，$f(\theta)$ 通过和 θ 的联系，可以便于找出植被和土壤水分的关系。在第 4 项径流项中，原来的径流项 $e^{-G-2\sigma^{3/2}}$ 用 R/m_v 代替，其中 R 为生长季节的平均径流深；m_v 为生长季节的平均降雨次数，为无量纲数。在计算过程中，继续采用 Eagleson 的假设，即认为 m_{tb}（平均降雨间隔时间）、$m_{tb'}$（平均降雨间隔时间中用于植被蒸腾的时间）和 $m_{tb''}$（平均降雨间隔时间中用于裸土蒸发的时间）三者之间的区别可以忽略（图 3-13）。

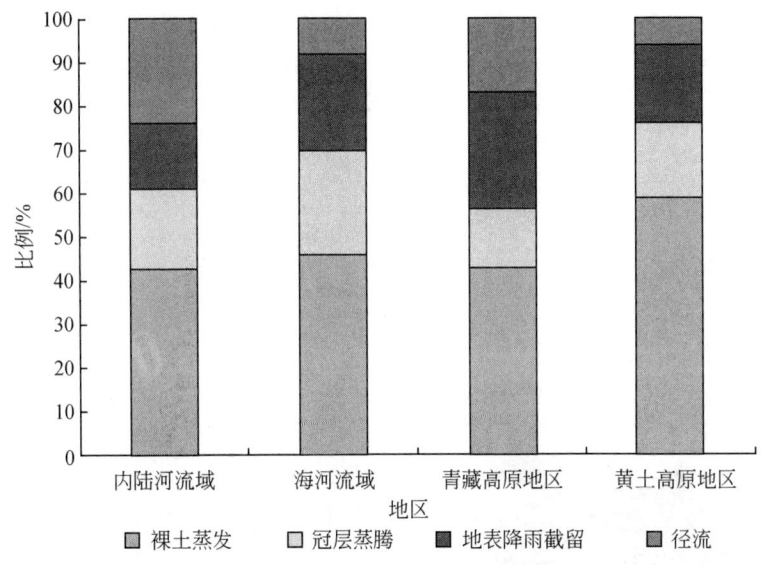

图 3-13 研究区域生长季节平均的水量平衡各组成要素的比例

利用上述模型，推导出生长季节的植被覆盖度 M 和估算的土壤水含量 θ 之间的关系，在海河流域（包括永定河流域）相关系数 R 为 0.69，黄土高原地区（包括晋西黄土高原地区）R 为 0.88。研究结果反映我国非湿润地区生长季节平均土壤水分含量越高，植被覆盖度也越大。

以上基于 Eagleson 的生态水文模型，分析了在一定气候条件下，植被覆盖度和流域水量平衡之间的相互关系，主要研究结论如下：

1) 生长季节平均植被覆盖度和反映区域干旱状况的气象因子之间具有良好的正相关性，说明降水是植被生长的控制因素。由此可以建立区域气象因子与植被覆盖度之间的定量关系。

2) 在晋西黄土高原地区和永定河流域，长期的平均植被覆盖度和土壤水含量之间呈现正相关关系，各流域植被覆盖度和土壤水含量在年际变化上也呈现正相关关系。这为评价人类活动（如水土保持工程等）对区域植被的影响提供了可能性，即可通过评价人类活动对土壤含水量的影响来评价其对植被的影响。

3.3 山西省水生态系统总体评价

3.3.1 坡面生态系统

3.3.1.1 植被生态系统

（1）植被种类及分布

新中国成立初期，山西省森林面积为551万亩[①]，森林覆盖率仅2.4%，零星分布于高山深处。经过五十多年的发展，目前山西省森林覆盖率已超过到10%。天然林主要分布在中条、吕梁、太岳、太行、关帝、管涔、五台、黑茶八大山区的五十余个县市。林区所在的地域及高程组成了多种森林类型，包括高寒地区生长的云杉、落叶松林、低山生长的油松林和阔叶林，以及暖温带的漆树、泡桐、杜仲林等。人工林除山地有少量栽植外，主要分布在风沙危害较严重的晋西北和桑干河、滹沱河流域，现已形成相当规模的防护林网和护岸林带。

山西省全省现有草地面积6760万亩，主要分布在雁北干草原区与晋西北灌丛草原区，比较著名的草有百里香、扁穗冰草、蔷类草原、长芒草、兴安胡枝子、木贼麻黄。

（2）植被覆盖度空间变化分析

山西省地形地貌复杂，省内各区域间水汽条件差异较大，其植被密度分布呈现明显的地带性和区域性规律。以1992年植被覆盖度分布图（图3-14）为例，结合山西省生态水文分区，可以发现各分区间植被覆盖水平差异较大，但各分区内植被覆盖度空间分布格局之间具有相似性，其总体规律为植被覆盖度东部地区总体高于西部，沿西北向东南方向逐步增加，结合坡度图（图3-7）和河网分布可以发现，除晋西黄土高原区外，植被覆盖度较低的区域往往是坡度平缓的盆地和河流干流或大支流流经的区域。山西省地形起伏剧烈，水资源相对贫乏，人类活动主要集中在平坦且靠近河流的区域内，以获取适宜生存的环境与资源条件，强人类活动导致了这些区域植被状况的不断恶化。而在陡峭的山区，由于人口密度低，人类活动影响作用微弱，植被得到了一定程度的保护。

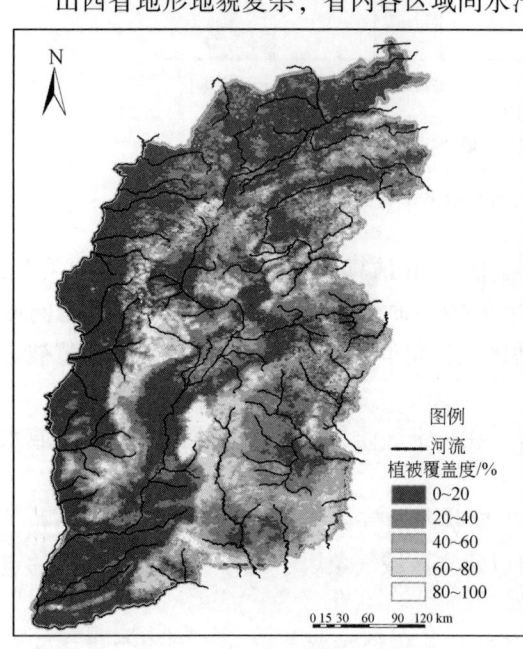

图3-14 山西省植被覆盖度分布

[①] 1亩 ≈ 666.7 m^2。

由此可见，在强人类活动影响前，山西省的生态环境本底还是比较好的。

(3) 植被覆盖度年际变化分析

植被覆盖度是植被的水平分布密度，是评价环境生态条件优劣的一个重要指标。另外，植被覆盖度作为重要的生态气候、生态水文影响因子，影响着大气圈、水圈、生物圈层间的各种物质转化和能量转移过程，因而众多生态、水文、气候模型都把植被覆盖度作为一个重要的输入参数。

本研究采用的遥感数据为1988～1999年的地面分辨率为1km的NOAA-AVHRR影像，成像时间为每年的7月，还有2000年的地面分辨率30m×30m的TM影像，成像时间为2000年的7月。图3-15为采用象元二分模型通过遥感影像NDVI值反演的1988～2000年山西省植被覆盖度变化情况，并利用ArcGIS软件的栅格统计功能，计算了全省逐年平均植被覆盖度。

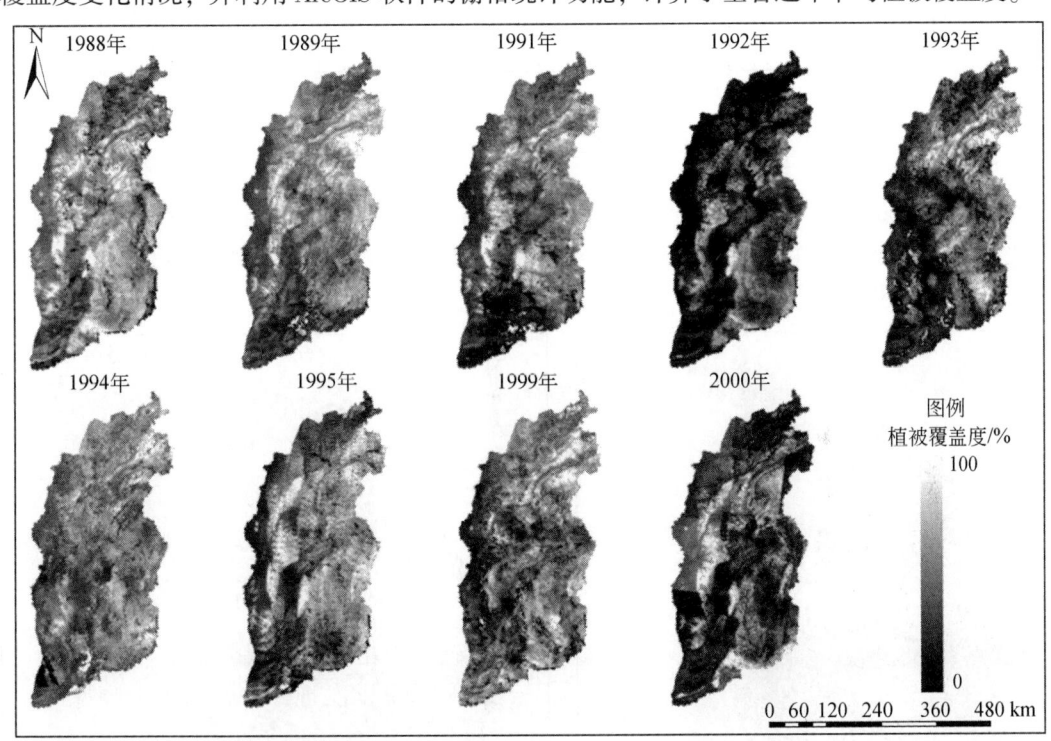

图3-15 山西省1988～2000年逐年植被覆盖度分布

通过对比山西省年际植被覆盖度和降雨量的变化曲线（图3-16）可以发现，山西省植被覆盖度受降雨量影响显著：1988～1992年，植被覆盖度随着降水量的下降而快速下降。1992年上半年山西省出现了重大旱情，其植被覆盖度比1988年下降了近50%；1992～1995年，随着降水量增加，植被覆盖度开始有所好转。由此可见，山西省水生态系统极其脆弱，植被生长对水分条件的依赖性较强，生态水环境自我调节能力差。

图3-17和图3-18分别显示了1988～1992年及2000年植被变化的空间分布情况。1988～1992年，植被退化主要集中在河流的两侧，晋西黄土高原区及彰卫河流域、沁河、汾河上游和滹沱河流域均为植被的重点衰退区域，植被衰退特点呈现与河流相关的分布特

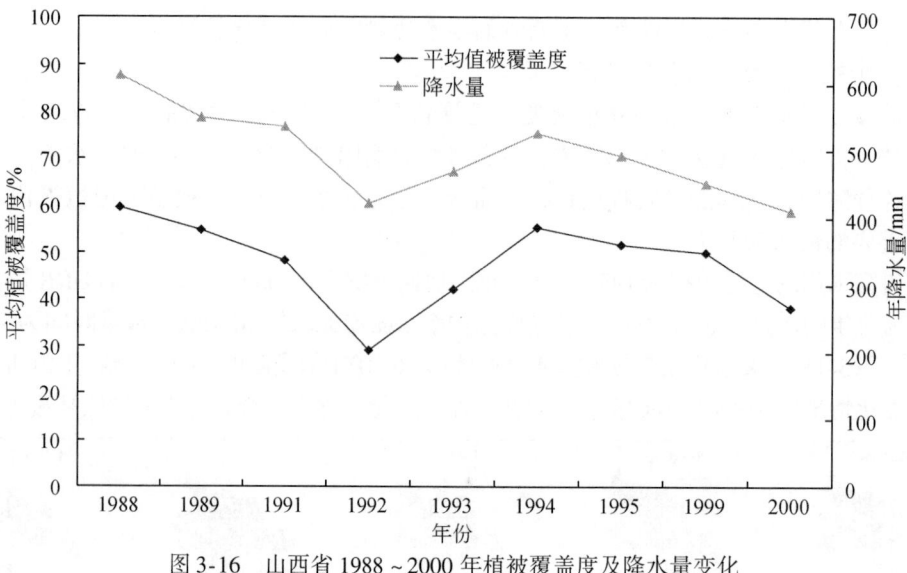

图 3-16　山西省 1988～2000 年植被覆盖度及降水量变化

点。1988～2000 年，植被衰退主要集中在人类活动剧烈的中部断陷盆地和晋东南盆地区。由此可见，随着人类对生态环境影响的不断增强，人类活动成为继降水年际变化影响后的又一个影响植被变化的主要因素。

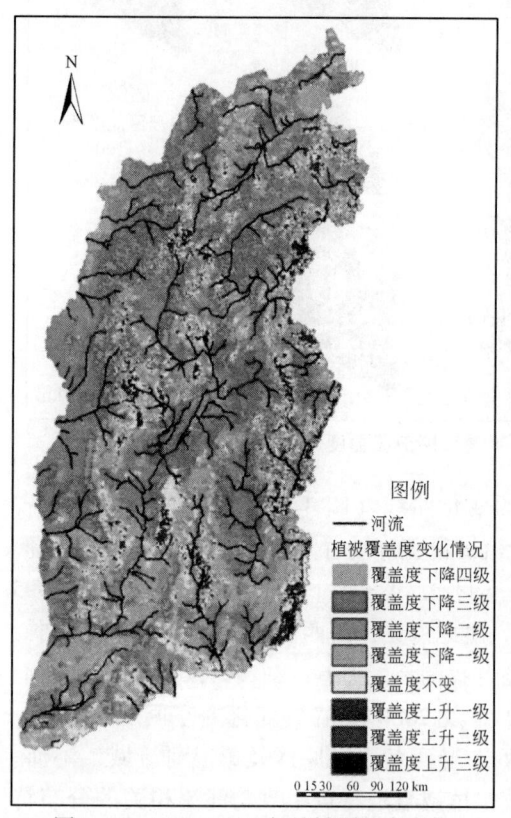

图 3-17　1988～1992 年植被覆盖度变化

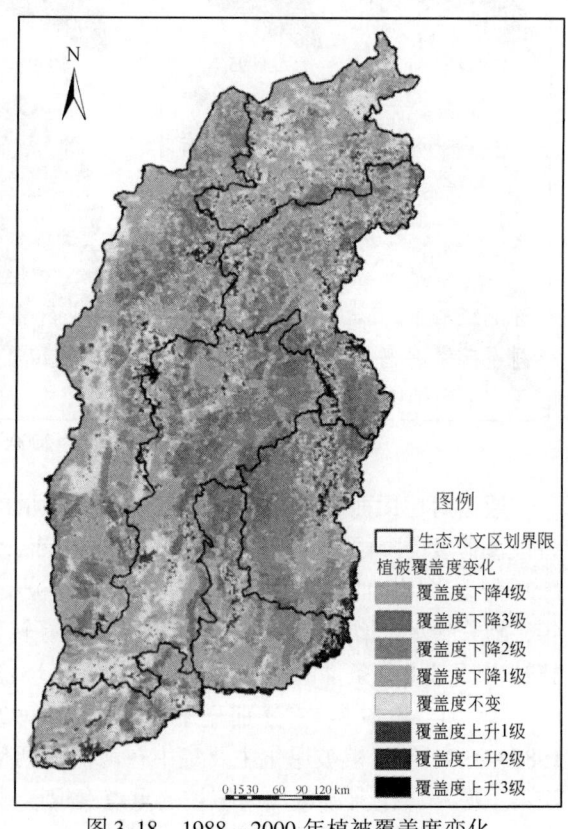

图 3-18　1988～2000 年植被覆盖度变化

3.3.1.2 黄土高原生态系统

晋西黄土高原是我国生态环境最脆弱的地区之一，水土流失是该区域生态环境恶化的主要原因。严重的水土流失不仅引起土壤退化、土地资源破坏，而且产生的大量泥沙还会淤塞江河湖泊，抬高下游河床，加剧洪水灾害。因此，水土流失防治成为了保持黄河流域社会经济可持续发展的重要保证。水土流失的影响因素很多，人类不合理的土地利用方式是加剧黄土高原土壤侵蚀、生态环境恶性循环的主要原因。

黄土塬区的人为加速侵蚀量占总侵蚀量的41%左右。人类大量的、不合理的陡坡开垦，造成了坡耕地表土的大量流失。通过河道汇集，这些流失的地表土成为了黄河泥沙的重要来源。坡耕地防治，特别是陡坡地的土壤侵蚀防治是治理黄土高原水土流失的关键。

（1）生态环境特征

晋西黄土区有独特的地形地貌、土壤植被特征，在长期的人类活动和气候变化作用下，生态环境具有明显的过渡性和脆弱性的特点。

A. 生态环境过渡性

1) 晋西黄土高原区处于半湿润半干旱的过渡地区，具有温带大陆性季风气候的特点。该区年均气温为3.6~7.5℃，多年平均降水量为380~440mm，干燥度为1.2~2.4，相对湿度为50%~60%。冬春季盛行偏西的北风，寒冷而干燥，气温比同纬度的东部地区（如河北平原）低；春季地面气温回升迅速，加上气旋过境频繁，近地表极易形成大风和沙尘暴天气，而这一季节也正是降水稀少的时期。

该区降水量的75%~80%集中在6~9月，且多以暴雨形式降水，冬春季节降水极少，仅占全年降水量的15%左右，形成了明显的干湿季。加之区内丘陵起伏，该地形条件下降水与蒸发量的对比关系更加突出，从而使得干湿状况在区内差异十分明显，这也充分体现出气候上的过渡特征。

2) 在过渡性的气候背景下，土壤类型自该区的东北向西南由干草原的栗钙土过渡为灌丛草原的灰褐土。该区植被主要为灌丛草原，自然植被主要为大针茅、羊草、长芒草、蒿类等，沙棘、柠条锦鸡儿、虎榛子、百里香、黄刺玫等次生灌丛分布较少。植被覆盖度平均约为20%，多数植株高度仅5~60cm，长势较差。区内人工林及天然灌木林面积较小，即使是人工营造的防风固沙林，也因土体干旱及气候恶劣而长势不良，甚至20年不成林，形成"小老树"。同时，受人类垦殖的影响，该区植被类型与相邻地区比较，可充分体现出植被的过渡性。

3) 农业经营上表现为由农业向牧业过渡。该区处在我国北方农牧交错带上，区内土地经营方式多为半农半牧，以农为主。历史上该区就是农牧交替更迭的地区——农耕民族和游牧民族交替占据。战事武备充斥史籍，特别是秦汉时期，晋西北及其附近的鄂尔多斯高原、河套平原为农垦区，魏晋南北朝时期，农牧交替；隋唐时期，农业再度恢复并扩展。到了明清时期，人类大规模的"屯垦"达到了高峰。农牧交错决定了该区土地利用方式及其经营上的过渡性。

B. 生态环境脆弱性

晋西黄土高原区生态的过渡性决定了该区生态的脆弱性。质地粗、保水保肥和抗蚀力均差的地带性土壤——砂黄土的存在是该区生态环境脆弱易变的物质基础。春季干燥多风、夏季暴雨集中的气候特点为水土流失、风蚀沙化创造了适宜的气候条件。地表一旦在人类掠夺式的开发中完全失去植被的保护，脆弱的生态平衡就会被彻底打破，水土流失、风蚀沙化等生态灾难将接踵而至，当地人民的生活也将面临更为严峻的考验。

（2）水生态环境问题

晋西黄土高原区黄土覆盖深厚，沟壑纵横，植被稀疏，资源与环境矛盾十分突出。20世纪五六十年代以来，由于人口激增，气候变化等因素，迫于生计，当地不断扩大垦殖面积，坡地也被逐渐开垦为农田，林草植被被破坏殆尽，生态系统平衡遭到严重破坏。

水生态系统以其特殊的形式，连接着生态系统中的每一部分，从而保证整个生态系统有机地、协调地运转。因而水生态系统是整个生态系统中最为活跃，同时也是最为重要的一部分。受日益增强的人类活动和不断波动的气候影响，原本脆弱的晋西水生态系统也面临很多问题。

1）水资源匮乏，地下水超采严重。晋西黄土区地处干旱和半干旱过渡区，水资源的补给主要为大气降水。年平均降水只有450 mm左右，且大部分为荒山秃峰，植被稀疏，降水冲刷、渗漏流失严重，难以蓄存。

随着城市规模的不断扩大和经济的迅速发展，山西省对水资源的需求量逐年增加，特别是对地下水的开发利用呈快速上升趋势，全省地下水开采量占总取水量的比重从1980年的41.4%提高到2000年的58.18%。超量开采地下水，使含水层中水的浮托力与松散岩层孔隙水的支持力消失，增大了黏性土或砂性土的压缩性，同时也改变了自然状态下地下水的流向、流速、水力坡度，增加了地下水的潜蚀、搬运能力，使土体压缩，产生地面沉降。而沉降不均匀还将导致地面出现裂缝。山西省以地下水为主要供水水源的城市，如太原、大同、运城、晋中等均发现了不同程度的地面沉降和裂缝。

2）水土流失加剧。山西省地处黄土高原东部，以丘陵山坡地为主，丘陵山区面积占到总土地面积的80%以上。广大丘陵山区沟壑纵横，沟深坡陡，立地条件差，水土流失十分严重。晋西黄土丘陵沟壑区是黄土高原水土流失最为严重的地区之一，这里沟谷密度平均为4~6 km/km²，沟壑面积占土地总面积的40%~60%。不同的地貌类型，水土流失程度也不一样。据调查，该区土壤侵蚀模数一般为8000~10 000 t/(km²·a)，严重的地区可超过20 000 t/(km²·a)。从土地利用类型看，水土流失最严重的地区往往都是农耕地分布区，尤其以沟谷区坡耕地表现最为强烈。

3）风蚀沙化严重。土壤风蚀沙化造成的直接后果是土地荒漠化。晋西黄土高原区沙化土地主要分布在河曲、保德、偏关3个县。因地处沙黄土分布区和沙漠化潜在发展区，地表物质颗粒较粗，土壤沙性较大，缺乏团粒结构和黏性物质，植被覆盖度小。另外，由于该区冬春季气候干燥，降水偏少，风速较大等自然因素，使得地表极易形成以土壤风蚀沙化和流沙斑点状分布的沙质荒漠化土地。

4）植被退化。晋西黄土高原区，大部分为森林草原栗褐土景观，兴县紫金山以北为温带半干旱草原淡栗褐土景观。目前，林草植被覆盖度较低，森林覆盖率为20%左右，地带性植被已被破坏殆尽，现存的植被多数为次生灌木和草类，如土庄绣线菊、胡枝子、狼牙刺、针茅、黄羊草等。兴县以北多以百里香、针茅、达乌里胡枝子、蒿类等为代表性植被。

5）自然灾害频繁，农业生产力下降。生态恶化导致的农业减产加剧了当地人民的贫困，土地资源的掠夺式开发不但没有得到遏制，反而进一步加大。严重失衡的生态系统大大增加了干旱、洪涝等自然灾害频繁发生的概率，对农业生产造成巨大的危害。

水土流失、土壤风蚀使得土壤肥力下降，土地生产力降低，可利用土地面积减少，土地生产量减少。水土流失和土壤风蚀沙化将农田中含有机质和养分的表层肥沃细粒物质冲走和吹蚀，造成地力下降，农业减产，土地持续生产力较低，尤其是坡耕地土壤物质和养分流失量最为明显（关君蔚，1998）。据统计，坡度<5°的坡耕地流失土壤约1500t/(km²·a)，坡度>25°的坡耕地流失土壤15 000t/(km²·a)，坡耕地平均每年流失表土约0.3万t/(km²·a)，而耕地中流失的表土内含氮0.8~1.5kg/t，全磷1.5kg/t，全钾20.0kg/t。同时，水土流失使得河库淤积，危害农田水利设施。水土流失主要以水为动力，将土体泥沙挟带下泄，造成沟岸崩塌、河道淤塞、水库填淤。不仅造成该区一些水库的拦洪、调蓄、灌溉能力降低和水利工程设施破坏、效益降低、寿命缩短，而且入黄泥沙给黄河下游地区人民生命财产造成严重威胁。据统计，黄河自内蒙古河口至龙门段年输沙量为9亿t，晋西黄土丘陵沟壑区就贡献了3亿t，占1/3。另外，土壤侵蚀作用（特别是细沟）使地表趋于破碎，平地变成陡坡地，可耕地面积日益减少，恶化了农业生产条件，阻碍了农业的可持续发展。

3.3.2 河流廊道生态系统

3.3.2.1 汾河流域

山西省的3条重点河流为汾河、沁河和桑干河。

汾河是黄河第二大支流，也是山西省最大的河流，被称作山西省的"母亲河"。汾河流域地处黄河中游，东以云中山、太行山为界与海河水系相邻，西以芦芽山、吕梁山为界与黄河北干流相邻，东南隔太岳山与沁河毗邻，南隔紫金山、穰王山与涑水河毗邻。流域包括太原盆地、临汾盆地，分为上游、中游和下游，流域面积为39 471 km²。流域多年平均水资源总量为33.6亿m³，占山西省水资源总量的27.1%，地表水开发利用率72.1%，属于高度开发利用。该流域水资源开发利用及污水排放强度大，面临着突出的水环境与水生态问题，如河道沙坑遍布，河床形态极为散乱；河水流量衰减，断流时间加长；入河排污量大，河道污染严重；沿河湿地萎缩，河流廊道生态系统脆弱。

随着城市化、工业化进程加快，汾河流域的水环境质量日益下降。根据山西省水环境监测中心河流地表水的水质水量监测资料，2005年汾河被评价的571 km河长中，劣Ⅴ类严重污染河长为414.5 km（自胜利桥断面至下游入黄河口），占72.6%。影响汾河水质的主要污染物为氨氮、COD和挥发酚等，其中氨氮和COD的超标现象较为严重。

3.3.2.2 沁河流域

沁河流域在山西省境内为12 264 km²，占沁河流域总面积的91%。沁河是山西省第二大河流，干流长度为 363 km，占沁河总长度的 74.8%。沁河支流众多，其中山西省境内流域面积超过 100 km² 的较大支流有 26 条。山西省沁河多年平均水资源量 12.42 亿 m³，多年平均径流量为 11.6 亿 m³。沁河流域 92.1% 的地表水量产自山西省，按照 2001 年山西省沁河流域总人口 238.5 万人计算，山西省沁河流域内人均占有水资源量为 521 m³，为全省平均值的 1.6 倍，是山西省水资源相对丰富的区域。该流域包括地级市晋城，面临的突出水生态问题有：调水对生态系统的威胁，污染物排放量大，河流水体污染严重，地表水开发利用程度低，地下水超采严重。

从整体上看，沁河流域区是山西省水资源条件最好、开发利用程度最低、水生态系统相对健康的地区，地表水水质基本达标，但局部开发利用程度较高的河段存在比较严重的污染。按照水功能区划的成果，沁河应满足Ⅲ类水质标准。影响沁河水质的主要污染物为石油类和氨氮，超标严重的孔家坡和润城断面，主要由石油类和氨氮所致。

3.3.2.3 桑干河流域

桑干河流域位于永定河上游，流域面积为 15 464 km²，占官厅水库控制流域面积的 35.6%，是官厅水库的重要给水区。官厅水库是北京市的重要水源地之一。进入 20 世纪 80 年代中期后，由于库区及其上游人类活动强度的逐步加大和气候变化的影响，地表水入库径流量逐年减少，水质日趋恶化，1997 年被迫退出生活饮用水源，仅用于工业、农业灌溉和城市河湖补水。保护官厅水库水质，恢复其水资源功能是山西省桑干河流域水生态保护和修复的重点。流域内有两个地级市，即朔州市、大同市，都是我国重要的煤电基地。该流域面临的突出水生态问题有：水资源短缺，生态用水缺乏，生态系统脆弱，地下水超采，引起地面沉降，污水排放量大，河道污染严重。

由于流域电力和煤炭产业的大力发展，桑干河流域的水环境日益恶化。依据 2007 年《山西省朔同区水资源配置规划》，在评价的 567 km 河长中，符合Ⅰ、Ⅱ、Ⅲ类水质的河长仅 168 km，占总评价河长的 29.6%，Ⅳ类水质河长 146.8 km，占 25.9%，劣Ⅴ类严重污染河长 90.4 km（如册田水库附近），占 15.9%。从整体上看，桑干河流域大于 50% 的河段受到污染或严重污染，特别是一些中下游河道，除汛期雨水外，河道内几乎全年都是废污水，由于水量少，河流的自净能力很低。该区主要污染物为氨氮、COD、挥发酚和氯化物等。

3.3.3 地下水系统

山西省位于中国北方干旱半干旱地区，水资源较为贫乏，近年来随着社会经济的迅速发展，人口的快速增长，城镇化步伐的加快，人民生活水平的提高和工农业对水的需求量不断增加，使得水资源供需矛盾和生态环境恶化问题日益突出。自 20 世纪 80 年代以来，山西省水源组成有了较大变化。近 30 年来全省未建大型地表水控制工程，地表水利用率较低，供水量逐年减少，地下水开采量逐年增加。近几十年来地下水开采量一直占水资源利用总量的 70%~80%，地下水在山西省国民经济发展中的地位极为重要。

本研究共选用省内雨量站 328 个，其中有 317 站实测系列在 40 年以上。72 个水文站，实测资料多数站为 1956~2000 年，对个别缺测资料站按《全国地下水资源调查和评价技术细则》要求，进行了插补展延。地下水动态资料选用 1980~2000 年系列资料。泉水实测资料选用山西省 14 个岩溶大泉 1980~2000 年系列实测流量资料（天桥泉、古堆泉无系列实测资料）。

(1) 地下水资源分布特征

1) 盆地平原区地下水资源分布特征。盆地平原区多年（1956~2000 年）平均地下水补给资源量为 318 289 万 m³/a，其中降水入渗补给量为 163 892 万 m³/a，占补给资源量的 51.5%；山前侧向补给量为 95 057 万 m³/a，占补给资源量的 29.9%；地表水入渗补给量为 59 340 万 m³/a，占补给资源量的 18.6%。各盆地地下水资源补给量组分见表 3-15。

表 3-15　山西省各盆地平原区地下水补给量组分　　　　（单位:%）

盆地名称	各项补给量占地下水资源量的比例				
	合计	$Q_{降}$	$Q_{侧}$	$Q_{表}$	$Q_{表}$ 中的 $Q_{渠田}$
天阳盆地	100	54.0	41.3	4.7	4.7
大同盆地	100	46.4	38.8	14.8	11.8
忻定盆地	100	36.3	37.4	26.3	17.7
长治盆地	100	72.7	15.5	11.8	5.3
太原盆地	100	36.4	37.9	25.7	18.2
临汾盆地	100	52.0	25.0	23.0	20.5
运城盆地	100	74.0	16.2	9.8	8.6
黄土台塬	100	98.3	0	1.7	1.7
黄河谷地	100	85.4	8.0	6.6	5.4
全省平均	100	51.5	29.9	18.6	14.3

盆地平原区的补给条件较为复杂，平均补给资源各盆地差异较大，同一盆地不同水文地质分区资源模数也有较大差别，全省盆地平原区多年（1956~2000 年）平均补给资源模数为 11.71 万 m³/(km²·a)，临汾盆地、忻定盆地、太原盆地平均资源模数较大为 13.64 万~16.27 万 m³/(km²·a)，运城盆地、黄河谷地及黄土台塬平均资源模数较小为 6.10 万~9.98 万 m³/(km²·a)。盆地平原区降水入渗补给模数一般为 4.43 万~7.45 万 m³/(km²·a)，其中临汾盆地、运城盆地及长治盆地区降水入渗补给模数较大，为 7.10 万~7.45 万 m³/(km²·a)，大同盆地因降雨量为全省各盆地最小值，多年平均降雨量不足 400mm，降水补给模数较小，仅 4.43 万 m³/(km²·a)（表 3-16）。

表 3-16 山西省各盆地平原区地下水资源模数汇总（1956～2000 年）

盆地名称	盆地面积/km²	降水入渗补给量 补给量/(万 m³/a)	降水入渗补给量 模数/[万 m³/(km²·a)]	地下水资源量 资源量/(万 m³/a)	地下水资源量 模数/[万 m³/(km²·a)]
天阳盆地	1 030	6 053	5.88	11 219	10.89
大同盆地	6 089	26 954	4.43	58 119	9.54
忻定盆地	2 751	15 507	5.64	42 732	15.53
长治盆地	1 169	8 704	7.45	11 972	10.24
太原盆地	4 741	28 084	5.92	77 152	16.27
临汾盆地	4 359	30 953	7.10	59 443	13.64
运城盆地	3 158	23 345	7.39	31 530	9.98
黄土台塬	2 526	15 139	5.99	15 403	6.10
黄河谷地	1 367	9 153	6.70	10 719	7.84
全省	27 190	163 892	6.03	318 289	11.71

2）山丘区地下水资源分布特征。山丘区多年（1956～2000 年）平均地下水排泄量为 676 472 万 m³/a，其中河川基流量（包括泉水）为 470 105 万 m³/a，占排泄量的 69.5%；侧向排泄量 153 674 万 m³/a，占排泄量的 22.7%；开采净消耗 52 693 万 m³/a，占排泄量的 7.8%。

山丘区地下水资源受水文、地质因素制约。由于补给源比较单一，主要为降水的垂直入渗补给，所以山区地下水资源模数基本等于降水入渗模数，其分布规律与降水量分布大体一致，水资源模数由北向南，由西向东逐渐增大。

区内岩溶水分布区由于灰岩裸露，岩溶裂隙发育，降水入渗能力较强，水资源模数一般为 8 万～20 万 m³/(km²·a)，个别地区为 3 万～8 万 m³/(km²·a)。吴堡—龙门最小为 3.6 万 m³/(km²·a)，永定河、丹河最大为 16.7 万～18.4 万 m³/(km²·a)。1956～2000 年山西省全省按流域分区的山丘区地下水资源量见表 3-17。

（2）地下水动态特征

在地下水长期开采过程中，受大气降水和开采量逐年增加的影响，地下水水位、水量、水质都发生了不同程度的变化。根据影响地下水动态的主要因素、作用程度及地下水动态特征，并结合水文地质条件和地下水均衡要素，全省地下水动态类型划分为径流型、径流-开采型、渗入-灌溉-开采型、渗入-蒸发型和开采型 5 种。

A. 盆地松散层孔隙地下水动态

1）径流型。主要分布在冲洪积扇顶部及黄土高台区，冲洪积扇的顶部地下水主要补给源为侧向径流和大气降水，水平径流是主要排泄方式。在黄土高台区，由于地下水埋深较大，地下水水位受降雨的影响有较长的滞后现象，年内水位变幅较小，一般为 0～3m。冲洪积扇的顶部年际动态变化较大，黄土高台区年际动态变化呈稳中有降之势（图 3-19）。

2）径流-开采型。主要分布在冲洪积扇和倾斜平原的中部，是工农业用水的集中开采区，山前侧渗与大气降水为主要补给源，其次在倾斜平源区有地表水体的入渗补给。开采及

表3-17 山西省山丘区流域分区地下水资源量汇总

分区	岩溶山区(1980~2000年) 面积/km²	岩溶山区 泉水流量/(万m³/a)	岩溶山区 泉水分配量/(万m³/a)	岩溶山区 侧向流出量/(万m³/a)	岩溶山区 开采净消耗量/(万m³/a)	岩溶山区 地下水资源量/(万m³/a)	一般山丘区(1980~2000年) 面积/km²	一般山丘区 河川基流量/(万m³/a)	一般山丘区 侧向流出量/(万m³/a)	一般山丘区 开采净消耗量/(万m³/a)	一般山丘区 地下水资源量/(万m³/a)	地下水资源量/(万m³/a) 1980~2000年	地下水资源量/(万m³/a) 1956~2000年
永定河山区	1 229	17 694	—	820	3 366	21 880	8 146	17 931	20 135	1 812	39 878	61 758	64 191
洋河区	—	—	—	—	—	—	1 603	2 248	4 639	303	7 190	7 190	7 249
壶流河	—	—	—	—	—	—	1 303	2 113	—	1 664	3 777	3 777	3 961
大清河山区	—	—	—	—	—	—	3 406	15 071	—	592	15 663	15 663	16 834
滹沱河山区	4 706	43 147	-4 934	—	1 249	39 462	11 399	36 701	15 970	6 700	59 371	98 833	101 660
漳河区	4 756	21 826	6 049	—	3 634	31 509	9 922	25 588	1 853	2 934	30 375	61 884	68 587
卫河	1 624	8 791	—	6 308	36	15 135	—	—	—	—	—	15 135	15 289
红河	420	—	—	2 366	—	2 366	1 791	2 650	—	510	3 160	5 526	5 814
偏关—吴堡	4 505	—	—	37 059	—	37 059	12 069	14 718	—	2 303	17 021	54 080	55 639
吴堡—龙门	2 480	8 137	—	—	726	8 863	12 011	18 503	—	2 479	20 982	29 845	32 326
龙门—潼关	—	—	—	—	—	—	1 546	5 379	5 116	253	10 748	10 748	11 049
潼关—三门峡	—	—	—	—	—	—	467	1 631	858	271	2 760	2 760	2 832
三门峡—沁河	491	—	—	—	—	—	2 906	17 930	—	473	18 403	18 403	18 891
汾河上中游	5 002	23 277	-3 165	5 961	16 621	42 694	18 471	40 220	23 283	10 412	73 915	116 609	119 561
汾河下游	2 167	26 967	-5 933	10 219	2 744	33 997	4 397	10 716	9 357	779	20 852	54 849	58 439
沁河	2 002	8 705	7 983	—	1 041	17 729	7 331	38 582	—	1 026	39 608	57 337	65 192
丹河	1 120	13 594	—	3 422	3 595	20 611	1 811	4 635	—	3 085	7 720	28 331	28 958
合计	30 502	196 484	0	66 155	33 012	295 651	98 579	230 270	81 211	35 596	371 423	642 728	676 472

注：负号表示该区域为泉水调出区，即泉水资源向其他区域输出。

水平径流为主要排泄方式。地下水水位年内变幅较大，年际动态呈下降趋势（图3-20）。

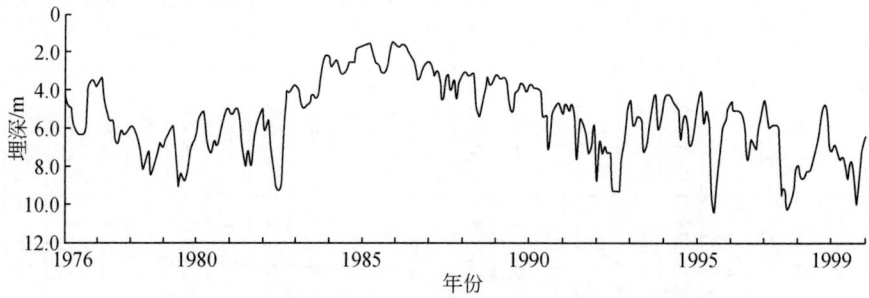

图3-19 冲洪积扇顶部运城大李站年际地下水动态曲线

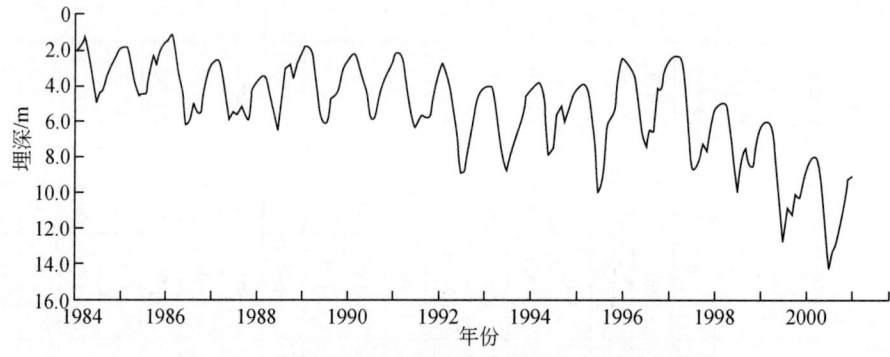

图3-20 倾斜平原区太原东高白地下水年际动态曲线

3）渗入–灌溉–开采型。主要分布于倾斜平原的下部和冲积平原，地下水的补给源主要为大气降水与地表水体，排泄方式主要为开采。河灌区、河井双灌区主要集中在该区，地下水动态受开采和灌溉影响较大，同时由于降雨及灌溉用水季节性变化，用水季节过后或集中降雨期水位有较好的恢复。高水位一般出现在1~2月份，4~5月份水位最低，年内动态相对比较稳定。

河灌区地下水动态特征：年内受间断性灌溉及降水的影响，地下水水位变化频繁，无明显规律可循。从多年动态特点来看，地下水水位基本平稳变化（图3-21）。

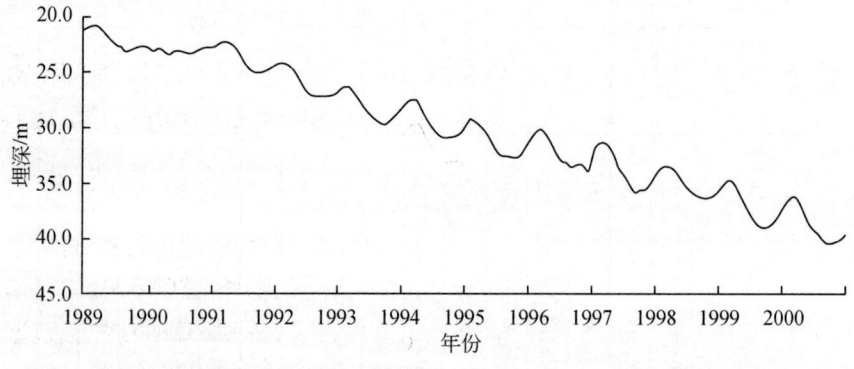

图3-21 冲洪积平原太原（河灌区）代家堡站地下水年际动态曲线

井河双灌区地下水动态特征：井河双灌结合，能充分地将地表水与地下水结合起来，起到相互弥补和调节作用。井河双灌区为地下水相对稳定区，在以河灌为主的地区，地下水略有上升，在机井密度大、井灌程度高的地区水位有所下降（图 3-22，图 3-23）。

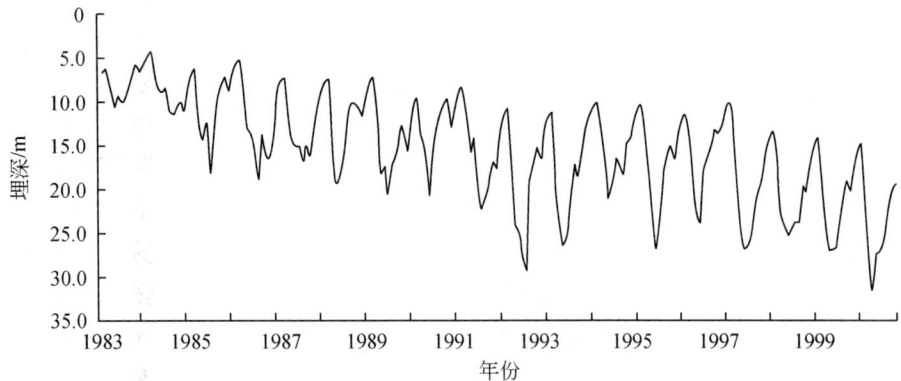

图 3-22　冲洪积平原太原桃花营（井河双灌区）地下水年际动态曲线

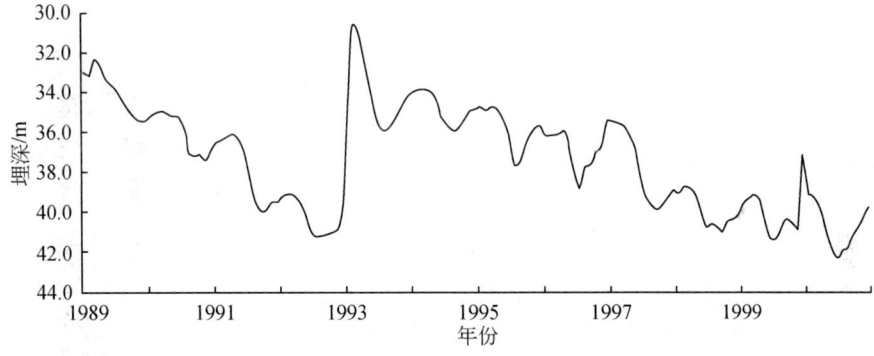

图 3-23　冲洪积平原太原小店（井河双灌区）地下水年际动态曲线

4）渗入–蒸发型。主要分布于冲湖积平原区。地下水动态主要受大气降水、灌溉和潜水蒸发的控制，年内水位变幅较小，多年动态呈稳定趋势（图 3-24）。

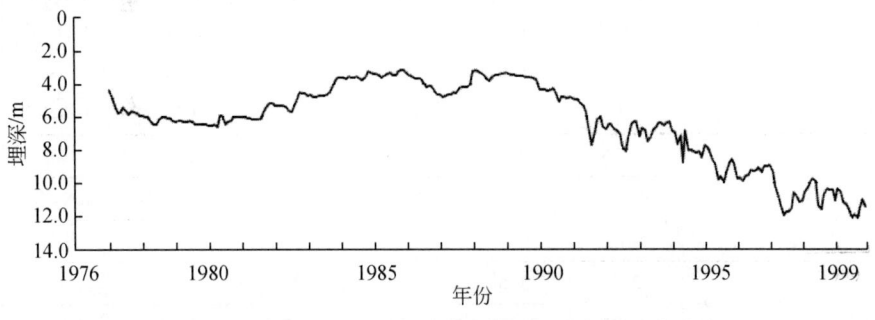

图 3-24　冲湖积平原区运城黄旗营地下水年际动态曲线

5）开采型。主要分布在倾斜平原和冲积湖平原的中深层汇合及深层孔隙水开采区，多为集中开采或供水源区，地下水水位变化主要受开采的影响，年内变幅较大，年际动态呈下降趋势（图 3-25）。

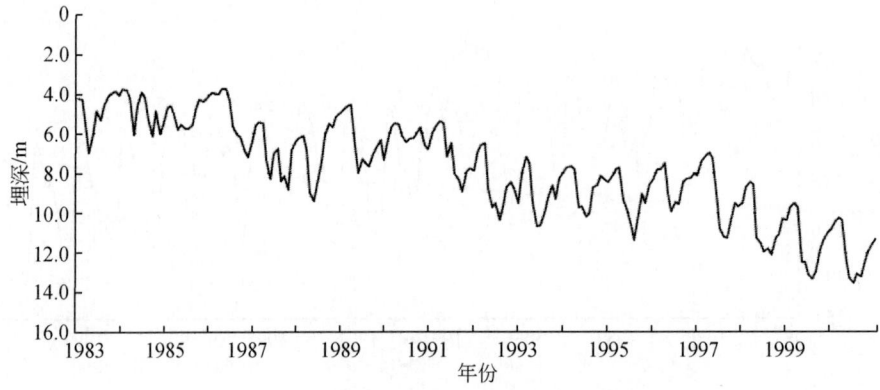

图 3-25　冲洪积平原太原良隆站地下水年际动态曲线

B. 岩溶地下水动态

岩溶地下水动态是反映岩溶含水系统内在结构及介质特点的重要标志，同时也是资源评价的重要资料，20 世纪 80 年代中期进入大量的开采阶段。据监测资料分析，受降水减少和泉域区内开采的影响，各泉域岩溶地下水流量从 1984 年以来呈下降趋势。但由于各泉域水文地质条件不同和大气降水开采量的差异，造成了各泉域多年流量衰减的幅度也不尽相同。

岩溶地下水流量是岩溶泉域的主要输出甚至唯一输出量。山西省境内主要出露的岩溶大泉有晋祠泉、兰村泉、神头泉、娘子关泉、辛安泉、郭庄泉、洪山泉、坪上泉、马圈泉、龙子祠泉、霍泉、三姑泉、延河泉及柳林泉 14 个岩溶大泉，查明泉域岩溶水流量的衰减及整个泉域岩溶水的动态特征具有重要的意义。泉流量变化特征见表 3-18。

表 3-18　泉域岩溶水基本特征

对比项目	娘子关泉	辛安泉	郭庄泉	神头泉	晋祠泉	兰村泉	洪山泉
泉流量序列起止年份	1956～2000 年	1957～2000 年	1956～2000 年	1958～2000 年	1954～1994 年	1954～1988 年	1955～2001 年
多年平均流量/(m³/s)	10.68	9.29	7.14	6.82	1.14	1.88	1.10
最大流量出现年份	1964 年	1964 年	1964 年	1964 年	1957 年	1956 年	1958 年
最大年均流量/(m³/s)	15.75	14.45	9.86	9.28	2.06	4.05	1.73
最小流量出现年份	1995 年	2000 年	2000 年	1993 年	1994 年	1988 年	2001 年
最小年均流量/(m³/s)	5.73	3.98	2.30	4.45	断流	断流	0.28
最大流量/最小流量	2.7	3.6	4.3	2.1	—	—	6.2
年均流量序列均方差/(m³/s)	2.497	2.923	1.816	1.573	0.648	1.392	0.334
(流量均方差/多年平均流量)/%	23.4	31.5	25.4	22.7	56.9	74.1	30.4

续表

对比项目	龙子祠泉	霍泉	柳林泉	马圈泉	延河泉	坪上泉	三姑泉
泉流量序列起止年份	1956~2000年	1956~2000年	1956~2000年	1956~2000年	1956~2000年	1956~2000年	1956~1984年
多年平均流量/(m³/s)	5.19	3.81	3.31	0.95	2.96	4.94	4.67
最大流量出现年份	1965年	1964年	1966年	1960年	1964年	1959年	1963年
最大年均流量/(m³/s)	8.37	4.95	4.69	1.57	4.77	11.86	7.86
最小流量出现年份	2000年	2000年	2000年	1976年	2000年	1972年	1974年
最小年均流量/(m³/s)	3.22	3.00	1.71	0.61	0.98	2.27	3.10
最大流量/最小流量	2.60	1.65	2.75	2.59	4.88	5.23	2.54
年均流量序列均方差/(m³/s)	1.05	0.53	0.88	0.22	0.84	3.52	1.25
(流量均方差/多年平均流量)/%	20.22	13.92	26.57	23.08	28.40	71.25	26.75

在未受人类活动强烈影响的天然波动阶段，岩溶泉域无地下水开采或开采量极小，人类活动对泉流量无影响或影响甚微，岩溶泉的流量均在某一水平上下波动。在人类活动影响阶段，地下水开采对泉流量的削减作用开始显现并越来越大，岩溶泉的流量大多呈近似单调下降的趋势。当然，对各岩溶泉来说，人类影响活动阶段的时间范围是不相同的，在该阶段人类活动对泉流量的影响程度也是不一致的。

C. 集中开采区地下水动态

山西省局部地区如大同、太原、介休、运城，为工农业集中开采区，属地下水过量开采区。这些地区地下水水位逐年下降，是地下水资源开采消耗大于补给，出现逆差的必然结果。

超采区大部分集中在盆地边缘富水性较好的洪积倾斜平原区，尤其是一些强富水的冲积扇地带。20世纪70年代初山西省全省地下水降落漏斗仅有3处，分别出现在太原市、运城涑水盆地及介休城区。20世纪80年代以来，高强度开采地下水使城市地下水水位大幅度下降，除太原、介休、运城三大漏斗不断扩大外，还形成了以大同、侯马、临汾、祁县、榆次、汾阳、原平、交城等城市水源地为中心的地下水降落漏斗，截至2000年年末，全省地下水降落漏斗有20余处（其中岩溶水降落漏斗2处），漏斗面积超过300km²。

太原市深层地下水降落漏斗自1965年形成以来，不断向外扩展，随着地下水开采量的增加，漏斗中心水位不断下降，760 m水位漏斗闭合面积由1965年的11.2 km²扩展到1993年的415.9 km²。截至2000年，漏斗闭合圈水位下降到740 m，漏斗闭合面积为186km²，漏斗中心水位下降值超过120m，漏斗中心水位年下降速率为2~3 m/a，而且有进一步加快的趋势（图3-26）。

20世纪70年代以来，大同市地下水开采量日益增多，区域地下水水位逐年下降，形成了区域地下水降落漏斗。1981年前在城西水源地先形成了机车厂—柴油机厂降落漏斗，1984年在城北水源地又形成了白马城—古店漏斗和在城南水源地形成了智家堡漏斗。由于过量开采，漏斗面积由80年代初的20 km²扩展到2000年的105 km²，漏斗中心水位下降

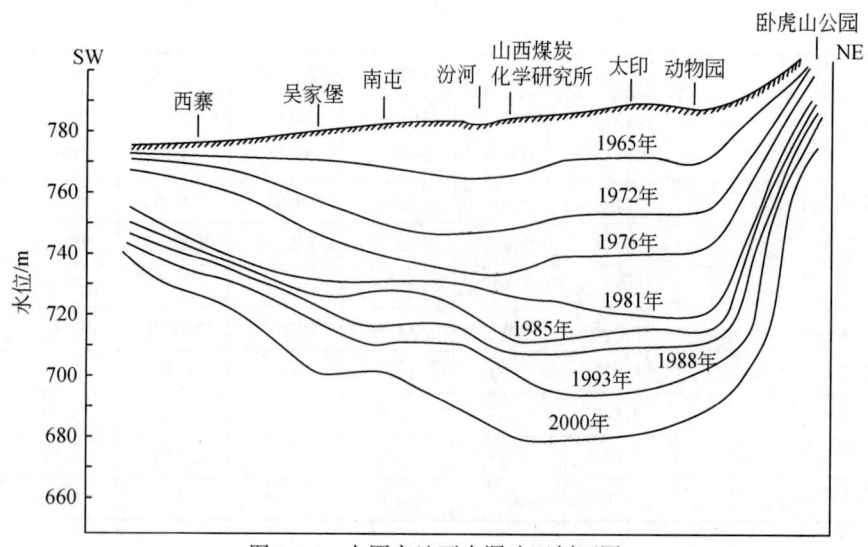

图 3-26 太原市地下水漏斗区剖面图

值达 50.68 m，水位年下降速率达 2.53 m/a。该区有些地方含水层已接近疏干，造成附近农村水井干枯、群众吃水困难，加剧了供水不足的矛盾（图 3-27）。

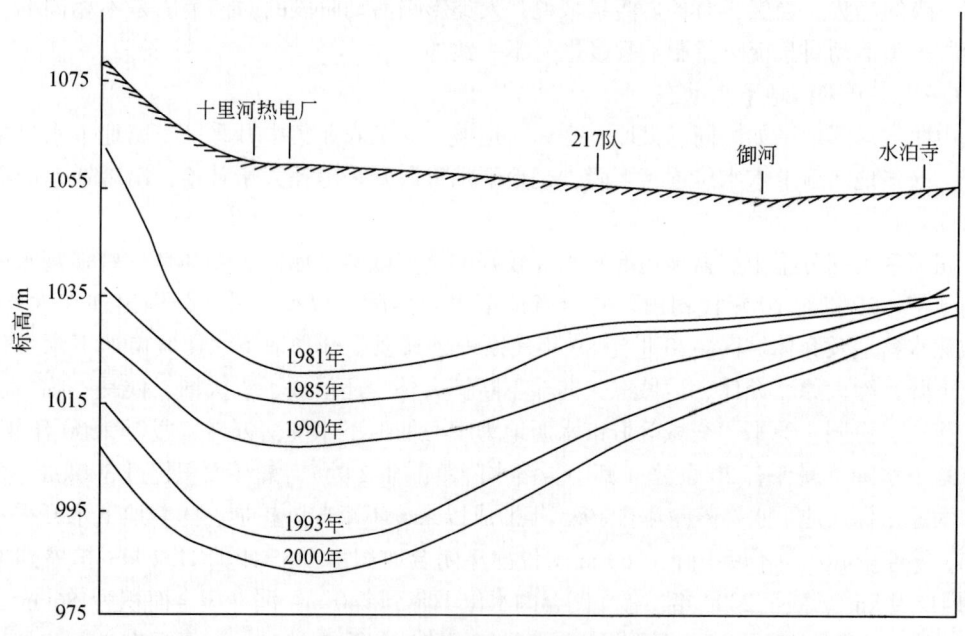

图 3-27 大同市地下水漏斗区剖面图

(3) 地下水超采现状

山西省自 20 世纪 80 年代以来地下水累计超采量已达 115 亿 m^3，相当于超采区 10 年的地下水补给量。2008 年，山西省地下水开采量约为 40 亿 m^3，其中超采量为 5.50 亿 m^3，形成地下水超采区 21 处，超采区分布情况见图 3-28。

第 3 章 | 水生态系统分析与评价基础

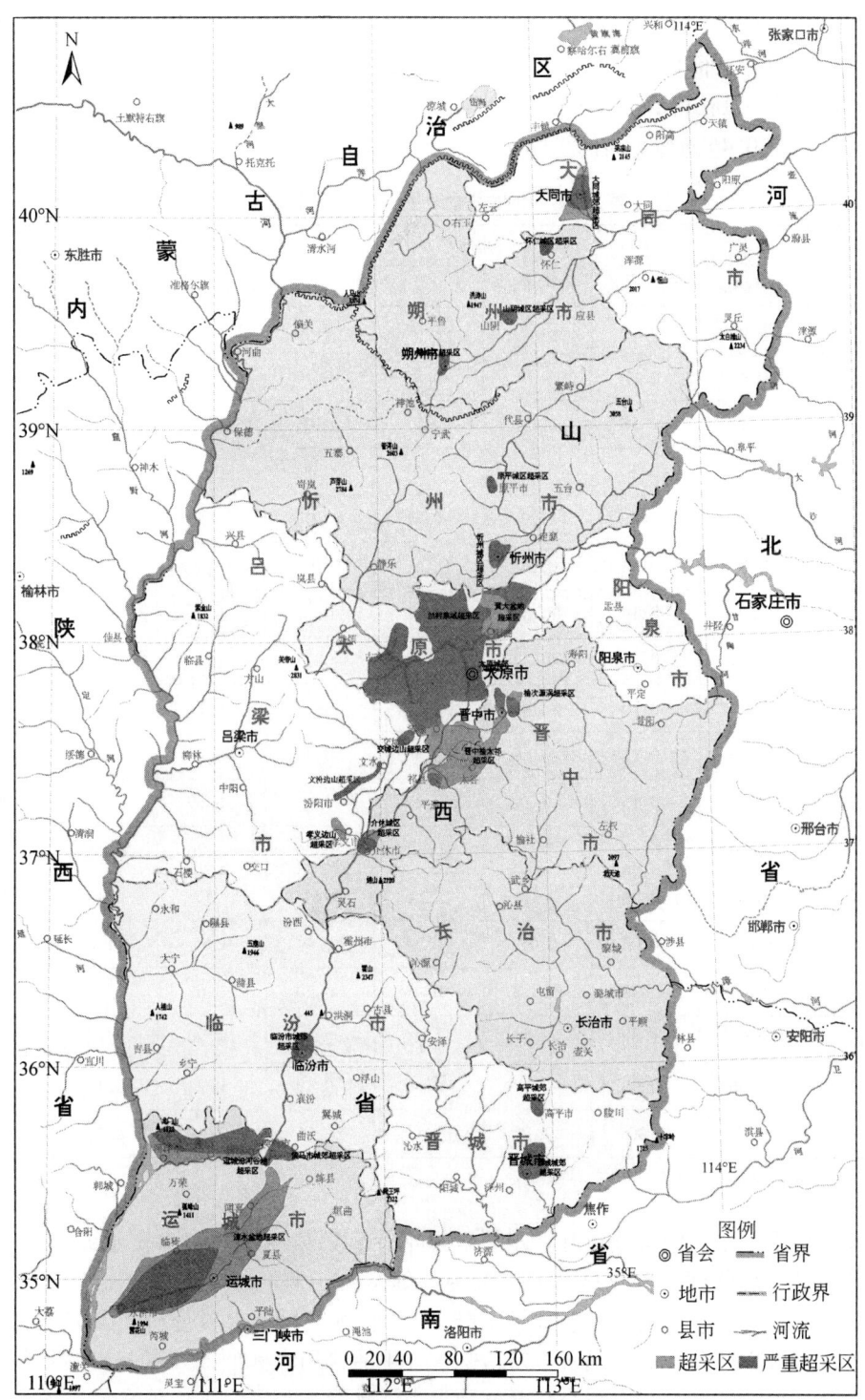

图 3-28　山西省地下水超采示意图
资料来源：范堆相，2005

据 1991～2005 年山西省主要盆地平原区地下水水位资料对比分析统计，全省盆地平原区地下水水位除长治盆地外其他盆地均呈下降趋势。全省盆地平原区累计下降 2.73 m，年平均下降速率 0.18 m/a。其中，地下水水位下降最大的为太原盆地，累计下降 6.95 m，年平均下降速率 0.46 m/a。其他平原盆地地下水动态变化见表 3-19。

表 3-19　山西省盆地平原区地下水动态　　　　　（单位：m）

年份	天阳盆地	大同盆地	忻定盆地	太原盆地	临汾盆地	运城盆地	长治盆地	盆地平均
1991	-0.06	-0.04	-0.50	-1.07	-0.40	-0.83	-0.52	-0.44
1992	-0.05	-0.07	-0.05	-0.55	-0.15	-0.02	-0.51	-0.19
1993	-0.28	-0.16	-0.36	-0.03	0.05	-0.13	0.21	-0.06
1994	-0.16	-0.08	0.00	-0.31	-0.14	-0.41	-0.44	-0.19
1995	0.45	0.40	0.32	-0.30	-0.02	-0.59	-0.23	-0.03
1996	0.77	-0.04	0.28	0.29	0.02	0.02	1.06	0.14
1997	-0.04	-0.19	-0.06	-1.03	-0.71	-1.33	-1.03	-0.63
1998	-0.29	-0.21	-0.30	-0.81	-0.27	0.64	0.50	-0.17
1999	-0.42	-0.20	-0.65	-0.95	-0.22	-0.12	-0.49	-0.35
2000	-0.16	-0.21	-0.18	-0.44	-0.36	-0.28	0.63	-0.23
2001	-0.42	-0.13	-0.79	-0.82	-0.63	-0.69	0.10	-0.43
2002	-0.30	-0.11	-0.26	-0.41	-0.26	-0.26	-0.43	-0.23
2003	-0.01	-0.01	0.16	0.27	0.61	1.17	3.13	0.48
2004	0.09	-0.03	0.03	-0.34	-0.14	0.11	-0.14	-0.09
2005	0.05	-0.30	-0.38	-0.45	-0.30	-0.67	0.01	-0.31
累计	-0.83	-1.38	-2.74	-6.95	-2.92	-3.39	1.85	-2.73
年均值	-0.06	-0.09	-0.18	-0.46	-0.19	-0.23	0.12	-0.18
平均埋深	8.38	9.90	13.11	19.57	20.55	17.61	6.53	12.95

注：负号表示地下水水位下降。

伴随着地下水水位的持续下降，水质也逐渐受到污染。山西省水质监测中的 pH、氯化物、硫酸盐、总硬度、矿化度、硝酸盐氮、氰化物、砷化物、挥发酚、铬、汞、氟化物、镉、铅、铁、锰、细菌总数、大肠菌群 18 个监测项目的水质分析结果如下：山西省境内地下水资源就其分布面积而言，73.9% 符合生活饮用水标准，只有 26.1% 不符合。山丘区绝大部分地区符合，只有很小一部分受人类活动影响和零星本底值含量高的特殊地段不符合。不符合地区主要分布于盆地平原区地势较低的冲积平原区。盆地水质分析结果见表 3-20。

表 3-20　山西省盆地平原区地下水生活饮用水功能分析结果

盆地	面积/km²	符合 面积/km²	符合 比例/%	不符合 面积/km²	不符合 比例/%	超标项目	超标倍数
天阳盆地	1 030	1 030	100	无	无	无	无
大同盆地	6 089	4 578	75.2	1 511	24.8	氟化物、总硬度、硝酸盐氮、矿化度	0.1~1.23
忻定盆地	2 751	2 226	80.9	525	19.1	挥发酚、亚硝酸盐氮、氟化物	0.5~7.0
太原盆地	4 741	2 933	61.9	1 808	38.1	总硬度、硫酸盐、矿化度、氯化物、挥发酚、锰	0.32~3.72
临汾盆地	4 359	3 045	69.9	1 314	30.1	硫酸盐、氟化物、锰、铁	0.4~11.0
运城盆地	3 158	2 711	85.8	447	14.2	硫酸盐、总硬度、矿化度、氯化物	0.36~0.44
长治盆地	1 169	684	58.5	485	41.5	总硬度、硝酸盐氮	0.02~1.29
合计	23 297	17 207	73.9	6 090	26.1	—	—

由表 3-20 可以看出，除天阳盆地各项指标全部达标符合生活饮用水标准外，其余 6 个盆地均不同程度地分布有超标水体。其中大同盆地、忻定盆地和临汾盆地地下水中氟化物超标。

山西省地下水资源面临着储量日益减少、水位持续下降等严重危及地下水资源可持续利用的严峻挑战。地下水水质的不断恶化，严重威胁着当地居民的饮水安全。为此，必须对山西省地下水进行保护与生态修复，以确保山西省地下水资源的合理开发利用与保护。

3.3.4　煤炭开采区

采煤对水资源及生态的影响主要体现在三个方面：一是采煤过程中原始地层状况发生了巨大改变，且伴随大量疏干水的排放，严重破坏了地下含水层；二是地面塌陷导致地表水资源循环方式改变；三是煤炭开采不仅疏干了地下水，减少了地表径流，而且使优质的水资源转变成矿井水，而矿井排水又使天然水质恶化，污染了更多的地表水和地下水。

3.3.4.1　采煤对地下含水层的破坏

煤、水资源共存于一个地质体，地下水按照煤水储存条件可分为煤系地层上覆含水层、煤系地层含水层、煤系地层下伏含水层三种类型。其中前两个含水层主要为孔隙、裂隙含水层，下伏含水层主要是岩溶含水层。当煤层采空后，采场周围岩体应力失去平衡，上覆岩体产生变形、位移和破坏，含水层中的地下水水循环状态随之发生改变。煤矿开采排水打破了地下水原有的自然平衡，形成以矿井为中心的降落漏斗，改变了原有的补、径、排关系，使地下水向矿坑汇流，在其影响半径之内，地下水流加快，水位下降，储存量减少，局部由承压转为无压，导致煤系地层以上裂隙水受到明显破坏，使原有的含水层变为透水层，周边村落原有的水井干枯（牛冲槐等，2006）。

山西省第二次水资源评价专题研究"山西省煤矿开采对水资源的影响研究"，根据煤层与含水层的组合关系和几十年来煤田勘探、生产、研究成果，对各煤田的煤炭开采对地下水资源的破坏进行了评价，结果如表3-21和表3-22所示。据统计，山西省煤炭开采破坏的地下水静储量为71 388万 m^3。按照统计的埋藏深度为150 m以内的采空区面积及各煤田开采破坏的地下水模数，计算的六大煤田破坏地下水的动储量为71 370 m^3/h。

表3-21 山西省各煤田采煤破坏地下水静储量计算结果

煤田	砂岩 厚度/m	砂岩 面积/万 m^2	砂岩 破坏水量/万 m^3	石灰岩 厚度/m	石灰岩 面积/万 m^2	石灰岩 破坏水量/万 m^3	破坏水量合计
大同	95.15	55 190	6 144	—	—	—	6 144
宁武	50.67	36 950	2 190	5.78	12 316.6	114	2 304
西山	51.80	51 250	3 106	9.88	35 576.07	562	3 668
霍西	46.25	151 900	8 219	16.25	110 041.33	2 861	11 080
河东	59.76	141 600	9 900	13.69	102 247.29	2 240	12 140
沁水	63.75	385 000	28 716	17.84	24 875.36	7 100	35 816
其他煤产地	30.73	5 048	181	7.18	4 800.09	55	236
全省合计	—	—	58 456	—	—	12 932	71 388

表3-22 山西省六大煤田地下水动储量破坏量统计

煤田	大同	宁武	河东	西山	霍西	沁水	其他煤产地
面积/亿 m^2	2.759	1.846	10.874	2.563	13.728	20.249	0.335
破坏模数/[$10^{-5} m^3/(h \cdot m^2)$]	1.249	1.107	1.652 8	1.833 6	0.509 6	1.765 9	1.353
破坏量/(m^3/h)	3 446	2 044	17 973	4 700	4 996	35 758	453

3.3.4.2 采煤对地表水资源的破坏

当采煤面积达到一定范围后，煤系地层及上覆松散岩系中垂向裂缝增多、增大，造成地表变形、塌陷，煤系地层和松散岩系地层中的水快速向下渗漏，进入井、巷道及采空区或外排，形成了以采空区为中心的水位降落漏斗区，导致区域地下水水位下降，地表水渗入地下或矿坑，地表径流锐减、泉水断流、水井干枯等一系列水资源问题，严重破坏了当地水资源的可持续利用。据山西省煤田水文地质图（图3-29）所示，汾河、沁河、浊漳河、桑干河受煤炭开采影响较大。

3.3.4.3 采煤对水环境的污染

山西省煤炭开采对水环境造成了严重污染，主要体现在三个方面：一是煤炭开采疏干水过程中将地表、地下优质水源变为受到污染的矿井水，据统计2004年全省煤矿涌水量为20 240.5万 m^3，其中11 135.6万 m^3 矿井水未经处理利用直接排放；二是未经处理矿井水直接排放，污染地表水，并通过岩溶裂隙形成浅状渗漏污染，排污场地污染物垂直下渗

第3章 水生态系统分析与评价基础

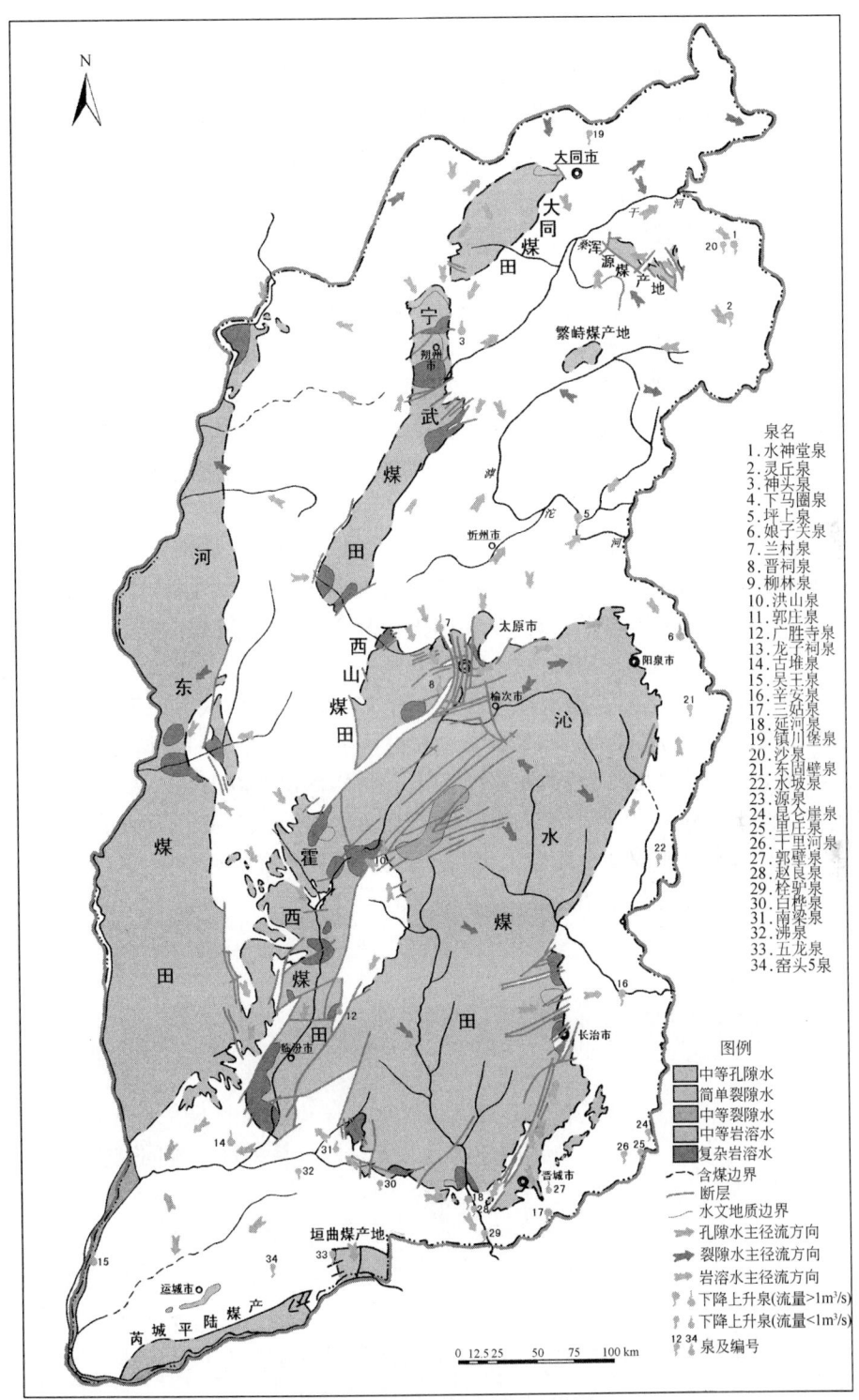

图 3-29　山西省煤田水文地质图

资料来源：山西煤田水文地质二二九队. 2003.12. 山西省煤矿开采对水资源的影响研究

污染岩溶水，矿坑与矿井等人工通道导入污水，形成区域性降水入渗污染。目前，在全省岩溶水中，已检测出多种污染物，且部分污染物的含量超标倍数相当高；三是煤炭的开采和洗选会产生大量煤矸石，矸石自燃不仅污染大气，而且容易造成人身伤害事故。矸石山的淋溶水时常含酸性和有害重金属元素，污染堆积区周围的土壤和水体。

3.3.5 饮水水源地

城乡饮水安全保障包括农村饮水安全和城市饮水安全两个部分。山西省城市饮水保障率普遍高于农村。城市饮水水源地的突出水生态问题是地下水超采。

饮水安全直接关系到人民生活质量，我国农村人口众多，饮水安全问题尤为严重。近年来我国出台了多项措施和政策，兴建了多处农村饮用水工程。山西省作为我国用水大省，农村饮用水安全存在很大问题，特别是1997~2001年山西省连续5年持续干旱造成了农村大面积饮水困难。

据调查，山西省农村饮用水不安全人口约为831.15万人，造成饮用水不安全主要包括水量和水质两方面的问题。当地政府始终把加快解决农村饮水困难和饮水安全当做最迫切需要解决的一件民生大事来抓，近10年中先后分3个阶段连续不断地予以解决。第一阶段是2000~2005年实施了"农村饮水解困工程"，集中财力，加大投资，加快饮水工程进度，共完成投资22.4亿元，建成各类饮水工程15 295处，解决和改善了633万人的饮水困难。第二阶段是2006~2009年实施了"农村饮水安全工程"，明确提出在"十一五"期间基本解决1000万农村人口的饮水安全问题，每年解决200万人。在这3年中，山西省又建成各类饮水工程8339处，解决和改善了12 698个自然村600万人的饮水安全。第三阶段是实施"农村饮水安全全覆盖工程"，实现山西省全省所有农村人口的饮水安全。

第4章　水生态系统保护与修复指标体系

4.1　河流廊道系统保护与修复指标

本章对山西省7个生态水文分区的主要河流现状进行了研究和分析。山西省主要有汾河、桑干河、沁河、滹沱河、漳卫河5条大河，其中汾河和桑干河水生态问题最为严重。本研究拟解决的主要问题是河道断流、采砂、水质污染三大问题，针对三大问题制定河流保护修复的目标和相应的指标体系。

4.1.1　河流廊道生态保护与修复目标

河流水生态系统保护与修复的主要目标是：修复因采砂、弃土、倾倒垃圾而受损的河道系统，使之具备通畅的流路，维持河道的行洪功能；严格控制污染物排放，使之达到水功能区的水质标准；进行水量调度，使之在非冰封期不断流，满足河道内生态基本用水的需求；科学建设滨河湿地，在河道两岸，特别是流经大城市的河道两岸营造一定面积的动植物栖息地，满足动植物生存需求以及城市居民的景观生态需求。

4.1.2　河流廊道生态保护与修复指标体系

针对山西省河流的特点，对上述目标进行深化，提出更为具体的河流保护修复指标体系，由河流形态指标、水质指标、水量指标和生态景观指标4部分构成。

4.1.2.1　河流形态指标

河流形态指标主要指维持河段特定功能需满足的河床、河岸、滨河带等的形态要求。包括以下三个具体指标：

1）河床形态指标。指河床形态需要满足河流基本的水沙输送要求。该指标为定性指标。

水沙输送和能量输送是河流最基本最重要的功能，良好的水沙输送通道（河床）是河流保护修复的基础。因此河床形态具有一定的过水过沙能力，无大规模采砂坑。

2）河道岸线指标。指根据不同功能需求，对河道岸线进行合理设计。河道岸线要满足防洪、生态、景观等需求。该指标为定性指标。

在满足防洪的前提下，河道岸线建设从以往单一的硬质护坡逐渐转变为多形式、多结构的河道岸线形式。流经城市的河段，需要为居民提供具有娱乐休闲功能的亲水环境，河道岸线应布置一定规模的亲水河段，并满足城市景观需要。在适宜区域建设生态河岸带，岸线应具有结构稳定性、生态健康性和景观适宜性等特征，以自然为主导，提高水生态系统的自我调节和修复能力，并兼顾景观效应。

3）滨河带宽度指标。指在重点河段，滨河带需要有一定的宽度以保护河流水质、保护生态多样性、为生物提供栖息地以及为人类提供丰富的生态系统服务功能，发挥一定的环境、生态、社会和经济效益。该指标为定性指标。

本研究中涉及的滨河带指河流和陆地交接处的两边，特别是同河水发生作用的植被区域。滨河带可拦蓄截获污染物、调节区域小气候、为鱼类提供有机碎屑食物等。但这些功能均需要滨河带有一定规模的宽度才能实现。滨河带宽度指标设置要考虑当地当前的土地利用情况及城市规划等，并需要参考当地历史存在的滨河带植被情况。

4.1.2.2 河流水质指标

河流水质指标指在不同的时空条件下，维持河段特定的功能所必须满足的水质标准。

主要河段水质指标指主要河段需要达到一定的水质标准，以满足水功能区和生态保护与修复的要求。

该指标为定量指标，确定方法如下：

1）确定水功能区水质标准。

2）确定生态保护与修复所要求的水质标准。确定河段主要的生态和景观功能，即河段内水质主要满足什么样的生态景观要求。一般中等状态的湿地，其生态用水水质需达到Ⅲ类水标准。在景观要求方面，该类标准下的湿地可以兼顾娱乐功能，可允许设立人体直接接触的娱乐用水区。湿地生态用水水质标准最低要求达到Ⅴ类水。在景观要求方面，该类标准下的湿地，只能满足基本的观赏性要求，只能设立人体非直接接触的娱乐用水区。

3）确定主要河段水质指标。根据水功能区要求和生态保护修复的需要，结合河段水质现状，制定不同水平年各河段的水质要求。

4.1.2.3 河流水量指标

河流水量指标主要指在不同时空条件下，河道内维持特定的生态环境功能所必需的水资源量。包括以下两个具体指标：

1）最小生态环境需水量。指在不同时间内，不同河段维持特定的生态环境功能所必需的最小水资源需求量，反映了河流维持基本生态环境功能所需的水量保证。该指标为定量指标，即基流流量满足最小的生态环境需水量。

2）断流时间。指河流一年内（除冰期外）的断流天数。通过水资源合理配置、改变用水的时空分布规律、利用外调水等尽量减少河流断流时间。该指标为定量指标，在流经城市的重要河段，目标设置为该河段年断流时间减少80%。

4.1.2.4 河流生态指标

河流生态指标主要指流域内需要维持一定面积的湿地。河流生态指标的确定基于这样的思想，即保护河流栖息地就保护了河流生态系统中生物的生境，也就保护了河流生态系统。而湿地是大部分水生生物的栖息地，因此，对湿地进行恢复通常是保护和保育水生资源的最直接、最有效的方法之一。用流域内湿地面积指标作为河流生态指标。

流域内湿地面积指标指在一定时间段内，一定的来水条件下，流域内稳定存在的湿地面积。由于影响湿地特征最重要的因素是水文和水文周期，因而确定湿地面积也应和相应的水文情况和水文周期对应。目前不同国家和组织对湿地有不同的定义。在本研究中涉及的湿地特指沿河滨岸带湿地。该指标为定量指标，确定方法如下：

根据历史遥感资料，结合当年的来水情况，分析对应年份的湿地面积，做出不同河段沿河滨岸带湿地对应的水量-湿地面积图，该图也包含了人类活动、污染等因素。在上述水量指标保证的条件下，找到相应水量对应的湿地面积，该面积即在这样的来水条件下流域内潜在的湿地面积。但由于人类活动、污染、区域条件改变等，实际湿地面积不一定和该图完全对应，需再进行相应调整。山西省河流保护修复指标体系见表4-1。

表4-1 山西省河流保护修复指标体系

	指标	备注
河流形态指标	河床形态指标	定性
	河道岸线指标	定性
	滨河带宽度指标	定性
河流水质指标	沿河主要污染物排放总量控制指标	定量
河流水量指标	最小生态环境需水量	定量
	入河流量	定量
	断流时间	定量
湿地指标	流域内湿地面积指标	定量

4.2 地下水系统保护与修复指标

地下水作为山西省的主要供水水源，其开发利用程度普遍较高。同时，山西省是我国北方碳酸盐岩分布最多的省，岩溶水在山西省的工农业及城市生活供水中具有非常重要的作用。目前地下水开采主要集中在中部盆地区和岩溶泉域排泄带，其次为一般山丘区山间小盆地及河谷地带。根据2005年的调查，全省有地下水超采区21处（其中孔隙水超采区16处，岩溶水超采区5处），超采区分布面积为11 137km^2，超采区范围内地下水实际开采量为17.34亿m^3，年超采量为6.88亿m^3。

山西省是我国重要的能源基地，煤炭探明储量和开采量均居全国首位。但是随着煤炭的大量开采，水资源的破坏也越来越严重。根据"山西省煤炭开采对水资源的破坏影响及评价"结果，山西省每开采1t煤直接破坏2.48 m^{3}水资源，其中大部分为地下水。

地下水超采问题和采煤影响交织在一起，对山西省地下水资源造成巨大的影响。针对这些问题，制定地下水保护与修复的目标与指标体系。

4.2.1 地下水生态保护与修复目标

地下水生态系统保护与修复的主要目标是：控制地下水超采区开采量，以期达到多年采补平衡，缓解地下水超采引起的地面沉降、人畜饮水困难等状况。对重点泉域和名泉进行保护，遏制泉域岩溶水衰减趋势。

4.2.2 地下水生态保护与修复指标体系

针对山西省地下水的特点，对上述目标进行深化，提出具体的地下水保护与修复指标体系。该体系由地下水限采指标和岩溶大泉限采指标两个部分组成。

4.2.2.1 地下水限采指标

地下水限采指标主要指在地下水超采区限制地下水的开采量，力求在这些地区达到地下水多年采补平衡。用地下水超采量压缩率指标作为地下水限采指标。

地下水超采量压缩率指标指为了遏制地下水超采的现状，在地下水超采区进行地下水限采。压采量与超采量的比值即压采率。

4.2.2.2 岩溶大泉限采指标

由于山西省岩溶大泉分布比较广泛，岩溶水在生态、生活、生产中发挥着巨大的作用，因此用岩溶大泉限采指标对岩溶大泉的开发利用情况进行描述。制定岩溶大泉保护区划，对不同保护区内的泉域进行保护和限采。

综上，山西省地下水保护与修复的目标和指标体系见表4-2。

表4-2 山西省地下水保护与修复的目标和指标体系

目标	指标	备注
地下水限采指标	地下水超采量压缩率指标	定量
岩溶大泉限采指标	岩溶大泉保护区划	定性

4.3 采煤区生态保护与修复指标

山西省采煤对地下水影响区的面积已达到7万 km^2，占全省面积的45%。采煤影响的水资源量达15亿 m^3，主要为地下水。煤炭开采的矿坑用水量达6亿 m^3，实际是煤炭生产用水量的组成部分。2008年山西省水资源总量82.0亿 m^3，矿坑排水占水资源总量的4.2%。采煤影响与地下水超采问题交织在一起，成为影响山西省抗旱应急能力的主要方面。为满足国家对能源的需求，山西省的煤炭产量由2000年的2.46亿t增加到2008年的6.56亿t。由采煤引起的供水短缺、地下水破坏和生态灾害急剧凸显。本研究拟解决的主要问题是采煤区矿坑水的综合利用与复垦两大突出严重的问题，针对两大问题制定采煤区保护与修复的目标和相应的指标体系。

4.3.1 采煤区生态保护与修复目标

山西省是我国重要的煤炭工业基地，主要的大型煤炭产区集中于三大区域，其中晋北大同、朔州以动力煤为主，太原、吕梁和晋中以焦煤为主，阳泉以及晋东南的长治、晋城以优质无烟煤为主。同时山西省是一个水资源十分贫乏的省份，随着煤炭的大量开采，水资源的破坏也越来越严重。大量的矿坑水外排，不仅造成可利用的水资源急剧减少与严重污染，而且严重影响着生态环境与经济的可持续发展。因此，必须提高矿坑水的综合利用率，以促进煤炭工业的科学合理生产与水资源的合理利用，必须爱护水资源，珍惜水资源，节约用水，提高水资源的利用率。可通过多元的土地复垦方式，修复采煤区的生态环境，减少矿区的环境污染及其对区域生态环境的影响。加强区域环境的整体协调性，提高土地生产力，为矿区失去土地的农民更新生产生活方式，增加经济收入，缓解矿农矛盾，美化矿区的景观环境，为矿区的可持续发展奠定基础。

4.3.2 采煤区生态保护与修复指标体系

由于地下采煤一般会导致大面积地面塌陷，露天采矿也要大面积剥离地面岩石和土地，这种对地球表层部分地区生态系统的重大破坏，只有通过生态重建来加以补偿才能为后代人留下可持续发展所需要的后备资源和良好的环境系统。矿区生态重建旨在使采矿迹地具有某种形式和一定水平的生产力，并维持相对稳定的生态平衡，而且要与周围景观价值相协调。其实质是将人为破坏的区域环境恢复或重建成一个与当地自然界和谐的生态系统。针对山西省采煤区的特征，对上述目标进行深化，提出更为具体的采煤区保护与修复指标体系。参照对象为《开发建设项目水土流失防治标准》（GB 50434—2008），具体如表4-3所示。

表4-3 采煤区生态保护与修复考核标准

指 标	一级标准 施工建设期	一级标准 试运行期	一级标准 生产运行期	二级标准 施工建设期	二级标准 试运行期	二级标准 生产运行期	三级标准 施工建设期	三级标准 试运行期	三级标准 生产运行期
水土流失总治理度/%	*	90	>90	*	85	>85	*	80	>80
土壤流失控制比	1.5	1.2	1.5	2.0	1.5	2.0	2.5	2.0	2.5
拦渣率/%	95	98	98	90	95	95	85	95	85
扰动土地整治率/%	*	95	>95	*	95	>95	*	90	>90
林草覆盖率/%	*	25	>25	*	20	>20	*	15	>15
植被恢复系数/%	*	98	98	*	95	>95	*	90	>90

4.3.2.1 矿坑废水循环利用指标

从水量与水质两方面综合考虑,矿坑水都具有不可忽视的地位。在水量方面的,矿坑水的任意排放将浪费可贵的水资源,会造成更大范围的环境污染。矿坑水处理指标包括矿坑水综合利用率与矿坑水排放达标率两个定量指标。

煤矿矿坑水利用指标主要是指煤炭经过不同程度的处理后,作为自身用水的补充的水源,如用于煤炭生产的除尘、冷却、选洗煤、灌浆和灭火;用于矿区生活及绿化用水,处理后用于生活、浴池、消防和中水;作为外系统用水,主要用于农田灌溉、建筑用水及复垦用水。鉴于目前经济技术条件以及不同用水工艺对水质有不同要求,矿坑水利用量受到一定的限制,加之目前污水处理厂处理能力有限,部分未经处理的矿坑水被排入河道。因而提高矿坑水利用是解决采煤区水量水质问题的必要手段。通常用矿坑水综合利用率和矿坑水排放达标率来表征矿坑水利用指标。

矿坑水综合利用率是指煤炭生产用水、矿区生活及绿化用水、外系统用水(如在矿区范围内利用矿井水资源发展村镇卫生供水工程和节水灌溉农业)等总消耗的水量占总矿坑水量的比率。矿坑水排放达标率是指满足国家用水标准规范的各类水的最低限值。该指标为定量指标。

具体目标为:近期水平年,年涌水量 50 万 m^3 以上的煤矿配套建设矿井水处理回用系统;大中型煤矿矿井水复用率要达到 75% 以上,排放达标率 90%;大、中型洗煤水全部闭路循环,煤矿、坑口电厂等生产用水优先使用经处理后的矿井水。远期水平年矿坑水综合利用率达到 80%,排放达标率为 100%。

4.3.2.2 煤矸石处理指标

煤矸石利用指标包括矸石山达标率、煤矸石利用率、矸石山复垦率。矸石山达标率是指原有的已堆积成矸石山的煤矸石在不自燃的情况下,就地绿化。煤矸石利用率是指用于发电、生产建筑材料、回收有益矿产品、制取化工产品、改良土壤、生产肥料、回填(包括建筑回填、填低洼地和荒地、充填矿井采空区、煤矿塌陷区复垦)、筑路等所用掉的煤矸石占总煤矸石的比值。土地复垦率是指在采煤矿区内恢复的土地占破坏土地的百分比。我国目前煤炭企业土地复垦率仅为 10% 左右。采煤区水生态保护与修复指标体系如表 4-4 所示。

表 4-4 采煤区水生态保护与修复指标体系

指标		备注
矿坑水利用指标	矿坑水综合利用率	定量
	矿坑水排放达标率	定量
煤矸石处理指标	矸石山达标率	定量
	煤矸石利用率	定量
矸石山复垦指标	矸石山复垦率	定量

4.4 水土流失区生态保护与修复指标

晋西黄土高原是我国生态环境最脆弱的地区之一，水土流失是该区域生态环境恶化的主要原因。因此，防治水土流失成为了保持黄河流域社会经济可持续发展的重要保证。影响水土流失的因素很多，人类不合理的土地利用方式是加剧黄土高原土壤侵蚀、生态环境恶性循环的主要原因。

黄土塬区的人为加速侵蚀量占总侵蚀量的41%左右。人类大量不合理地开垦陡坡，造成了坡耕地表土的大量流失，通过河道汇集成为了黄河泥沙的重要来源。防治坡耕地，特别是陡坡地的土壤侵蚀是治理黄土高原水土流失的关键。本研究拟解决的主要问题是晋西黄土高原区水土流失严重，针对问题制定晋西黄土高原区生态修复的目标与指标体系。

4.4.1 晋西黄土高原区生态保护与修复目标

要治理坡耕地的水土流失，必须对黄土高原现有土地利用结构进行调整，而退耕还林还草是土地利用结构调整的具体措施。退耕还林还草工程是一项复杂的生态-经济-社会系统工程，不仅是一个生态问题、经济问题，也是一个影响深远的社会问题。本研究的主要目的是通过防止水土流失和土地沙化，起到减沙保水的作用。减沙效益取决于这些措施的综合作用，而减沙效益的持久程度则取决于各项措施的可持续性。

4.4.2 晋西黄土高原区生态保护与修复指标体系

针对晋西黄土高原区特点，对上述目标进行深化，提出更为具体的晋西黄土高原区生态修复指标体系，该指标体系由坡耕地退耕指标及小流域淤地坝建设指标构成。

4.4.2.1 坡耕地退耕指标

从保护和改善生态环境出发，将易造成水土流失的坡耕地和易造成土地沙化的耕地有计划、有步骤地停止耕种，本着宜乔则乔、宜灌则灌、宜草则草，乔灌草结合的原则，因地制宜地植树种草，恢复林草植被。退耕还林还草工程是我国林草业生态建设史上涉及面最广、政策性最强、规模最大、任务最重、投入最多、群众参与度最高的生态建设工程。

坡耕地是水土流失发生的策源地。据山西省水土保持科学研究所测定，黄土丘陵沟壑区坡耕地年流失水 1155 m^3/hm^2，年流失表土 22.5 t/hm^2。目前山西省仍有坡耕地 148.3 万 hm^2，占农耕地面积的 38%。坡耕地大多分布在地面沟谷纵横、侵蚀严重的黄土丘陵山区，在长期水土流失作用下，造成了干旱缺水、土壤贫瘠、耕层浅薄等特点。坡耕地分布区大多年降水量偏少、降水变率大且年内分布不均匀，不能满足作物的需水要求。加之坡耕地地表倾斜，使天然降水沿坡移动形成地表径流，造成长期土壤流失，土壤的物理性质受到严重破坏。同时，不合理的耕作制度使土壤水分状况日益恶化，蓄水保水能力减弱，加剧了干旱程度。

生态退耕要根据粮食自给能力,因地制宜,逐步推进,切实解决农民的长期生活和生产出路。退耕将导致耕地数量的减少,而耕地数量的变化必将影响到粮食生产的波动,进而影响到粮食有效供给及粮食安全水平。因此,退耕以后该区食物供给能否有保障,是否会引起粮荒,退耕后的土地改作他用是否可获得可观的经济效益等是事关退耕工程能否"退得下、还得上、稳得住、不反弹"的关键问题,也是亟待回答的问题。该指标为定量指标,确定方法如下:

1)根据山西省长系列遥感卫星图,计算出各个区域坡耕地的面积,细化到县域。在25°以上的梁峁坡耕地上全部退耕还林还草。

2)对于15°~25°坡耕地要根据实际状况,不能实行一刀切,要将未经批准新开发的、易造成水土流失和土壤沙化的耕地,首先退耕还林(草)。本研究采用最小人均耕地面积和耕地压力指数模型,对山西省退耕可能造成的粮食安全问题进行了分析,建立了粮食安全预警机制。在满足当地自给率一定量的情况下,计算出耕地压力,反推人均耕地面积,进而推算出可以退耕的面积。

4.4.2.2 小流域淤地坝建设指标

传统的坡耕地水土保持核心技术是坡改梯,即利用工程措施把坡地梯地化,并结合相应的农艺措施,如等高种植、垄作、坡地三池配套等技术,达到防治水土流失的目的。虽然坡改梯对防治坡耕地的水土流失和提高土壤肥力和土地生产力的作用显著,但工程量大,需一定技术要求,工程造价高。

淤地坝建设是水利发展的一个阶段性标志。淤地坝是指在水土流失地区各级沟道中,以拦泥淤地为目的而修建的坝工建筑物,其拦泥淤成的地叫坝地。在流域沟道中,用于淤地生产的坝叫淤地坝或生产坝。淤地坝以其拦截泥沙、蓄洪、滞洪、减蚀固沟、增地增收、促进农村生产条件和生态环境改善等方面的作用,在黄土高原区显示了其他工程所不具备的优势。

淤地坝措施是一种行之有效的工程措施,它与耕作措施和生物措施相比,既能有效防止水土流失,形成坝地,又能充分利用水土资源,具有十分重要的作用。淤地坝的减沙效益包括淤地坝的拦泥量、减轻沟蚀量以及由于淤地坝滞洪后削减洪峰流量、流速而对淤地坝下游沟道侵蚀的减少量。淤地坝的作用主要是拦沙,拦沙效益是指淤地坝的拦沙量占其控制面积内总产沙量的百分比。淤地坝坝地土质肥沃,一般坝地粮食亩产是梯田的2~3倍、坡耕地的6~10倍。截至目前,山西省全省共建成淤地坝40 089座,淤成沟坝地157万亩。根据调查,山西省今后尚可新建淤地坝40 385座,"十一五"期间拟通过淤地坝建设形成稳产高产的沟坝地80万亩,人均达到3分①以上旱涝保收的沟坝地。该指标为定量指标,确定方法如下:

1)根据地理位置及沟壑现状调查,建设符合条件标准的淤地坝,根据淤地坝的高度、

---

① 此处1分≈66.67m²。

库容确定淤地坝的规模及其能够发挥的效益。

2）对于墒面平整、土层深厚、土质肥沃及水浇程度较高的已经建设的坡改梯耕地，要保持现状，不可以毁坏梯田改造淤地坝。

晋西黄土高原区水生态修复指标体系如表 4-5 所示。

表 4-5　晋西黄土高原区水生态修复指标体系

指标	备注
坡耕地退耕指标	定量
淤地坝建设指标	定量

4.5　饮水安全保障指标

饮水安全影响到人的健康甚至生命，是关系国计民生的重大问题。据世界卫生组织（WHO）统计，全球 80% 的疾病与直接饮用不清洁饮用水有关。保障饮水安全、维护民众的生命健康已成为今后水利工作的第一任务。

从山西省水资源总量看，1956~2000 年系列全省多年平均水资源总量仅 123.8 亿 m^3，人均占有水资源量 381 m^3，仅为全国平均值的 17%，属严重缺水地区。进入 21 世纪以来，在人类活动和全球气候变化的共同作用下，水资源量有进一步衰减的趋势，2008 年山西省水资源总量仅有 82 亿 m^3。从供水能力看，目前山西省总供水能力 65 亿 m^3，人均供水量仅为全国平均值的 40% 左右。由于特殊的地理环境，山西省部分地区人民长期饮用高氟水、高砷水，危害人体健康。其中高氟水主要集中在大同、忻州、定襄、太原盆地、临汾、运城以及沿黄河的各县、村。高砷水主要分布在朔州、孝义、汾阳、平遥等地。同时，采煤漏水、地下水超采、水质污染等也影响着山西省人口饮水安全。2005 年山西省水利厅对全省的农村饮水安全现状进行了普查。

据普查结果统计，山西省农村饮水不安全人口 1092.13 万，占全省农村人口的 46%。其中，饮水水质不达标人口 672.23 万人，占饮水不安全人口的 61.59%；非水质性不达标人口 419.89 万人，占饮水不安全人口的 38.41%。有 500 多万人饮用氟砷水，350 多万人饮用中、重度氟砷水。

解决人民饮水安全问题是近年来政府关注民生的一件大事。在本研究中，针对饮水安全问题制定了以下目标和指标体系。

4.5.1　饮水安全目标

饮水安全的主要目标是：对受水生态环境进行保护和修复，保障饮用水水源地水质，对受煤炭开采影响的水资源进行合理利用，控制地下水开采规模，兴建农村饮水安全工程。通过以上一系列措施，降低饮水不安全人口比例，保障饮水安全，维护民众的生命健康。

4.5.2 饮水安全指标体系

对上述目标进行深化,提出具体的饮水安全指标体系,即饮水安全人口比例指标。

饮水安全人口比例指标为在一定时间一定区域内,通过各项措施,使饮水安全人口比例增加,为定量指标。其中,饮水安全指饮用水水质、水量、取水方便程度及保证率符合一定的标准及规定。若其中有一项低于安全或基本安全最低值,即为饮用水不安全。因而饮水不安全人口比例下降指标又包括四个指标,即饮水安全人口饮用水水质、水量、方便程度和保证率。

其中饮水安全人口的水质指标为符合国家《生活饮用水卫生标准》(GB 5749—2006)要求的为安全,符合《农村实施〈生活饮用水卫生标准〉准则》要求的为基本安全。

饮水安全人口的水量指标为每人每天可获得水量不低于40~60 L为安全,不低于20~40L为基本安全。根据气候特点、地形、水资源条件和生活习惯,将全国分为5个类型区,不同地区的具体水量标准可参照表4-6确定。

表4-6 全国不同地区农村生活饮用水水量评价指标 [单位:L/(人·d)]

分区	一区	二区	三区	四区	五区
安全	40	45	50	55	60
基本安全	20	25	30	35	40

注:一区包括新疆、西藏、青海、甘肃、宁夏、内蒙古西北部、陕西、山西黄土高原丘陵沟壑区、四川西部;二区包括黑龙江、吉林、辽宁、内蒙古西北部以外地区、河北北部;三区包括北京、天津、山东、河南、河北北部以外地区、陕西关中平原地区、山西黄土高原丘陵沟壑区以外地区、安徽、江苏北部;四区包括重庆、贵州、云南南部以外地区、四川西部以外地区、广西西北部、湖北、湖南西部山区、陕西南部;五区包括上海、浙江、福建、江西、广东、海南、安徽、江苏北部以外地区、广西西北部以外地区、湖北、湖南西部山区以外地区、云南南部。本表不含香港、澳门和台湾。

饮水安全人口的方便程度指标为人力取水往返时间不超过10min为安全,取水往返时间不超过20min为基本安全。

饮水安全人口的保证率指标为供水保证率不低于95%为安全,不低于90%为基本安全。

以上四个指标必须同时满足,任一指标达不到基本安全规定即为饮水不安全。

山西省饮水安全的目标和指标体系见表4-7。

表4-7 山西省饮水安全的目标和指标体系

指标	备注
饮水安全人口比例指标	定量

第 5 章 典型水生态系统保护与修复技术及应用

5.1 河流廊道修复技术及应用

在河流生态学中，把河流及其附近的土地视作一个整体来研究，即河流廊道（stream corridor）。在景观生态学中，河流廊道是指河流与其附近土地的总称。河流廊道是生态廊道（ecological corridor）的重要类型，是汇集和接纳地表径流、联通陆地生态系统和水生生态系统、实现养分输送和物质迁移的重要通道，是全球水循环中的重要环节，被看做是地球的"动脉系统"。

国外在实践中探索了河流廊道修复的多项措施，包括恢复缓冲带、重建植被、修建人工湿地、降低河道边坡、重塑弯曲河谷、修复浅滩和深塘、修复水边湿地和沼泽地森林以及修复池塘等。本研究针对山西省河流廊道的基本特点，确定河流廊道修复有三大重点技术，包括河道整治与修复技术、入河污染物控制以及生态水量调控技术。

5.1.1 河道整治与修复技术及应用

河道整治与修复技术主要包括两大技术。一是河流形态整治与修复技术。针对河道淤积、河道断流、行洪不畅等问题，坚持"因势利导，因地制宜"的原则，根据河道演变规律，调整改善流域内河道形态，稳定河势，使之适应防洪、航运、引水等要求所采取的措施，推动流域社会经济的发展和生态环境的改善。二是人工湿地建设。维护湿地的基本功能，通过补充生态用水、污染控制和对湿地的全面恢复和治理，使湿地系统进入良性状态。稳固和发展湿地建设保护格局，加强湿地监测、管理、研究，全面提高湿地保护、管理和合理利用水平，促进湿地保护和合理利用进入良性循环，保持和最大限度地发挥湿地生态系统的各种功能和效益，实现湿地资源的可持续利用。

5.1.1.1 河流形态整治与修复技术与应用

汾河河道上中下游段各有不同的特点，根据其特点确定各段主要的河道整治与修复方式：①汾河上游段，重点对河道挖砂严重的兰村—柴村桥河段进行疏浚，利用自溃坝和汾河二库下泄洪水来充填挖砂造成的砂坑，平整河床、修复河槽、打通流路，建设人工湿地，恢复河流自然形态；对河道采砂进行统一的管理，严格发放采砂许可证，严禁私采滥挖。②汾河中游段，沿汾河干流建设城市景观工程，满足环境与生态景观功能的需要，并对中游河道二、三、四坝调蓄工程的库区清淤和围堰堤防加高加固和桥闸改造，确保河流廊道畅通与正常行洪。③汾河下游段，防止"顶托倒灌"现象，对汾河下游入黄河段与河口进行疏浚，适当扩大河宽，对沿河堤防进行加固（如新绛和稷山河段），重点满足泄洪及河口稳定的要求。

5.1.1.2 湿地保护与修复技术与应用

湿地是地球上生态服务价值最高的生态系统之一。改善汾河生态环境，很重要的方面是要恢复和建设河流湿地。汾河当前由于来水量少及污染等原因，天然湿地受到威胁，亟待恢复、修复或重建。修复天然湿地，适当建造人工湿地，使其重新成为动植物安全的"庇护所"，发挥其景观、休闲娱乐等功能，提高人们生活质量和品味，实现流域经济、社会与自然的和谐发展。开展湿地保护与修复，重点包括如下两大方面技术：一是合理确定湿地建设规模和功能定位；二是合理确定湿地建设格局。

（1）确定湿地建设规模与功能定位

湿地建设规模确定应以各市辖区为界，综合考虑城市的实际自然条件（河滩情况、自然湿地情况、流经该市河流长度、水质条件等）和社会经济情况（人口、人均GDP、城市规划、规划地可达性等），初步确定人工湿地的建设规模。兼顾上下游的利益，对人工湿地面积再次修正，得到修正后的人工湿地建设规模。考虑到跨流域调水对生态用水的补充作用，可相应扩大人工湿地的建设规模。

从实际自然条件角度看，考虑汾河各主要河段的河宽、河长、河滩宽度、滨河带状况、水质、工程地质和水文地质条件等初步确定人工湿地的规模。根据《地表水环境质量标准》（GB 3838—2002）、《城市污水再生利用景观环境用水水质》（GB/T 18921—2002）以及部分学者的研究成果，确定汾河流域湿地生态用水水质标准：①生态系统中等状态的湿地，其生态用水水质标准达到Ⅲ类水标准。在景观要求方面，该类标准下的湿地可以兼顾娱乐功能，可允许设立人体直接接触的娱乐用水区。②湿地生态用水水质标准最低要求达到Ⅴ类水。在景观要求方面，该类标准下的湿地只能满足基本的观赏性要求，只能设立人体非直接接触的娱乐用水区。在湿地生态用水水质方面，近期具有重大生态价值的湿地保护区水质应满足Ⅲ类水标准；河流流经繁华都市，具有娱乐性景观价值的湿地水质应满足Ⅲ类水标准，如太原的人工湿地公园等；其余湿地水质应满足Ⅴ类水标准。远期，主要城市人工湿地公园水质应满足Ⅲ类水标准。

从社会经济发展状况看，2005年汾河沿岸各地市的经济发展如表5-1所示。从整体上看，太原市是汾河流域最发达的地区，其次是临汾和运城。运城是汾河流域人口最多的地市，其次是临汾和太原。从城镇农村人口比例来看，太原市城市化水平最高，其余地市城市化水平相当，都比较低。从水资源状况看，太原市供水量和用水量远远超过水资源总量，汾河流域地表水资源量约60%供给人类维持各项生活和生产活动。

表 5-1　2005 年汾河沿岸各地市社会经济与水资源利用

行政分区	地区生产总值/万元	人均地区生产总值/(元/人)	居民总消费水平/(元/人) 平均	居民总消费水平/(元/人) 农村居民	居民总消费水平/(元/人) 城镇居民	人口/万人 总计	人口/万人 城镇人口	人口/万人 乡村人口	地表水供水量占地表水资源量比例/%
太原市	10 136 482	29 504	9 134	3 171	10 467	344.26	279.06	65.2	32
晋中市	3 856 794	12 491	4 135	2 533	6 533	309.51	125.75	183.76	65
运城市	5 502 093	11 001	4 025	2 910	6 643	501.68	163.11	338.57	35
忻州市	1 944 549	6 380	2 822	1 583	5 223	305.67	105.76	199.91	58
临汾市	5 887 387	14 242	4 064	2 548	6 853	414.7	148.31	266.39	37
吕梁市	4 057 513	11 453	3 718	2 420	6 413	355.44	118.1	237.34	59

在湿地功能定位方面，通过对国内外城市人工湿地建设进行案例研究，筛选出较适宜汾河流域实际情况的人工湿地类型，即城市周边可供游玩的河流湿地公园，作为沿河景观带的河流湿地，具备污染治理功能的人工湿地示范区。在以下区域可考虑布设相应的人工湿地：湿地公园（重要城市附近）、作为沿河景观带的河流湿地（范围最广，在重要道路的沿途、湿地公园周边、河流流经城市市区的区域均可布设）及具备污染治理功能的人工湿地示范区（非点源污染入河区域可起到污染物拦截净化的作用）。

综合考虑以上三项内容，结合部分学者研究成果，确定汾河流域河道内 2015 年应建设和保护的湿地规模为 1213 万 m^2，2020 年应建设和保护的湿地规模为 2113 万 m^2 湿地，具体见表 5-2。

表 5-2　汾河流域人工湿地建设规模与功能定位　　　　（单位：万 m^2）

分布位置		近期规模与功能定位 面积	近期规模与功能定位 功能定位	远期规模与功能定位 面积	远期规模与功能定位 功能定位
汾河源头—汾河水库段		—	—	300	自然湿地恢复保护
汾河一坝段—介休义棠段	兰村—柴村桥段	180	景观带，建成为太原市周边新兴生态旅游区	—	—
	柴村—小店桥段	228	以景观和游憩功能为主，建成为太原市民休闲娱乐的重要景点	—	—
	一坝—二坝，柴村—小店桥段人工湿地建设的延伸区域	200	利用汾河二坝建立人工湿地，用于处理太原排水的部分污染物，净化水质	200	太原市周边主要湿地公园的延伸区域，以生态功能为主，兼顾景观功能
	三坝库区	75	湿地公园，建设为周边城市的生态旅游区	—	—

续表

分布位置		近期规模与功能定位		远期规模与功能定位	
		面积	功能定位	面积	功能定位
介休义棠—洪洞赵城段	平遥市	100	兼顾景观和污染物拦截净化功能	—	—
	介休市	—	—	100	兼顾景观和污染物拦截净化功能
	灵石	—	—	100	兼顾景观和污染物拦截及净化功能
汾河下游段	临汾市	330	城市沿河景观带	200	临汾沿河景观带的延伸区域
		100	湿地公园，建设成为临汾市民休闲娱乐的重要景点		
总计		1 213	—	900	—

(2) 确定湿地建设格局

湿地建设布局方面，在流域尺度上，应兼顾流域上下游各地市利益，每一地市至少有一块重点发展的人工湿地。考虑流域经济社会发展方向，在重点发展地区考虑人工湿地建设。在区域尺度上，考虑不同区域的自然条件，选择河滩宽阔的合适沉陷区处建立人工湿地。考虑区域社会经济发展状况，选择交通便利、较繁华的地区建立人工湿地公园。考虑现有湿地建设情况，建立现有人工湿地公园和再建人工湿地的联系，湿地建设应与河道整治相结合。

从总体格局上看，汾河流域近期形成"一河串绿珠，珠珠有特色"的湿地建设格局。远期在近期湿地建设的基础上，利用汾河中、下游河段的地形条件，适度扩大湿地面积、建设湿地保护区，在人口稠密的滨河带，加大湿地公园的建设。具体包括增大汾河上游自然湿地保护区规模，扩大下游河津湿地保护区范围，在绛县等地增设湿地自然保护区等，具体见表5-3和图5-1。

表5-3 汾河流域人工湿地建设的布局与功能定位

布局特点	重点区域	建设内容与功能定位
"一河串绿珠"	汾河上游段	结合水源地保护进行湿地保护和恢复，河道湿地应与干流防护林带相结合
	汾河一坝—介休义棠段	重点建设城市人工湿地，注重景观要求，依托已有湿地和市内公园湖泊进行建设
	兰村—柴村桥段	依据地形对该段进行生态整治，结合跌水等小景观将该段建设成为太原市周边新兴生态旅游区
	柴村—小店桥段	建设太原市汾河公园和晋阳湖两处重点湿地；通过各种节水措施和多水源联合调度，保障该河段的基本流量；通过污染治理和污染企业关停搬迁，保障河段水质；流经太原市汾河段通过橡胶坝建设，扩大水面面积；在重要道路的沿途和湿地公园周边布设作为沿河景观带的河流湿地

续表

布局特点	重点区域	建设内容与功能定位
"一河串绿珠"	汾河一坝—汾河三坝	作为柴村—小店桥段人工湿地建设的延伸区域，远期对河道内湿地进行保护和修复
	介休义棠—洪洞赵城段	在流经人口稠密城市（介休、灵石、平遥）的汾河河段建立湿地公园
	汾河下游段	在临汾市区建立临汾湿地公园，在重要道路和河流流经城市市区的区域布设作为沿河景观带的河流湿地
"珠珠有特色"	忻州	以自然湿地保护和恢复为主
	太原	以城市景观湿地建设和湿地公园建设为主
	晋中和吕梁	可发展具备污染治理功能的人工湿地示范区
	临汾和运城	城市景观湿地和湿地公园建设为主

5.1.2 入河污染物控制技术及应用

随着水污染源的不断增多，传统的采用控制水污染物排放浓度来进行水环境管理的模式已经不能满足水环境要求，必须控制排污总量，使其不超过自然环境净化能力。入河污染物的控制是改善河流水质、促进河流水生态系统健康的重要内容。入河污染物的控制不能只局限于河流廊道本身或者局限于具体河段，而应当将河流所在的流域作为一个整体进行考虑。入河污染物的控制是指在流域尺度上，通过源头减排、过程控制与末端治理，实现污染物的全过程削减与控制，以改善河流水质状况。入河污染物控制技术体系如图 5-2 所示，主要包括三部分：一是流域复合型污染负荷计算；二是河流水质模拟与纳污能力计算；三是面向多过程的污染防治技术。

5.1.2.1 流域复合型污染负荷计算

复合型污染物大规模流入并超过水体的环境容量，是流域水质恶化的根源，污染物削减是河流水生态修复的重要内容。污染不仅包括传统的点源污染（即城镇生活污水和工业废水），也有来自水土流失、农田化肥、城镇径流、畜禽养殖和农村生活等方面的非点源污染。流域复合型污染负荷的计算主要采用调查统计法与输出系数法相结合的方法进行。点源污染负荷主要采用浓度法进行计算，非点源污染负荷主要采用基于遥感技术的输出系数法进行计算，具体公式如下：

$$L_{m,j} = \mathrm{PL}_{m,j} + \mathrm{NL}_{m,j} \tag{5-1}$$

$$\mathrm{PL}_{m,j} = \sum_{k=1}^{n} C_{m,k,j} \times Q_{m,k} \times 10^{-2} \tag{5-2}$$

$$\mathrm{NL}_{m,j} = \alpha_n \times \sum_{i=1}^{b} E_{m,n,j} \times A_n \tag{5-3}$$

式中，$L_{m,j}$ 为 m 地区第 j 种污染物的入河量（t/a）；$\mathrm{PL}_{m,j}$，$\mathrm{NL}_{m,j}$ 分别为 m 地区第 j 种污染

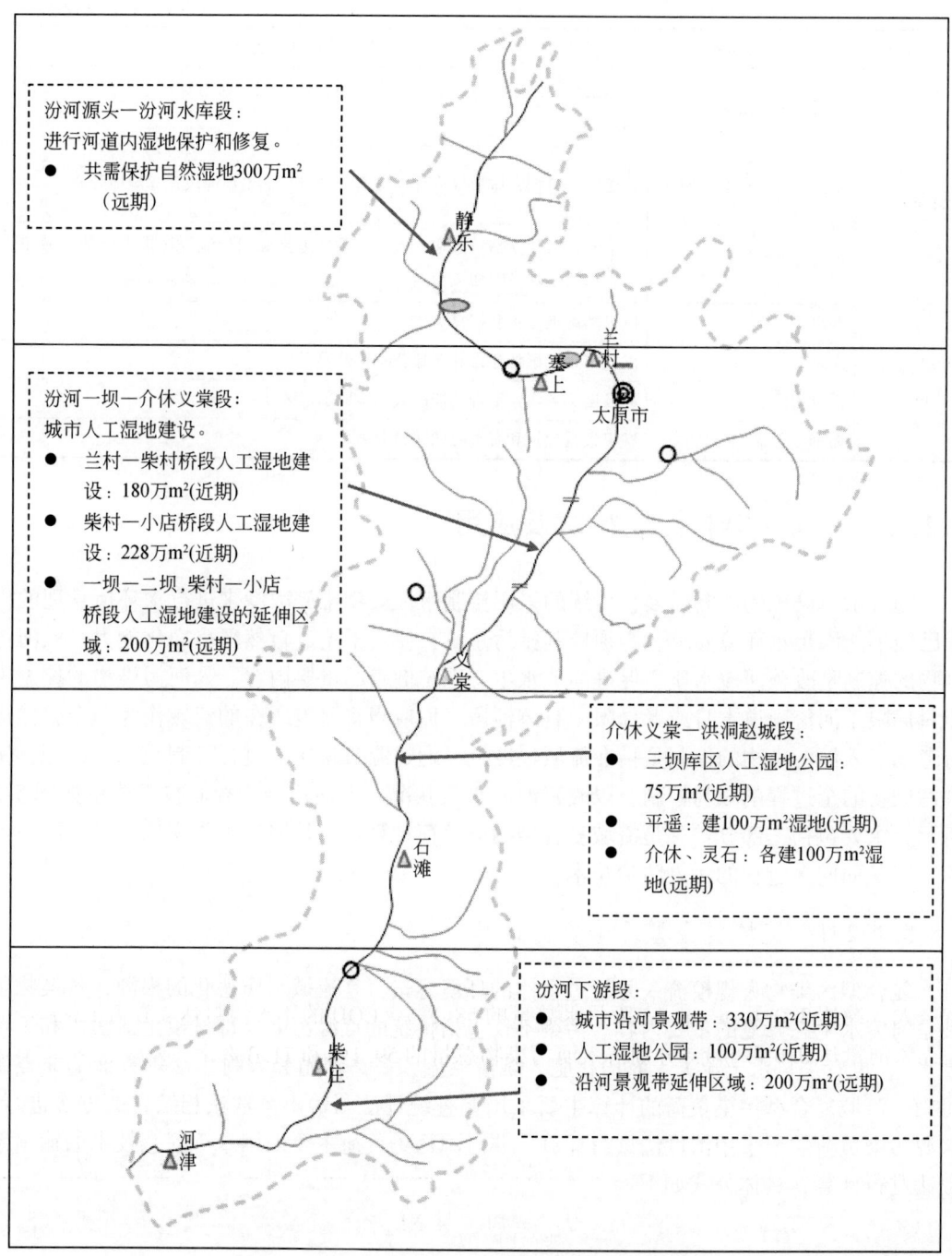

图 5-1 湿地建设的布局、规模与功能定位示意图

物点源与非点源污染负荷；$C_{m,k,j}$ 为 m 地区 k 排污口 j 种污染物的浓度；$Q_{m,k}$ 为相应的流量；$E_{m,n,j}$ 为 m 地区第 j 种污染物在第 n 类土地利用类型中的输出系数 $[t/(km^2 \cdot a)]$，或为人、

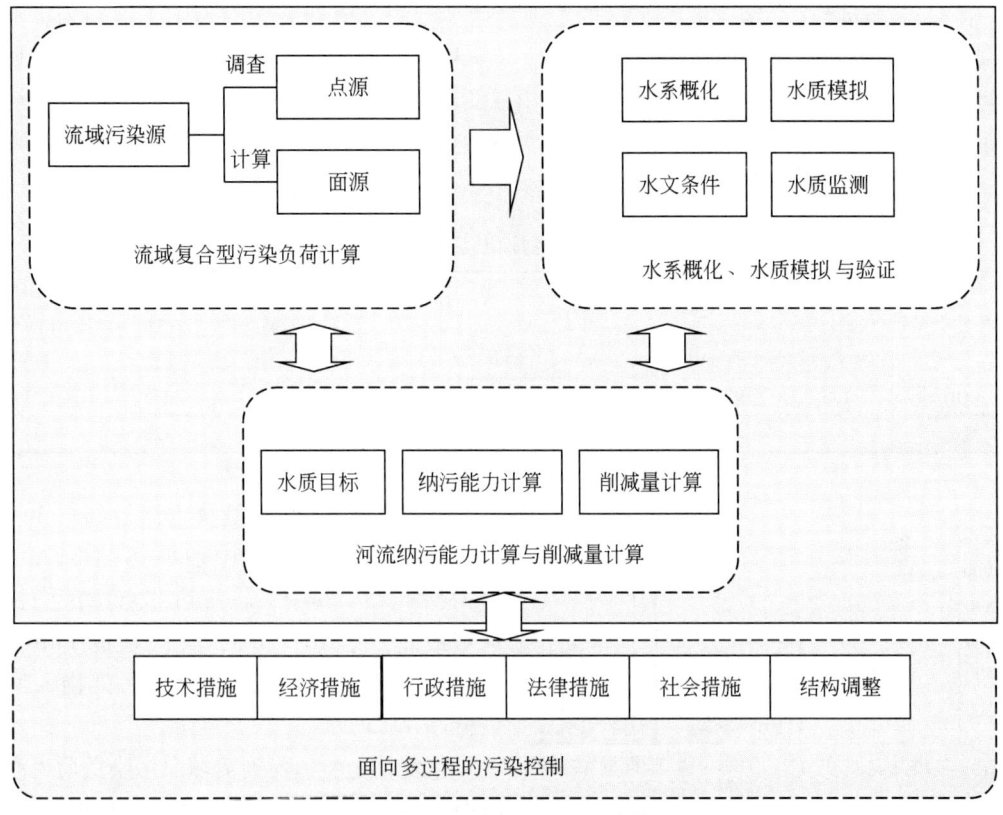

图 5-2 入河污染物控制技术体系

牲畜的输出系数 [t/(万人·a)、t/(万头·a)]；A_n 为计算区域内 n 类土地利用类型的面积或农村人口、牲畜数；α_n 为第 n 类非点源计算类型的入湖系数。

本研究以汾河流域为例，进行复合型污染负荷的计算。2007 年汾河干流各市入河排污口数量、污废水量及污染物状况如表 5-4 所示。汾河干流年废污水入河量达 3.4 亿 m^3/a，COD 入河量达 5.0 万 t/a，氨氮入河量达 0.9 万 t/a。就不同城市看，太原市污废水年入河量最大，约达 2.0 万 m^3/a，占废污水总量的 58.1%，COD 的年入河量达 3.0 万 t/a，氨氮的年入河量达 0.6 万 t/a，分别占入河污染物总量的 59.1% 和 71.3%。

表 5-4 汾河流域不同行政分区入河的污废水量及污染物量状况

行政区	污废水入河量/(万 m^3/a)				主要污染物入河量/(t/a)	
	生活	工业	混合	合计	COD	氨氮
忻州市	85.0	0	268.1	353.1	208.3	15.7
太原市	809.7	264.6	18 492.7	19 567	29 573.8	6 441.9
晋中市	97.8	85.9	1 797.5	1 981.2	4 565.4	599.6
临汾市	2 299.0	4 298.9	3 716.5	10 314.4	12 959.6	1 624.1
运城市	1 052.9	325.9	59.5	1 438.3	2 743.8	348.6
合计	4 344.4	4 975.3	24 334.3	33 654.0	50 050.9	9 029.9

在非点源计算中，结合遥感影像的土地利用类型图，得到流域内不同土地利用类型统计的结果，主要包括林地、草地、建设用地、未利用土地和耕地等。此外，还包括流域农村生活污染物排放，畜禽养殖的污染物输出。污染物输出系数 E_{ij} 主要根据现有研究统计分析结合汾河流域实际情况得出。依据相关研究成果给出的不同土地利用的输出系数范围，并结合山西省的实际情况，得到各类污染源的输出系数如表 5-5 所示。

表 5-5 污染物输出系数计算取值

污染物类型	人粪尿/ [t/(万人·a)]	大牲畜/ [t/(万头·a)]	小牲畜/ [t/(万头·a)]	耕地/ [t/(km²·a)]	建设用地/ [t/(km²·a)]	林地/ [t/(km²·a)]	草地/ [t/(km²·a)]	未利用地/ [t/(km²·a)]
COD	198	97.8	5	1 500	6 700	675	675	675
氨氮	13.1	43.8	1	150	400	95.2	128	342.2

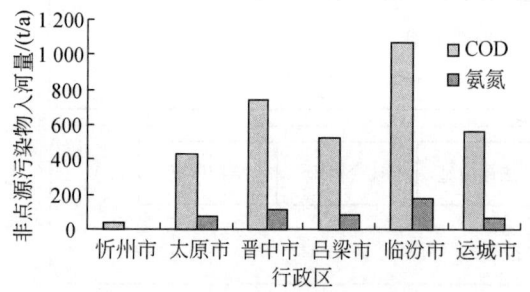

图 5-3 汾河流域非点源污染负荷入河量

汾河流域非点源污染物入河量如图 5-3 所示，非点源入河污染物中 COD 达 3375 t/a，氨氮为 528 t/a。其中，临汾市非点源污染物入河量最高，达 1071 t/a，其次是晋中市，忻州因流域面积最小，其非点源污染物入河量最低。

从整体上看，汾河流域总污染负荷入河量 COD 和氨氮分别为 5.34 万 t/a 和 0.96 万 t/a，其中点源是重要的污染来源，占到总污染源的 90% 以上。从不同的地区看，太原和临汾是主要的污染城市，两个城市 COD 和氨氮污染负荷量占总污染负荷入河量的 82% 和 87%。

5.1.2.2 河流水质模拟与水环境纳污能力计算

水功能区纳污能力的计算主要包括三方面：一是河流水系的概化与河流纳污能力数学模型构建；二是模型验证；三是水质控制目标设定与纳污能力计算。

(1) 河流水系概化与纳污能力数学模型构建

汾河干流的水系概化的情况如图 5-4 所示，其中包括岚河、潇河、昌源河等主要支流 7 条，另有外流域调水路线 2 条，汾河二库、兰村等主要控制断面 14 个。沿河城市排污点按照城市位置确定，吕梁市和运城市只有部分在流域内，其污水排入点按照位置中心进行概化，一个地级市概化为有一处排污口。

依照水利部《水域纳污能力计算规程》（SL 348—2006）及相关研究进展，考虑到数据的可得性，采用一维模型计算河流不同断面的污染物浓度和纳污能力。该模型的有降解污染物不考虑弥散作用下，其方程可写为式 (5-4)；将其解析解应用于计算河流不同断面的污染物浓度，属正向计算过程，如式 (5-5) 所示；相应的河流水体水环境容量属反向计算，按式 (5-6) 进行。

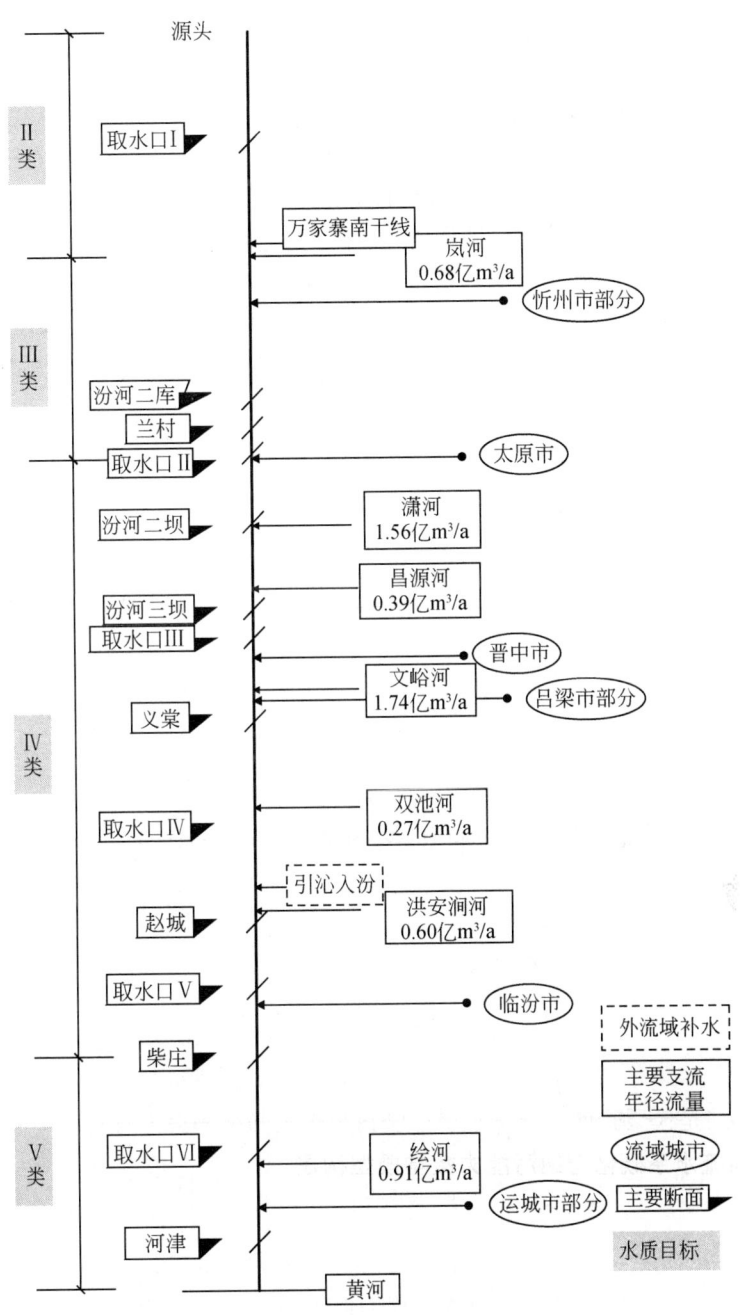

图 5-4 汾河干流水系及其水质水量关系概化图

$$u\frac{\partial C}{\partial x} = -KC \tag{5-4}$$

$$M = \left[C_s - C_0 \mathrm{e}^{-KL/u}\right] \mathrm{e}^{KL/2u} Q \tag{5-5}$$

式中，L 为计算河段长度（m）；u 为设计流量下河道断面的平均流速（m/s）；K 为污染物综合衰减系数(1/s)；M 为水环境容量；C_s 为水质目标浓度值(mg/L)；Q 为考虑支流排入、取水、排水、蒸发与渗漏后水资源合理配置后的河道流量（m^3/s）；C_0 为初始段面污染物浓度（mg/L）。

（2）水质模拟与模型验证

模型计算所需输入的土地利用数据来自流域土地利用图，流域内农村人口和畜禽养殖规模数据来自调查数据；点源污染数据以 2007 年各市汾河干流排污口调查资料为基础，补充了第二次水资源评价排污口调查资料；降雨、蒸发等自然条件来自山西省水资源评价和水资源公报；引水、节水、生态需水等状况根据汾河流域相关研究规划确定。水体中 COD 的综合衰减系数为 0.34 d^{-1}，氨氮的综合衰减系数为 0.22 d^{-1}。水质模拟的 2008 年汾河干流 COD 和氨氮浓度与实测结果的对比如图 5-5 所示，可见模拟结果基本处于实测结果可接受的范围内。

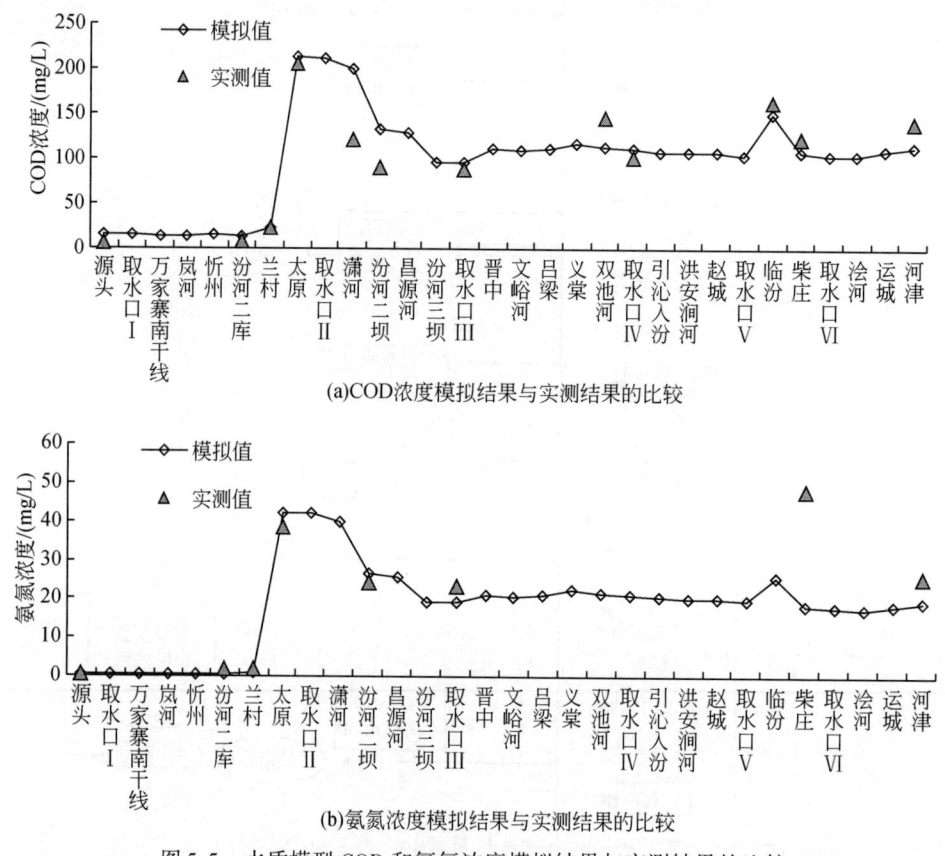

图 5-5 水质模型 COD 和氨氮浓度模拟结果与实测结果的比较

（3）水质控制目标设定与纳污能力计算

根据山西省水功能区划分，汾河水质目标如图 5-5 所示，汾河源头至汾河水库段水功能为饮用水，水质目标为Ⅱ类，汾河水库以下水功能要求逐渐变低，由饮用水源补给到一般工业用水、景观用水，再到农业用水，由襄汾到入黄河口水质目标为Ⅴ类。依据汾河流域控制断面的水质目标要求，计算得到 2020 年汾河流域 COD 和氨氮的纳污能力分别为

2.69 万 t/a 和 0.13 万 t/a。考虑到流域的经济可承受能力以及水功能区的纳污能力要求，确定近期和远期 COD 和氨氮削减量目标见表 5-6。

表 5-6　汾河流域水污染物总量控制指标　　　　　　　　　　（单位：t/a）

分类	最大允许纳污量 COD	最大允许纳污量 氨氮	点源削减量 COD	点源削减量 氨氮	非点源削减量 COD	非点源削减量 氨氮
近期（2015 年）	45 045.8	8 126.9	5 005.1	903.0	4 510.7	521.3
远期（2020 年）	26 922.0	1 332.0	35 890.5	8 185.4	32 345.4	4 725.8

5.1.2.3　面向多过程的污染控制技术

流域水污染防治的途径主要通过源头削减、过程控制和末端治理三个方面实现全过程控制，提升水污染治理的水平。汾河流域面向多过程的水污染控制措施如表 5-7 所示。

表 5-7　汾河流域面向多过程的水污染控制措施

过程分类	主要措施	具体内容
源头减排	优化调整产业结构	严格企业环保准入，控制能耗大、占地多、污染强度大的工业企业；
源头减排	产业布局调整	汾河上游两侧 3km 范围内禁止新建严重污染水环境的企业；汾河中下游以保护农灌用水安全为重点，在干流两侧 2km 范围内禁止新建严重污染水环境的企业
源头减排	传统技术革新	对企业进行技改，推广清洁生产技术，从生产工艺和管理各个环节上减少污染物；减少农业化肥的使用；推行规模化养殖和垃圾处理
过程控制	科学利用价格杠杆	建立科学的排污收费与污水处理费征收机制
过程控制	出台经济优惠政策	建立企业水污染治理的补贴、优惠政策
过程控制	增强社会环保意识	加强宣传教育，提高社会公众的水污染防治意识与自觉行为
末端治理	工业废水处理与达标排放	加强政府监管，促进工业企业废水的处理与达标排放
末端治理	城镇污水处理厂建设	加大污水收集管网建设和污水处理厂建设，改革工艺与技术，提高尾水排放标准

5.1.3　生态水量调控技术及应用

生态水量调控通过区域水资源的合理配置，维系河流河道最小的生态流量，从而改善河流生态系统的结构与功能、提高生物群落的多样性。

汾河流域属半湿润半干旱地区，水循环特点为蒸发量大、径流系数小、地表水与地下水转化频繁。河道的生态流量是生态用水标志性特征，当系统的水分条件无法满足生态需水时，则发生生态缺水。生态缺水的出现即意味着生态系统处于水分胁迫状态。当生态缺水超过一定的限度（即生态系统的水分条件小于最小生态需水量），或者缺水时间持续过长，超过生态系统的自我调节能力，生态系统将面临生态退化、功能衰竭的风险。生态缺水状态是衡量生态系统健康的一个重要标志，也是汾河流域进行水资源开发和配置，实施生态调水的重要依据。

生态水量调控技术主要包括三方面：一是确定最小生态流量合理阈值；二是生态流量的配置与调度，以技术经济可行的方式实现最小流量控制目标；三是生态补水的影响评价，将其生态环境的负面影响降到最低程度。

5.1.3.1 最小生态流量阈值的确定

1954~2005年，汾河干流局部河段不同程度地出现断流（表5-8）。最早出现断流现象、累计断流天数最多、年内断流时间最长的均是义棠站。断流现象最严重的是位于汾河中游段的二坝—义棠段。为减少断流所带来的国民经济与生态损失，设置汾河干流不同月份上游、中游和下游主要控制断面的最小生态流量阈值如表5-9所示。

表5-8 汾河干流测站断流情况统计

站名	统计时段	断流年数	年内断流时间最长		说明
			年份	天数	
寨上	1954~2005年	19	1973	89	—
兰村	1950~2005年	8	2002	286	—
二坝	1964~2001年	38	2001	356	位于取水工程下游
义棠	1958~2005年	37	1999	320	—
赵城	1951~2005年	1	1985	1	1993年底前为石滩站
柴庄	1956~2005年	10	2001	62	—
河津	1950~2005年	19	1981	89	—

表5-9 汾河干流各控制断面的最小生态基流控制阈值　（单位：万 m^3）

河段	断面	1月	2月	3月	4月	5月	6月	7月	8月	9月	10月	11月	12月	合计
上游	兰村	174	160	170	212	247	333	522	788	520	326	197	183	3 832
中游	义棠	617	568	602	753	875	1 179	1 849	2 793	1 842	1 156	697	650	13 581
下游	柴庄	810	984	1 023	1 034	1 055	1 411	2 341	3 364	2 494	1 470	1 095	1 027	18 108

5.1.3.2 生态流量配置与调度

加强流域多水源的联合配置与调度是确保河道生态用水的重要手段，具体包括：①减少地下水的超采，增大对河流的补给；②建设必要的生态补水工程。考虑到技术经济有效性，汾河流域重点建设两大生态补水工程。

1）万家寨引黄工程南干线工程。该工程主要利用汾河水库、汾河二库等水利工程调节，向汾河生态供水，实现汾河的常清复流。目前已经形成的年供水能力为3.2亿 m^3（一期），其中向生态供水0.8亿 m^3；二期工程将安装引黄泵站的剩余机组，形成向太原市供水6.4亿 m^3/a 的能力。2015年和2020年万家寨引黄南干线分别向汾河中下生态供水

1.5亿 m^3、2.4亿 m^3。其中，2020年万家寨南干线调水总量预计达到3.2亿 m^3，0.8亿 m^3 用于补充新增的工农业及生活用水，其余2.4亿 m^3 作为生态用水。

2）引沁入汾工程。临汾市引沁入汾工程是开发利用沁河上游水资源，解决临汾盆地和汾河下游供水短缺的一项重要水源工程，年引水能力为1.0亿 m^3。近期引沁入汾工程用于生态的水自五马水库以下沿洪安涧河干流向西，在洪洞县苏堡镇南铁沟进入洪洞县境，流经洪洞县苏堡、曲亭、大槐树3个镇8个村庄，在北营村流入汾河。2015年可用于汾河生态的年引水量约0.5亿 m^3，2020年用于生态的引水量为0.7亿 m^3。

5.1.3.3 生态补水的影响评价

万家寨引黄工程南干线和引沁入汾工程均向汾河流域提供生态输水，解决汾河流域生态用水紧缺问题，对河流廊道生态环境系统产生重要影响，主要体现在三个方面。

1）对流域生态用水目标的影响。实施生态补水工程可缓解流域生态用水压力，促进生态系统整体性的改善。考虑人工湿地建设需水、动植物生境需水以及输水损失，汾河上中游所需的生态补水量中目标为1.99亿 m^3，最小补水量为0.69亿 m^3；汾河下游所需的生态补水量按中目标为1.09亿 m^3，最小补水量0.17亿 m^3。整个汾河干流所需的生态补水量按中目标为3.08亿 m^3，最小补水量0.86亿 m^3。从目前的水源条件来看，2015水平年上中游生态调水量为1.5亿 m^3，下游为0.5亿 m^3，合计为2.0亿 m^3，高于最小生态需水量，低于中目标生态需水量，相当于中等目标需水量的65%。2020水平年上中游生态调水量为2.4亿 m^3，下游为0.7亿 m^3，合计为3.1亿 m^3，基本达到生态总需水量中目标的要求。因此，汾河通过调水方案可以满足最小生态需水量，不会导致严重生态缺水现象。

2）对流域水质的影响。汾河通过实施清水复流工程、引沁入汾、引黄入汾生态补水工程，2008年与调水情况下平均COD和氨氮浓度变化如表5-10。可见，三坝、义棠、赵城和柴庄四个断面的COD和氨氮污染物浓度下降。其中，赵城站2008年COD浓度为249.0mg/L，调水后降低到146.0mg/L，降低了41.4%；氨氮浓度为32.4mg/L，调水后降低到19.0mg/L，降低了41.4%。整体上生态补水使汾河干流的水质状况得到明显改善。

表5-10 2008年与调水情况下平均氨氮和COD浓度变化比较

断面	氨氮 2008年浓度/(mg/L)	氨氮 调水后浓度/(mg/L)	氨氮 变化率/%	COD 2008年浓度/(mg/L)	COD 调水后浓度/(mg/L)	COD 变化率/%
二坝	13.8	14.2	2.9	52.3	56.2	7.5
三坝	16.5	14.2	-13.9	101.9	108.1	6.1
义棠	16.5	10.4	-37.0	107.5	73.3	-31.8
赵城	32.4	19	-41.4	249	146	-41.4
柴庄	9.5	7.8	-17.9	80.6	59.9	-25.7
河津	7.1	6.7	-5.6	91.3	91.1	-0.2

3) 对流域生态系统及栖息地条件的影响。河流水质水量条件对动植物生态系统的自动调节、控制功能、物质循环和能量流动过程产生影响，从而对生态系统的系统性和完整性产生影响。水量亏缺或水质恶化将使生态系统的结构趋于简单化，阻碍生物链的完整性，并直接威胁到水体内动植物的生存，使生物多样性锐减。根据我国《地表水环境质量标准》（GB 3838—2002）规定，V类水对于COD和氨氮的要求分别是40mg/L和2.0mg/L。汾河实施生态补水后，在污染物进一步削减的条件下，汾河各断面水质明显改善，基本满足水功能区要求。因此，汾河生态补水方案的实施，可在一定程度上降低水体污染状况，有利于提高生态系统的自我调节功能，促进生态系统的平衡，改善水生动植物的栖息条件，提高生物多样性。

5.2 地下水系统保护与修复技术及应用

5.2.1 地下水控采技术及应用

山西省水资源本底条件差，长期持续超采地下水，导致区域地下水水位大面积持续下降，部分含水层已被疏干或枯竭，地下水源遭到不同程度的破坏，供水能力和抗旱应急能力大大降低。同时，地下水持续超采产生了地面沉降、地裂缝等生态与环境地质问题，成为制约该地区经济社会可持续发展的瓶颈。因此，开展山西省地下水压采工作刻不容缓。

地下水控采需要水资源评价、配置、节约等综合手段的配合，地下水控采主要包括三方面技术：①地下水超采评价技术，对现状超采量及超采范围进行客观科学评价是制定控采方案的基础；②地下水用户节约用水技术，执行最严格水资源管理制度，提高水资源利用效率，减少社会经济发展对水资源的依赖程度，降低水资源需求量，这是减少地下水开采、保障社会经济可持续发展的重要途径；③可替代水量核定技术，控制地下水开采必然导致部分用水户需要寻求其他类型水源，可替代水量直接影响地下水可减少的开采量。

5.2.1.1 山西省地下水超采评价技术

地下水超采评价是一项复杂的工作，不仅要对区域内的地下水水位、开采量进行系统监测，还要科学核定不同区域的地下水可开采量，从而确定超采区以及超采量。

2003年水利部发布了《地下水超采区评价导则》（SL 286—2003），对地下水超采区分类分级等进行了详细规定。本研究结合"山西省水资源综合规划"成果，应用课题组建立的分布式水文模型对于地下水补给量分布情况的计算结果，以及地下水开采强度分布现状，对山西省地下水超采状况进行了综合评价。

(1) 地下水资源量的评价方法

在地下水尚未超采的条件下，其多年平均补给量与多年平均排泄量大致相当，因此可用排泄量的多年均值作为天然补给资源量。如地下水处于超采状态下天然补排关系将会受到极大的扰动，这时不能再由排泄量来推算天然补给量。在这种情形下，采用补给量动态因素分析法来求取天然资源量。

首先在地下水补给量与主要补给因素降水量及河流渗漏量之间建立如下关系：

$$Q_i = Q_0(1 - A\delta_p - B\delta_R) \tag{5-6}$$

式中，Q_i 代表计算年天然资源量；Q_0 代表计算基准年平均天然资源量；δ_p 为降水入渗补给动态因素；δ_R 为河流渗漏补给动态因素；A、B 分别为降水入渗与河流渗漏的补给权重。δ_p 与 δ_R 可由下式求得。

$$\delta_p = (P_0 - \bar{P}_n)/P_0 \tag{5-7}$$

$$\delta_R = (Q_{R0} - \bar{Q}_{Rn})/Q_{R0} \tag{5-8}$$

式中，P_0 表示与 Q_0 相应时段的平均降水量；$\bar{P}_n$ 表示包括当年在内的前 n 年平均降水量；Q_{R0} 表示与 Q_0 相应时段的平均河流入渗量；$\bar{Q}_{Rn}$ 表示包括当年在内的前 n 年平均河流入渗量。

如河流入渗对天然补给量的贡献很小或缺少河流渗漏量的系列资料，可用

$$Q_i = Q_0(1 - \delta_p) \tag{5-9}$$

式（5-9）近似代替上面的计算公式。

（2）分布式水文模型

WEP-L 分布式水文模型是综合分布式流域水文模型、陆面地表过程模型和传统水资源评价等研究成果，在国家"十五"攻关重点项目——"黑河流域水资源调配管理信息系统研究"课题中所开发的 IWHR-WEP 模型的基础上，进行了改进与完善，特别是增加了淤地坝模拟模块，采用"子流域内的等高带"为基本计算单元，采用"变时间步长"（强降雨入渗产流过程采用 1h，坡地与河道汇流过程采用 6h，而其余的过程采用 1d）进行长系列连续模拟计算（图 5-6）（贾仰文等，2005）。

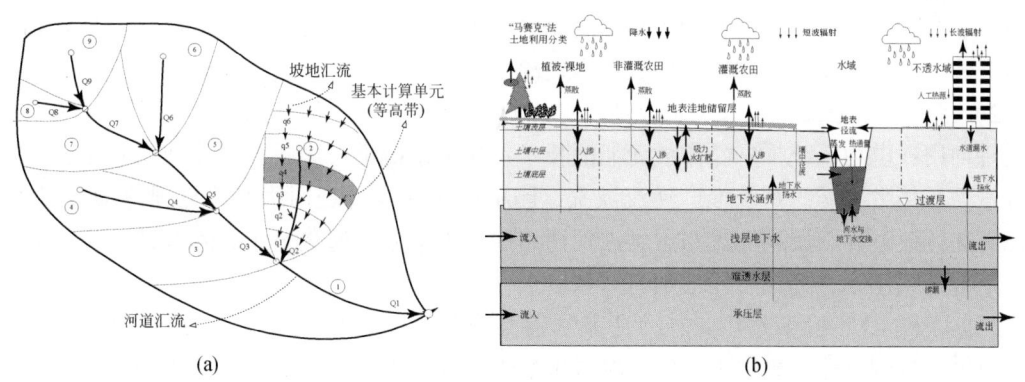

图 5-6　WEP-L 模型平面结构和垂向结构（基本计算单元内）

注：①~⑨表示模型不同的等高带。

WEP-L 分布式水文模型通过模型计算可输出地下水相关参数如表 5-11 所示。

表 5-11 WEP-L 分布式水文模型地下水输出参数

输出项目	输出参数
地下水	地下水总补给量
	泉水出露量
	河川基流量
	潜水蒸发量
	地下水水位

本次研究应用课题承担单位中国水利水电科学研究院所开发的 WEP-L 分布式水文模型对山西省地下水资源的分布进行了系统模拟，同时利用现状用水调查统计结果，根据山西省地下水开采井的分布情况，模拟了山西省地下水开采强度。

基于山西省地下水资源可开采量的分布情况，以及地下水开采量及开采强度的计算结果，确定了山西省地下水超采区分布。

5.2.1.2 地下水用户节水技术

山西省地表水资源匮乏，社会经济用水以地下水为主，因此节水涉及社会各行各业。以限制地下水开采为目的的节水，包括两个层面的内容：一是农业、工业、生活等用水类型的高效用水技术；二是各行业用水定额的科学核定与严格管理。

（1）各业高效用水技术

1）农业。①严格控制农田有效灌溉面积发展，适度发展林果和饲草灌溉面积；②优化农业种植与灌溉结构，压缩水田面积，大力发展雨养旱作农业，积极发展产业经济园区和外向型农业，提高农业生产现代化水平，增加农民收入；③大力发展节水灌溉技术，扩大节水灌溉面积；④改进灌溉制度，分类型分区域改进灌溉制度，一要结合设施农业和高效节水农业，将传统的漫灌改为控制灌溉和精细灌溉，二要充分利用有效降水，推行补充灌溉和非充分灌溉制度，高效利用农业水资源。

2）工业。全面实行节水技术改造。煤炭行业建设间接冷却水回用系统，对废污水进行处理回用；电力系统推广零排放无泄漏技术；化工系统推广零排放节水成套技术，提高冷却水循环倍数；纺织系统推广逆流漂洗、印染废水深度处理回用和溴化锂冷却技术等；石油石化行业开发利用稠油污水深度处理回用锅炉等工艺。通过节水技术改造大力提高工业用水重复利用率，降低万元增加值取水量。

3）生活。①普及节水用具，结合节水器具市场准入制度建设，大力推广普及节水；②城市供水管网改造，集中进行中心城区供水管网改造工程，降低管网漏失率，减少水资源的无效损失。

（2）各业用水定额的核定技术

2003 年山西省制定了各行业用水定额，2007 年"山西省水资源综合规划"再次核定了不同类型用水户的用水定额。用水定额的制定一是要基于用水效率现状，二是要充分考虑未来节水水平与节水潜力。本研究根据山西省水资源本底条件，参照国内外先进用水水平，在充分考虑各项节水措施的基础上，制定了山西省各行业先进用水定额。在此基础上，对不同水平年山西省各限采区限采额度下的水资源需求量进行计算,结果见表 5-12。不难看出,在未来节水情况下,尽管社会经济快速发展,但山西省总用水量仍呈现减少趋势。

表 5-12 不同水平年山西省地下水限采区需水汇总 （单位：万 m³/a）

水生态分区	行政分区	超采区名称	县（市、区）	2008~2015 年 生活需水	2008~2015 年 工业需水	2008~2015 年 总需水量	2015~2020 年 生活需水	2015~2020 年 工业需水	2015~2020 年 总需水量
永定河流域	大同市	大同城郊	大同城区	413.73	430.86	844.59	436.44	407.16	843.60
			大同矿区	25.91	26.98	52.90	27.33	25.50	52.84
			大同南郊区	2 854.64	2 972.83	5 827.47	3 011.34	2 809.33	5 820.68
			新荣区	207.73	216.33	424.06	219.13	204.43	423.56
	朔州市	朔城区	朔城区	178.35	250.55	428.90	188.14	236.77	424.91
		山阴	山阴县	35.10	49.30	84.40	37.02	46.59	83.62
		怀仁	怀仁县	177.63	249.54	427.18	187.39	235.82	423.20
大清河滹沱河	忻州市	原平	原平市	58.46	72.04	130.50	61.67	68.07	129.74
		忻府区	忻府区	289.96	357.30	647.26	305.88	337.65	643.53
汾河流域	太原市	兰村泉域	杏花岭区	130.54	90.77	221.30	137.71	85.77	223.48
			尖草坪区	210.58	146.42	357.00	222.14	138.37	360.51
			阳曲县	10.21	7.10	17.30	10.77	6.71	17.47
		晋祠泉域	古交市	33.31	23.16	56.46	35.13	21.88	57.02
			清徐县	8.60	5.98	14.57	9.07	5.65	14.71
			万柏林区	88.64	61.63	150.27	93.50	58.24	151.74
			晋源区	172.98	120.27	293.25	182.47	113.66	296.13
			交城县	6.45	4.48	10.93	6.80	4.24	11.04
		太原城郊	小店区	882.08	613.32	1 495.40	930.50	579.59	1 510.09
			迎泽区	17.73	12.33	30.05	18.70	11.65	30.35
			杏花岭区	90.79	63.12	153.91	95.77	59.65	155.42
			尖草坪区	1124.36	781.78	1 906.14	1 186.08	738.78	1 924.86
			万柏林区	168.68	117.29	285.97	177.94	110.83	288.78
			晋源区	506.58	352.23	858.81	534.39	332.86	867.25
			清徐县	1 526.19	1 061.17	2 587.35	1 609.97	1 002.81	2 612.77
	晋中市	榆太祁	榆次区	474.47	537.07	1 011.54	500.52	507.53	1 008.05
			太谷县	490.08	554.74	1 044.82	516.99	524.23	1 041.22
			祁县	495.42	560.78	1 056.21	522.62	529.94	1 052.56
		介休	介休市	162.68	184.14	346.81	171.61	174.01	345.62
	吕梁市	交城边山	交城县	85.94	89.50	175.44	90.66	84.58	175.24
		文汾边山	文水县	89.83	93.55	183.38	94.76	88.40	183.16
			汾阳市	76.01	79.16	155.16	80.18	74.80	154.98
		孝义边山	孝义市	557.11	580.17	1 137.28	587.69	548.27	1 135.96

续表

水生态分区	行政分区	超采区名称	县（市、区）	2008~2015年			2015~2020年		
				生活需水	工业需水	总需水量	生活需水	工业需水	总需水量
汾河流域	临汾市	尧都区	尧都区	18.08	16.65	34.72	19.07	15.73	34.80
		侯马	侯马市	186.78	172.03	358.81	197.03	162.57	359.60
		古堆泉域	襄汾县	272.52	251.00	523.52	287.48	237.20	524.68
			曲沃县	62.10	57.20	119.31	65.51	54.06	119.57
			翼城县	407.39	375.23	782.61	429.75	354.59	784.34
			侯马市	2.32	2.13	4.45	2.44	2.02	4.46
			浮山县	129.77	119.53	249.30	136.89	112.95	249.85
		汾河谷地	新绛县	464.14	597.14	1 061.28	489.62	564.30	1 053.92
			稷山县	427.36	549.82	977.18	450.82	519.58	970.40
			河津市	597.24	768.38	1 365.62	630.03	726.12	1 356.15
龙门至沁河区	运城	涑水盆地	闻喜县	1 057.97	1 361.13	2 419.10	1 116.05	1 286.27	2 402.32
			夏县	1 288.52	1 657.75	2 946.28	1 359.26	1 566.58	2 925.84
			临猗县	1 969.19	2 533.47	4 502.65	2 077.28	2 394.13	4 471.42
			盐湖区	2 270.27	2 920.83	5 191.10	2 394.90	2 760.19	5 155.09
			永济市	2 219.46	2 855.45	5 074.91	2 341.30	2 698.41	5 039.71
沁丹河流域	晋城	高平城区	高平市	72.63	97.61	170.24	76.61	92.24	168.86
		晋城巴公、北石店镇及市区水源地	城区	396.69	533.14	929.83	418.46	503.82	922.28
			泽州县	49.03	65.90	114.93	51.72	62.28	114.00
合计				23 542.23	25 700.28	49 242.45	24 834.53	24 286.81	49 121.38

注：城镇人均生活用水量按照212L/d（含公共用水）计算。

5.2.1.3 可替代水源核定

为了确保山西省地下水资源的安全和可持续利用，超采的地下水开采区及水质超标的地下水源地必须实行逐步限采，同时还要保障地下水超采区居民生活、工业和农业用水，因此必须积极寻找替代水源。根据前述超采区分布情况，设计相应水源替代工程并对可替代水源量进行核算。

本研究根据山西省现有水利工程和相关工程规划，确定册田引水工程、万家寨引黄北干线、引黄工程南干线、孤山水库、坪上水库工程、汾河水库、汾河二库、松塔水库、汾河清水复流工程、柏叶口水库、汾河清水复流工程、引沁入川管道、引沁入汾工程、禹门口黄河提水东扩工程、夹马口、北赵、禹门口等沿黄提水工程、黄河滩地下水开发工程、张峰水库、下河泉及郭壁泉提水工程为地下水源替代工程。根据超采区的超采量和替代水源工程的供水能力，可替代水量如表5-13所示。通过各项工程替代水源，可逐步限制超采水量，维护地下水资源的可持续利用。

表 5-13　超采区限采与替代水源

生态水文分区	行政分区	超采区名称	县（市、区）	各县区现状超采量/(万 m³/a)	调控目标	替代工程	替代水量/(万 m³/a)	关闭井数/(万 m³/a)	压缩率/%
永定河流域	大同市	大同城郊	大同城区	958	采补平衡	替代水源工程为册田引水工程、万家寨引黄北干线、孤山水库	958	47	100.0
			大同矿区	60			60	15	100.0
			大同南郊区	6 610			6 610	593	100.0
			新荣区	481			481	27	100.0
	朔州市	朔城区	朔城区	498	采补平衡	替代水源工程为引黄工程北干线	498	175	100.0
		山阴	山阴县	98			98	65	100.0
		怀仁	怀仁县	496			496	180	100.0
大清河、滹沱河	忻州市	原平	原平市	150	采补平衡	替代水源工程为坪上水库工程	150	29	100.0
		忻府区	忻府区	744			744	169	100.0
汾河流域	太原市	兰村泉域	杏花岭区	243	采补平衡	替代水源工程为汾河水库、汾河二库、引黄工程南干线	243	3	100.0
			尖草坪区	392			392	4	100.0
			阳曲县	19			19	3	100.0
		晋祠泉域	古交市	62			62	10	100.0
			清徐县	16			16	1	100.0
			万柏林区	165			165	16	100.0
			晋源区	322			322	10	100.0
			交城县	12			12	2	100.0
		太原城郊	小店区	1 642			1 642	395	100.0
			迎泽区	33			33	8	100.0
			杏花岭区	169			169	14	100.0
			尖草坪区	2 093			2 093	192	100.0
			万柏林区	314			314	61	100.0
			晋源区	943			943	272	100.0
			清徐县	2 841			2 841	819	100.0
	晋中市	榆太祁	榆次区	1 155	采补平衡	松塔水库、汾河清水复流工程、万家寨引黄南干线扩大供水范围	1 155	369	100.0
			太谷县	1 193			1 193	435	100.0
			祁县	1 206			1 206	308	100.0
		介休	介休市	396			396	140	100.0
	吕梁市	交城边山	交城县	199	采补平衡	柏叶口水库、汾河清水复流工程、引文入川管道供水	199	104	100.0
		文汾边山	文水县	208			208	106	100.0
			汾阳市	176			176	186	100.0
		孝义边山	孝义市	1 290			1 290	277	100.0

续表

生态水文分区	行政分区	超采区名称	县（市、区）	各县区现状超采量/（万 m³/a）	调控目标	替代工程	替代水量/（万 m³/a）	关闭井数/（万 m³/a）	压缩率/%
汾河流域	临汾市		尧都区	39	采补平衡	替代水源工程为引沁入汾工程；禹门口黄河提水东扩工程	39	16	100.0
			侯马	403			403	83	100.0
		古堆泉域	襄汾县	588			588	38	100.0
			曲沃县	134			134	4	100.0
			翼城县	879			879	27	100.0
			侯马市	5			5	2	100.0
			浮山县	280			280	43	100.0
		汾河谷地	新绛县	1 224			1 224	385	100.0
			稷山县	1 127			1 127	430	100.0
			河津市	1 575			1 575	337	100.0
龙门至沁河区	运城市	涑水盆地	闻喜县	2 790	采补平衡	替代水源工程为夹马口、北赵、禹门口等沿黄提水工程、黄河滩地下水开发工程，汾河清水复流工程	2 790	1 203	100.0
			夏县	3 398			3 398	2 479	100.0
			临猗县	5 193			5 193	1 644	100.0
			盐湖区	5 987			5 987	2 694	100.0
			永济市	5 853			5 853	2 123	100.0
沁丹河流域	晋城市	高平城区	高平市	197	采补平衡	替代水源工程为张峰水库、下河泉及郭壁泉提水工程	197	15	100.0
		巴公、北石店镇及市区水源地	城区	1 076			1 076	46	100.0
			泽州县	133			133	18	100.0
合计		—		56 065	—		56 065	16 622	100.0

5.2.2 岩溶泉域保护技术及应用

山西省是我国岩溶分布最广泛的省份之一，也是我国北方岩溶分布面积最广、半干旱区岩溶特征最典型的地区，碳酸盐岩分布区形成了众多的泉域岩溶水及相应泉域。山西省裸露岩溶区面积 2.6 万 km²，占全省总面积的 17.5%，如果加上隐伏岩溶区，总面积达 11.3 万 km²，占全省总面积的 75.2%。据不完全统计，山西省原始流量大于 $0.01 m^3/s$ 的泉水有 256 处，大于 $0.05 m^3/s$ 的有 103 处，大于 $0.1 m^3/s$ 的有 86 处，大于 $1.0 m^3/s$ 的有 18 处，原始总流量达 $88.2 \sim 107.8 m^3/s$，合 27.8 亿～34 亿 m³/a。这些泉水汇水面积广，补、径、蓄、排过程相对独立，地下调节库容巨大、排泄集中，为山西省能源基地的建设提供了有力的保障。然而，自 20 世纪 80 年代以来，由于自然、人类活动等各种因素对岩溶地下水的影响，岩溶地下水环境问题日趋严重，突出表现为泉水流量的衰减、干涸和水质总体趋势的恶化。岩溶泉域的水环境问题已成为了山西省国民经济可持续的制约因素，开展山西省岩溶泉域的规划保护工作，是当前山西省水资源保护的首要问题。

5.2.2.1 泉域岩溶水资源与水环境问题

(1) 泉水流量衰减、干涸

除了 20 世纪 50~60 年代中期，山西省主要岩溶大泉平均泉水流量变化不大外，进入 60 年代中期以后，泉水流量一直处于明显的持续性衰减状态，总体年衰减率达到 0.0674m³/s（主要泉域总流量以 1.01m³/s，即 3185 万 m³/a 的速度衰减）。2003 年主要大泉的平均流量比 1956~1979 年早期系列平均流量减少 52.13%，完全断流的泉水有晋祠泉、兰村泉、古堆泉三眼，接近断流的有郭庄泉、洪山泉。比早期平均泉水流量减少 40% 以上的还有娘子关泉、神头泉、辛安泉、柳林泉、水神堂泉，泉水流量减少 30% 以下的有马圈泉、城头会泉、外加天桥泉。泉水流量大幅度下降且趋势依然不减，不仅使山西省水资源短缺形势加剧，也对山西省生态环境、旅游资源等造成难以弥补的损失。

(2) 区域地下水水位持续下降

岩溶地下水水位的下降是与泉水流量衰减相伴出现的。近二十几年来，山西省全省岩溶地下水水位普遍呈现出区域性持续下降趋势，年下降速度一般在 1~2m。

三姑泉域 20 世纪 80 年代与 2004 年的泉域等水位线图表明，岩溶地下水流场变化十分明显，凤凰山矿岩溶地下水水位从 1989 年的 589 m 降到 2003 年 577 m，年均降幅为 0.86 m。晋城市区在 20 世纪 90 年代岩溶地下水水位最大年降幅度达到 2.0 m。晋祠泉于 1994 年断流后，2005 年这一带的岩溶地下水水位已低于泉口 18.3 m 以上。娘子关泉域的汇流区阳泉市区一带，1974~1995 年 20 年期间，岩溶地下水水位下降 17.72 m，年均降幅约 0.89 m。对比郭庄泉域山前径流区汾阳、孝义一带 20 世纪 70 年代与 2000 年的岩溶地下水水位，发现地下水水位普遍下降幅度为 5 m 左右，在开采区下降幅度还要大，如汾阳城区、孝义西部降幅可达到 10 m，而降幅最大的汾阳杏花村水源地的降深近 30 m。

岩溶地下水水位下降作为环境水文地质问题的一种表现形式，最直接的是地下水开采成本的提高，山区岩溶含水层疏干，以及对其他地下水含水层的潜流补给量的减少，这些都将加剧相关的环境地质问题。

(3) 泉水水质呈不断恶化趋势

山西省岩溶地下水系统多数为水煤共存系统，而且具有"煤在楼上，水在楼下"结构特点，煤矿开采、发电等活动形成的工业废气、废水不同程度地参与了岩溶地下水的循环过程，使得岩溶地下水水质出现恶化趋势。山西省第二次水资源评价中，按照国家《地下水质量标准》（GB/T 14848—93）对全省境内地下水水质进行了评价。结果显示，Ⅰ类水分布面积仅 70 km²，占全省面积的 0.05%；Ⅱ类水分布面积 7316 km²，占全省面积 4.69%；Ⅲ类水分布面积 123 423 km²，占全省面积的 79.02%；Ⅳ类、Ⅴ类水分布面积 24 730 km²，占全省面积的 15.84%。整体水质状况令人担忧。

对比各岩溶大泉代表性泉点 1986 年、1987 年水质与 2000 年以后水质变化状况可以看出，近十几年来，山西省岩溶地下水水质总的演变趋势呈现如下特点：一是与冶炼、铸造有关的重金属污染状况有所改善，二是与采煤、居民生活有关的有机污染以及更能代表泉域整体环境的溶解性总固体、总硬度等污染状况加重。山西省泉域岩溶水的水质总体趋势仍向变劣分析发展。

5.2.2.2 岩溶泉域保护区的划分与保护技术

泉域岩溶水资源系统作为一个有机整体,应按照泉域水资源管理条例对全区开展岩溶地下水的保护。岩溶地下水水资源保护要从系统水资源循环机制出发,来确定对岩溶地下水水质、水量具有重要影响的地区及主要影响因素,有针对性地确定保护区范围并制定相应保护措施。保护区划分主要考虑岩溶水文地质条件、泉域环境水文地质问题以及引发问题的原因、泉域水资源保护目标等因素。

根据上述思路,将山西省境内主要岩溶泉域(晋祠泉域、兰村泉域、娘子关泉域、辛安泉域、神头泉域、郭庄泉域、古堆泉域、柳林泉域、延河泉域、三姑泉域)划分为以下几种保护区,各分区面积及保护措施结果见表5-14、表5-15。

表5-14 山西省主要岩溶泉域各区划范围

泉域	泉源重点保护区	水量重点保护区	水质重点保护区	水量限控保护区	煤矿带压区
晋祠泉域	晋祠公园及附近范围	主要集中在西边山断裂带	古交水质重点保护区;凤峪沟水质重点保护区;西铭水质重点保护区	边山断裂带东侧承压区水量保护区;古交水量限控保护区	主要分布在泉域西部石千峰向斜核部地带
兰村泉域	主泉口周围3.77km²的范围	即兰村—西张水源区;北山、东山山前断裂带	系指汾河渗漏段水质重点保护区	主要是汾河北岸重点保护区周围的地带,包括镇城、柏板乡、西堰乡、阳曲镇等区	太原东山煤矿、长沟煤矿、阳曲县东南青龙煤矿
娘子关泉域	从程家泉到苇泽关泉的桃河、绵河沿岸	平定—阳泉—娘子关和盂县—娘子关岩溶地下水强径流带	温河、桃河、南川河、松溪河、清漳河西源支和清漳河东源的渗漏段以及相关地表水库库区	泉域汇流区以及昔阳—平定、榆次北山—盂县一带的岩溶地下水富集区	寿阳平头、温家庄—阳泉平坦镇—平定上治头—昔阳城西北掌城—和顺河川底—左权县河西头到温城一线西南侧
辛安泉域	浊漳河为轴线,北起黎城县南赵店桥,顺浊漳河谷向下游,至平顺县北耽车,包括河谷两岸地带	—	西起山西化肥厂排污渠道,至辛安桥下河道,两侧宽200m;北起至辛安镇西,南至泉源重点保护区北,沿浊漳两侧宽200m;文王山地垒渗漏段	襄垣—屯留—长子—长治县—潞城—壶关一带岩溶地下水汇流区	潞安矿务局各大煤矿及地方和个体中心煤矿

续表

泉域	泉源重点保护区	水量重点保护区	水质重点保护区	水量限控保护区	煤矿带压区
神头泉域	主要为泉口出露的源子河两岸	主要包括朔州盆地北缘断裂带	包括七里河在山前渗漏段、源子河南端碳酸盐岩裸露河段	南部朔州向斜蓄水构造、北部沿七里河岩溶地下水强径流带和源子河强径流带、耿庄断裂西端	朔州盆地及宁武向斜内
郭庄泉域	—	泉源区断裂带和泉口下游承压区以及泉口北东侧煤矿带压区；边山断裂带上的杏花村石门沟水源地	泉域内的汾河谷渗漏段及以上段与支沟渗漏段	西部山前强径流带，沿着石炭、二叠系与奥陶系接触带由北部汾阳经阳泉曲镇、段纯镇、汾西县至泉区	泉域东部存在大面积煤矿带压区
古堆泉域	泉水出露带	泉域总开采量不能超过 1.0m³/s (3 153.6 万 m³/a)	—	—	煤铁矿带压区
柳林泉域	从寨东桥到刘家圪塔泉的三川河两岸泉水排泄区	泉口下游一些河谷自流区，包括三川河泉口以下部分、湫水河、部分黄河段以及其他地面标高低于800m的黄河一级支流的河谷地带	主要包括北川河从大武北东碳酸盐岩入口、东川河从信义王封、南川河从陈家湾水库向下游到柳林泉水排泄区的三川河及上游各支流的河谷区	泉域内岩溶地下水的富水地段	西部岩溶地下水滞流区，范围从南向北中阳县玛瑙—柳林陈家湾西—柳林泉口—招贤—临县赶车—兴县兴临沟一线以西到泉域西部边界
延河泉域	沿沁河从下河泉区过延河泉出口到黑水泉河谷地带	—	获泽河府底以下河段；长河川底以下河段	在阳城盆地及成庄至周村镇一带，东部从成庄沿长河谷至沁河谷；西边界从王龙沟水源地至阳城区以西；北边界从町店镇到嘉峰镇再沿长河与沁河分水岭至成庄；南边获泽河谷及长河谷为界	泉域北部奥陶系岩溶水承压区
三姑泉域	从东丹河白洋泉向下游致三姑泉，沿丹河排泄带	高平—巴公—北石店—晋城市区一带岩溶地下水超采区	丹河干流及支流巴公河、北石店河及白水河有关河段	盆地水量重点保护区外围	泉域内煤矿带压区主要分布在西北部

表 5-15 山西省岩溶泉域保护区的划分与保护措施

	划分依据	划分面积 /km²	占泉域面积比/%	保护措施
泉源重点保护区	泉域岩溶地下水主排泄区	236.25	0.34	严格禁止下列活动： 1）擅自打井、挖泉、截流、引水 2）将已污染含水层与未污染含水层的地下水混合开采 3）在泉水出露带进行采煤、开矿、开山采石和兴建地下工程 4）新建、改建、扩建与供水设施和保护水源无关的建设项目 5）倾倒、排放工业废渣和城市生活垃圾、污水及其他废弃物 6）在灰岩裸露区，加强水源涵养和植被恢复，增加降雨入渗 7）在一些岩溶区的补给河段，修建人工补给水库，以拦截洪水，增加对地下水的补给 此外，要加强保护泉源区的自然、历史建筑景观
水量重点保护区	对泉水流量影响的敏感地区	1 579.96	2.29	1）除在没有其他水源解决，仅用于人畜生活饮用及少量特殊用途的情况外，不得新增岩溶地下水及与岩溶地下水密切相关的松散层孔隙地下水开采井和开采量 2）对已有取水水源，在有其他替代水源的地区要逐步压缩岩溶水开采量 3）严格控制区内岩溶地下水水位以下的煤矿开采
水质重点保护区	地表水主要渗漏段及上游污染源区	642.15	0.93	1）凡是在进入重点保护区前要对污水进行处理。要求处理后的水质达到国家规定的Ⅲ类地表水标准 2）禁止在区内新建、扩建向水体排放污染物的建设项目和新增排污口。对已有企业必须要根据地表水纳污能力削减污染物排放量 3）禁止在区内排放超过国家规定的或者地方规定的污染物排放标准的污染物 4）人工回灌补给岩溶地下水的水质，应当符合生活饮用水水源的水质标准，并须经县级以上地方人民政府卫生行政主管部门批准 5）执行对应区内与地表水体污染防治相关的法律、法规
水量限控保护区	岩溶地下水强富水区	7 359.93	10.65	按照《山西省泉域水资源保护条例》第十一条涉及水量部分的内容规定进行保护，涉及打井与增加开采量行为，建议提高审批单位的行政级别，进行严格审批
煤矿带压采区	煤层低于区域岩溶地下水水位地区	16 032.04	23.20	1）凡涉及各泉域内带压区岩溶地下水水位以下进行下组煤炭开采的矿井，要严格开展岩溶水文地质条件论证，对采煤对岩溶水资源的影响问题要有明确的结论意见，建议要经地市级以上水资源行政管理部门审批后方可开采 2）禁止在泉源重点保护区和水量重点保护区内的区域岩溶地下水水位以下进行下组煤层开采 3）对出现岩溶地下水突水的矿井，要及时通知有关水资源管理部门，采取止水措施。对严重破坏岩溶地下水系统、危及泉域岩溶水出流的采矿活动，根据影响程度，由水行政主管部门会同地矿行政主管部门报请同级人民政府批准，采取限采、停采或封闭矿井措施 4）对大量排水并未利用的矿井或单位，严格审批生活以外用途的岩溶地下水开采井，在采取岩溶矿坑排水的排供结合措施后，要根据需水情况酌情处理

5.2.3 地下水水位监测技术及应用

山西省地下水超采的严峻现状是多年过量开采和采煤破坏造成的,其治理工作难度较大。地下水监测是加强地下水管理和保护、保障压采计划顺利落实的重要保障。利用地下水自动监测网络系统和取水远程监控系统,可以准确掌握地下水水位、水质和开采量的变化,评估治理成效,及时预警,为地下水管理提供可靠的依据和手段。为此,在地下水超采严重的山西省开展地下水监测工作尤为重要。

5.2.3.1 地下水实时监测的目的和监控原则

本研究建立地下水监测系统的根本目的是限制山西省地下水的过量开采、涵养恢复水源,最终实现地下水的采补平衡。

地下水实时监测站的布设,不仅要满足地下水动态监测的要求,同时要以地下水水位升降幅度作为考核评价市、县两级政府保护与合理开发利用地下水资源的绩效指标。因此,监测站布设要满足科学、公正、可比、可操作、可定量的要求。具体布设原则是:

1) 地下水实时监测站网布设要控制(市、区)地下水水位的总体变化情况。

2) 地下水监测站点要具有代表性和均匀性。代表性要求监测站的动态特征能够代表和真实反映本地区(段)年内年际地下水动态变化规律,均匀性要求监测站在空间上的均匀分布,能够真实控制本区段地下水年内年际地下水动态变化。

3) 地下水监测站点要点、线、面结合。垂向上能够控制重点区域地下水现状、主要开采含水层地下水动态;控制重点水源地、超采区、岩溶水、山间河谷具有开采意义的区域及山区重点开采地段。

4) 根据地下水开发利用程度,监测重点首先是盆地平原区孔隙水,其次是岩溶水和山区孔隙裂隙水。以县(市)区为单位布设地下水考核评价指标监测站,平原区以县城、人口密集区、工业区等水源地及超采区为主,山丘区以重点开发的河谷区及岩溶区主要开采地段为主。

5) 地下水实时监测站布设方案应在地下水监测站网、地下水统测站网、机井普查、水文地质类型区划分及开采强度分区等基础上进行,将监测站划分为三个类型,即盆地平原区空隙水监测站、岩溶水监测站和一般山丘区空隙裂隙水监测站。

5.2.3.2 地下水监测系统设计

本次地下水监测站网的布设范围涉及山西省全部 11 个地市 119 个县(市、区)。山西省地下水实时监测系统见表 5-16。

表 5-16 山西省地下水监控系统 (单位:人)

分区	中心	基站	信息采集点
太原市	1	10	2 180
大同市	1	11	5 532

续表

分区	中心	基站	信息采集点
阳泉市	1	5	84
长治市	1	13	5 617
晋城市	1	6	675
朔州市	1	6	6 219
忻州市	1	14	3 356
吕梁市	1	13	4 474
晋中市	1	11	9 388
临汾市	1	17	4 957
运城市	1	13	20 843
省级中心站	1	—	—
合计	12	119	63 325

5.3 采煤区水生态保护与修复技术及应用

5.3.1 矿井水综合利用技术及应用

5.3.1.1 矿井水综合利用技术

要实现矿井水利用需要做两方面工作：一是对矿井水的利用方式进行科学确定，矿井水利用优先考虑矿区内生产用水和低水质要求的公共生活用水，在矿区用水能力不足的情况下考虑可输入公共管道，进行企业间或其他类型用水户间的资源再配置；二是要按照不同用水类型的水质需求对矿井水进行处理，一定排水规模以上的企业建立矿井水处理厂，一定排水规模以下的企业可进行统一收集与处理。

(1) 矿井水利用方式

1) 矿区内的生产用水。主要指矿井开采及原煤洗选用水。矿井开采包括开拓、掘进、采煤、转载、煤壁注水等多项用水。这些生产用水对水质几乎没有什么特殊要求，只需经简单的物理处理后即可利用。对于煤炭企业压风机、综采机、钻机等动力机械及辅助设备间接冷却用水，应严格控制用水水质，以防止因腐蚀而造成的设备损坏。

2) 矿区内的公共生活用水。主要指采用矿井水冲厕、饮用、洗澡、冲洗车辆、绿化及消防等。其关键在于应根据用水对象对水质的不同要求，采用不同的处理方法分质供水。"中水道"系统是将矿井水用于煤炭生产及公共生活的一种行之有效的方法。"中水道"是指介于供水管道与排水管道之间的一种供水系统，适于在对水质要求不高或与人体不直接接触的场合使用，如冲洗便器、喷洒草坪、绿化、道路洒水、消防等，对控制污染、节约用水将起到积极的促进作用。而职工饮用、洗澡等用水，因与人体直接接触，则需要采用较为复杂的处理方式，即物理、化学、生物及多种方法相结合的方式，方能使水质达到使用要求。

3）矿井水的其他用途。矿井水可作为农业灌溉、农村生活及林牧渔业的供水水源，也可作为市政建设和城市环境用水。另外充分利用废旧矿井回灌或储存矿井水，建设地下水库储存水资源，为矿井水利用提供了新的方式。

（2）矿井水的处理

煤矿矿井水水质受区域水文地质条件、煤质状况等诸多因素的影响，水质状况变化较大。根据所含污染物的特性，一般可将矿井水分为洁净矿井水、含悬浮物矿井水、高矿化度矿井水、酸性矿井水和特殊污染型矿井水 5 种类型。本研究将每种类型矿井水水质情况与处理方式汇集在表 5-17 中。

表 5-17 各类型矿井水处理及利用方式

矿井水类型	水质特点	处理方式	主要利用方式
洁净矿井水	水质一般较好	井下实行清浊分流	工业用水
		简单消毒处理	生活饮用水
含悬浮物矿井水	除悬浮物、细菌和感官指标外，其他理化指标满足饮用水卫生标准	自然沉降混凝沉淀、过滤、消毒	1）农业灌溉用水 2）煤矿井下生产用水 3）地面工业用水 4）生活饮用水
高矿化度矿井水	含有 SO_4^{2-}、Cl^-、Ca^{2+}、Mg^{2+}、K^+、Na^+、HCO_3^- 等离子	去除悬浮物和消毒、脱盐	1）农业灌溉用水 2）生产用水
酸性矿井水	pH 值低于 6	碱性物质石灰或石灰石作为中和剂进行中和处理	1）生产用水 2）人工生态用水
特殊污染型矿井水	含氟、重金属及放射性元素等有毒物质	根据其毒性大小、污染严重程度采取相应的处理方法	—

5.3.1.2 山西省矿井水利用量估算

在依据现有"山西省矿井水利用规划"，针对各煤田及主要矿区的矿井水排放削减任务和生产用水特点，预计 2015 年山西省全省矿井水利用率可达到 90%，对于排放的矿井水要求 100% 达标。矿坑排水量在 1000 万 m^3/a 以上的矿区，矿坑排水利用率可达到 95%；矿坑排水量 100 万～1000 万 m^3/a 的矿区，矿坑排水利用率可达到 85% 以上；矿坑排水量 100 万 m^3/a 以下的煤炭企业，矿坑排水利用率可达到 80% 以上。2020 年山西省全省矿井水利用率可达到 95% 以上（表 5-18）。根据矿井水利用率规划，估算山西省各地区矿井水利用量。

表 5-18 山西省各地区矿井水利用估算结果

地区 项目	涌水量预测 /万 m³	处理利用量 /万 m³	利用率 /%
太原市	1 716	1 716	100
大同市	2 558	2 430	95
阳泉市	698	663	95
长治市	4 033	3 832	95
晋城市	4 225	4 014	95
朔州市	5 107	4 852	95
晋中市	2 784	2 645	95
运城市	53	47	90
忻州市	1 606	1 526	95
临汾市	2 383	2 264	95
吕梁市	1 853	1 667	90
合计	27 000	25 650	95

5.3.1.3 矿井水利用工程设计

基于"山西省矿井水利用规划"对各地市所辖煤炭企业和国有重点煤炭企业2010~2020年的矿井水处理利用项目的统计，2004~2008年，山西省矿井水处理利用能力增加5074.5万 m³/a，达到14 179.4 万 m³/a。2008年矿井水实际利用量13 460 万 m³，2015年规划矿井水利用量23 310 万 m³，2020年规划矿井水利用量25 650 万 m³。根据这一规划目标，以及矿井水处理利用项目的处理能力，预计山西省未来矿井水投资项目需要达到122项，增加矿井水处理能力25 635 万 m³/a（表5-19）。

表 5-19 山西省需建矿井水利用项目表

煤炭企业	投资项目数/个	处理规模/(万 m³/a)
大同煤矿集团公司	9	1 000
山西焦煤集团公司	10	540
阳泉煤业集团公司	3	120
潞安矿业集团公司	4	500
晋城无烟煤矿集团	7	790
平朔煤炭公司	8	960
太原煤气化公司	3	45
太原市	3	150
大同市	8	960
阳泉市	5	480

续表

煤炭企业	投资项目数/个	处理规模/(万 m³/a)
长治市	10	868
晋城市	11	1 063
朔州市	9	1 158
晋中市	6	900
运城市	1	80
忻州市	11	625
临汾市	8	1 213
吕梁市	6	500
总计	107	25 635

5.3.2 矸石山生态修复技术及应用

5.3.2.1 矸石山生态修复指标

山西省矸石山生态修复主要为三方面工作：一是提高矸石山堆存的达标率，降低潜在污染；二是对于历史堆积煤矸石和规划实施年煤炭开采所新产生的煤矸石进行再利用；三是对于已经废弃的矿井，要积极采取措施进行复垦工作，尽量恢复其生态功能，而对于正在开采的煤田，应该对其生态影响进行评估，靠近市区、生态影响严重的矿区要停止开采。

矸石山堆存达标率、煤矸石年处理利用率、复垦率（生态恢复率）是矸石山生态修复的主要指标。

5.3.2.2 矸石山生态修复手段

(1) 煤矸石安全堆存

煤矸石的产生量一般要占原煤的10%～20%，积存的煤矸石导致大量的社会问题和严重的环境问题，包括占压土地，造成土地生产力下降、景观破坏，造成大气环境与水环境污染等，尤其煤矸石自燃产生的有毒有害气体导致的大气和水体污染最为严重。矸石山自燃释放出大量粉尘及一氧化碳、二氧化硫、氮氧化物等有毒、有害气体，极大地降低了矿区的大气环境质量，严重影响周围居民的正常生产和生活，并对周围植被造成极大破坏。自燃使矸石山呈酸性，甚至强酸性，利于有毒有害重金属释出，通过淋溶作用，污染地下水体和地表水体。此外由于煤矸石堆放时间过长、过高，由于重力作用和地下水的渗透，还可能产生破坏性滑坡，阻塞公路交通，造成人员伤亡。目前山西省煤矸石累计堆存量已达10亿t，占地超过20 000hm²，且每年新增近1亿t。因此，矸石山的安全堆存至关重要。为了防范各类矸石山灾害事故和安全利用煤矸石资源，国家煤矿安全监察局组织制定了《煤矿煤矸石灾害防范与治理工作指导意见》，可遵照执行。

(2) 煤矸石利用

煤矸石的综合利用包括发电、生产建筑材料、回收有益矿产品、制取化工产品、改良土壤、生产肥料、回填（包括建筑回填、填低洼地和荒地、充填矿井采空区、煤矿塌陷区复垦）、筑路等。国外煤矸石的资源化利用率较高，有些国家达到35%左右，如果包括用于充填和铺路的煤矸石，煤矸石利用率可达到90%以上。2008年，包括用于充填和铺路的煤矸石在内，山西省煤矸石的资源化综合利用率仍不足50%，煤矸石资源化利用仍存在很大空间。

(3) 矸石山的复垦

不同地区、不同的自燃情况和不同的风化程度，对矸石山复垦绿化的技术要求是不同的。在进行矸石山复垦绿化可行性分析和规划设计时，必须首先确定待复垦绿化矸石山的类型。

矿山废弃地复垦通过改良废弃地的土壤条件，选择适宜的植被种类，通过工程和生物措施实现废弃地的生态重建。无论国际还是国内，矿山废弃地复垦的总体目标都是要将矿山废弃地恢复到可利用的状态。因此，需要考虑矿山废弃地的社会经济利用价值，同时注重恢复生态系统的平衡，改善矿区的生态环境。矸石山作为废弃物堆积的主要类型，根据土地复垦的总体目标，综合国内外对其复垦利用的研究报道，矸石山复垦一般以植被恢复为主，按矸石山复垦后土地的不同利用目的可分为农牧业复垦、林业复垦和景观复垦等。

1) 农牧业复垦。农业复垦主要以种植农作物为主，也有种植经济林、果树等；牧业复垦主要以栽培豆科牧草为主，期望通过先锋草种的进入既绿化了矸石山，又能有一定的经济效益。山西省农业大学洪坚平等在山西省阳泉煤矿开展的山西省科技攻关项目"绿肥牧草对矸石山生态环境改善"的课题研究，在矿区矸石山种植牧草后，不仅可以快速绿化、美化矸石山，减少污染，防止水土流失，而且可以使煤矸石的物理、化学、微生物理化性质等及周围生态环境得到明显改善，促进煤矸石的风化，并可获得较好的牧草产量，具有一定的经济效益、生态效益和社会效益。种植绿肥牧草是较为快速有效的农业复垦途径。但由于有的矸石山重金属及其他有毒物质的存在，对粮食和牧草的可食性有一定的影响。另外，这两种复垦方式均以覆盖较厚的土层为基础，因此受到经济条件的制约。矸石山农业复垦的方式目前只有少量的研究报道，处于零散的试验阶段，并没有形成一定的生产规模。

2) 林业复垦。矸石山的林业复垦是通过改善矸石山的立地条件，选择适宜的造林树种，通过合理的栽植和管理手段，恢复矸石山的植物群落，重建矸石山稳定、自维持的生态系统，增加矸石山的生物多样性，改善矿区环境和矿区景观。林业复垦形成的矸石山植物群落具有多种多样的生态和经济功能，对改善矿区恶劣的生态环境和社会经济条件具有重要作用。矸石山的植被能够降低矸石山表面的温度，有效减少矸石山自燃的可能性，防治自燃对环境的危害，促进矸石山植物生态系统中植物微生物的发展。植物可以降低风速、减少矸石山的风蚀作用，其枝叶能够吸收粉尘及 SO_2、H_2S 等有害气体，降低对大气的污染，从而减小当地的呼吸道疾病及癌症发病率等。植物群落冠层及枯落物层水文作用可以有效地防止水土流失，减轻对下游水资源的污染。根系固持土体的作用可以提高矸石山的抗冲、抗蚀能力，减少径流的侵蚀等。由于林木根系具有吸收、转移有毒物质的作用，可以净化和改良土壤。经过一定的植物吸收以后，再进行农、牧、果类复垦，既可以保证其经济效益，又降低了对人类健康的危害风险。

3）景观复垦。矸石山的景观复垦就是通过改变矸石山的立地条件，选择适宜的矸石山植被恢复材料，运用科学的栽植和管理方法，恢复矸石山的植被和生态系统，并运用现代风景景观设计方法和造景手段，创造符合当地风景景观特点和人文特点的矸石山风景，使矸石山既有稳定的、自维持的植被生态系统，又具有美好的风景景观，实现生态价值、经济价值、人文价值等综合效益。矸石山在矿区环境中地形特点较为突出，特别是在平原煤矿地区，是景观地形中的正地形，也是景观造景元素的重要方面，加以科学规划利用，不仅可达到改善生态环境的目的，还可通过景观创造，提高矸石山的美学价值，延伸煤矿产业链，发展矿业旅游景点。景观复垦是矸石山复垦不可忽略的复垦方式。

5.3.2.3 山西省矸石山生态修复量估算

根据相关规划，未来山西省煤矸石上复垦率要达到55%以上，若以2020年全省煤炭开采量达到75 000万t计算，煤矸石产量可达到11 250万t。根据矸石山生态修复总体目标估算的山西省具体生态修复量如表5-20所示。

表5-20 矸石山生态修复量

指标量		目标值
矸石山达标堆存量/万t		11 250
煤矸石年处理利用量	安置处理量/万t	17 000
	利用量/万t	8 260
矸石山复垦面积/hm²		14 300

5.3.2.4 矸石山生态修复工程设计

根据矸石山生态修复总体目标和修复量，设计2008～2015年、2015～2020年的矸石山生态修复规划工程。表5-21所示为煤矸石利用工程，涉及的工程包括煤矸石集中安全处置项目、煤矸石发电项目、煤矸石及粉煤灰制砖工程、水泥生产项目、煤矸石新型建材项目、煤矸石煅烧高岭土项目等。2008～2015年，建设煤矸石处理及利用工程项目37个，2015～2020年，新增煤矸石处理及利用工程项目29个。

表5-21 山西省矸石山生态修复工程设计

项目名称	项目数量	处理煤矸石/万t
煤矸石集中安全处置项目	17	17 000
煤矸石发电项目	8	2 880
煤矸石制砖项目	6	1 000
矸石、粉煤灰生产水泥项目	9	450

续表

项目名称	项目数量	处理煤矸石/万 t
矸石、粉煤灰综合利用	10	1 000
矸石和粉煤灰制砖工程	4	400
矸石新型建材项目	9	450
煤矸石煅烧高岭土项目	3	80
合计	66	23 260

5.4 水土流失区生态保护与修复技术及应用

晋西黄土高原区是山西省水土流失的重点区域，多年平均悬移质输沙量2.86亿t。水土流失带走了黄土表层的有机质，使得土壤贫瘠，农作物产量下降，生态植被退化。其造成的重力侵蚀，破坏了边坡和沟道内的树木、林草。水土保持生态修复是一条适合我国国情、费省效宏的水土流失防治途径。生态修复是指通过对一个区域或一个小流域的严格管护，排除人为因素对其干扰破坏，使区域内的整个生态系统得到休养生息，恢复生态结构和功能。本研究将在晋西黄土高原区划分若干水土保持生态修复区，在修复区限制人类活动和工矿及公路、铁路建设，通过自然力量实现生态的自我修复。

5.4.1 坡耕地退耕还林还草技术及应用

5.4.1.1 退耕坡度研究

(1) 国内外坡度与土壤侵蚀关系的研究

土壤侵蚀是在很多因素共同影响下的一个复杂过程。影响土壤侵蚀的自然因素中，坡度是影响土壤侵蚀的重要因素之一，因为坡度是地表形态存在的前提和条件。国内外许多学者在这方面都做了大量的研究，普遍认为随着坡度的增大，土壤侵蚀量不断增加，达到某一坡度值后，侵蚀量不再增加，并有减少的趋势，这一坡度称为临界坡度。

早在1936年，Renner在向美国农业部提交的研究报告中就谈到了坡度对土壤侵蚀的影响。Renner在研究爱达荷州博伊斯河流域土壤侵蚀时，以5°为坡度分级单位，统计了侵蚀面积与坡度的关系。结果发现，土壤侵蚀面积占总侵蚀面积的百分数随坡度的增大而快速增加，25°~55°变化不大，大于55°侵蚀面积随坡度的增大而减小，到达86°以后水蚀面积基本变为零，得出临界坡度约为40.5°的结论。Zingg（1940）第一个通过实验建立了土壤侵蚀量与坡度之间的经验关系，证明在坡度较小时，坡度每增加1倍，土壤侵蚀量将增加2.61~2.80倍。Horton（1945）第一个从理论上研究了坡度在土壤侵蚀中的作用，得出临界坡度为57°。

我国许多学者通过室内外观测实验以及理论研究也都证实了临界坡度的存在。国内学者认为土壤侵蚀强度变化的临界坡度在25°附近。1985年陈法扬采用人工降雨在面积为6 m²的可调坡度的试验装置上对发育于第四纪的红黏土进行了实验研究，在土壤裸露、控制降雨强度不变的条件下进行了 9 组实验,得到土壤侵蚀的临界坡度为 25°。陈永宗(1988)对黄土高原的绥德、离石两站径流小区的研究发现,在其他条件相似的情况下,0°~25°(离石)和 8°~28°(绥德)坡地上侵蚀量随坡度的增大而增加,坡度超过 25°(或 28°)时,其侵蚀量反而比 20°~25°(或 20°~28°)减少。因此将 25°~28°作为绥德和离石两地坡地水力侵蚀的临界坡度。郑粉莉(1989)对黄土地区发生细沟侵蚀的研究,得出临界坡度为 26.5°。王玉宽(1993)以典型的黄土丘陵沟壑区安塞县纸坊沟小流域为基点,在农地、林地、草地、荒坡 5 种条件下,进行了径流侵蚀量随坡度变化规律的实验研究,得出径流侵蚀量在 10°~26°坡度间随坡度增大而增加,超过 26°后趋于减少,因此认为临界坡度为 26°。陈明华等(1995)采用径流小区试验和标桩观测试验的方法,研究了坡度和土壤侵蚀率的关系。在人工扰动土的坡度试验中,土壤侵蚀量在 5°~20°范围内增长率相对比较缓慢,而在 26°时土壤侵蚀量突然增加,约是 10°时坡面土壤侵蚀的 2 倍,而且还影响土壤侵蚀方式,由面蚀向沟蚀—崩岗—滑坡—崩塌发展。几种侵蚀组合最严重的是 20°~40°坡面。魏天兴和朱金兆(2002)根据在山西省吉县黄土残塬沟壑区长期定位水土流失观测与调查资料,并结合以往关于黄土区的研究成果,分析了坡度与土壤侵蚀的关系,得出坡度与坡面产流和产沙量呈正相关关系,临界坡度为 25°。林敬兰等(2002)在 GIS 支持下,将 1999 年全国土壤侵蚀遥感调查的土壤侵蚀数据成果与闽南地区坡度图叠加,分析了不同坡度级别与土壤侵蚀之间的关系,得出水力侵蚀中 1/3 的面积分布在不超过 5°的坡地上,而大于 25°坡地的土壤侵蚀面积最小,即临界坡度为 25°。

(2)退耕坡度的选择对粮食生产的影响

粮食生产与退耕还林还草息息相关,它们之间保持着一定的协调平衡关系:粮食生产的高低对退耕还林还草有促进和抑制作用,反之,退耕还林还草又促进了粮食生产的集约经营。退耕还林还草与粮食的持续发展是国家宏观调控的社会经济问题,也是退耕—粮食—环境—致富—小康系统中动态平衡规律问题。晋西黄土高原各区县坡耕地退耕还林还草规划对当地粮食生产的影响如表 5-22 所示。

表 5-22　退耕还林还草对晋西黄土高原区各区县粮食生产的影响

县(区)	坡耕地面积(>0°)/hm²	退耕地面积(>20°)/hm²	退耕地占坡耕地面积比例/%	粮食总产量/t	退耕地粮食产量/t	粮食减产量占总产量比例/%
右玉县	93 198	347	0.37	40 055	70	0.18
平鲁区	83 813	92	0.11	30 632	265	0.87
偏关县	55 194	2 204	3.99	25 600	960	3.75
神池县	68 630	1 385	2.02	35 926	223	0.62
河曲县	67 320	292	0.43	35 968	1 090	3.03
五寨县	68 970	422	0.61	25 752	322	1.25
宁武县	43 898	2 357	5.37	16 134	1 684	10.44
苛岚县	50 775	1 426	2.81	14 995	1 801	12.01
保德县	38 888	1 557	4.00	7 678	1 190	15.5

续表

县（区）	坡耕地面积（>0°）/hm²	退耕地面积（>20°）/hm²	退耕地占坡耕地面积比例/%	粮食总产量/t	退耕地粮食产量/t	粮食减产量占总产量比例/%
岚县	61 655	1 257	2.04	25 435	863	3.39
静乐县	74 360	4 664	6.27	35 826	1 038	2.9
兴县	123 938	3 624	2.92	28 799	5 718	19.85
临县	124 145	3 371	2.72	36 016	3 866	10.74
方山县	36 491	3 366	9.22	20 264	1 279	6.31
离石市	40 578	4 769	11.75	26 963	2 509	9.3
柳林县	49 349	1 767	3.58	22 470	3 264	14.52
中阳县	34 850	3 283	9.42	17 655	2 162	12.25
交口县	28 460	7 483	26.29	26 965	96	0.35
永和县	40 418	5 060	12.52	22 542	3 644	16.17
隰县	42 407	4 271	10.07	56 473	2 572	4.55
石楼县	62 317	6 520	10.46	14 375	4 982	34.66
大宁县	22 003	1 129	5.13	19 792	2 576	13.01
蒲县	33 586	1 674	4.98	33 088	1 350	4.08
吉县	37 879	2 830	7.47	41 620	1 271	3.05
乡宁县	49 259	125	0.25	75 802	2 769	3.65
平均	—	—	4.56	—	—	8.26

由表 5-22 分析得出：在晋西黄土高原区，20°及以上坡度的坡耕地实行退耕还林还草措施是切实可行的。20°及以上坡度的坡耕地全部退耕为林地或草地，25 个区县平均每个区县将减少 5.03%的坡耕地面积，每年将平均减少 8.26%的粮食产量，不会对当地的粮食生产造成较大影响。结合国内外学者对于土壤侵蚀临界坡度的研究，以及晋西黄土高原区坡耕地水土流失日益严重的特点，本研究将该区坡耕地退耕还林还草的临界坡度定为20°，即大于或等于20°以上的坡耕地全部退耕为林地或草地（图5-7）。

5.4.1.2 退耕还林还草措施及应用

(1) 林上山，粮下川

生态环境建设只有做到与当地的产业开发相结合，与农民脱贫致富相结合，与农村经济发展相结合，生态环境建设才能与社会经济发展同步。退耕还林是一项重要的生态环境建设工程，要做到林上山、粮下川，就必须解决群众的后顾之忧。只有妥善为农民解决了吃饭、烧柴、用钱的问题，才能使退耕还林还草能"退得下、还得上、稳得住、不反弹"。为此，退耕后要做好以下几项工作：

1) 加强农田基本建设，保证农民稳步增收。在改善生态环境的同时，从多方面着手，

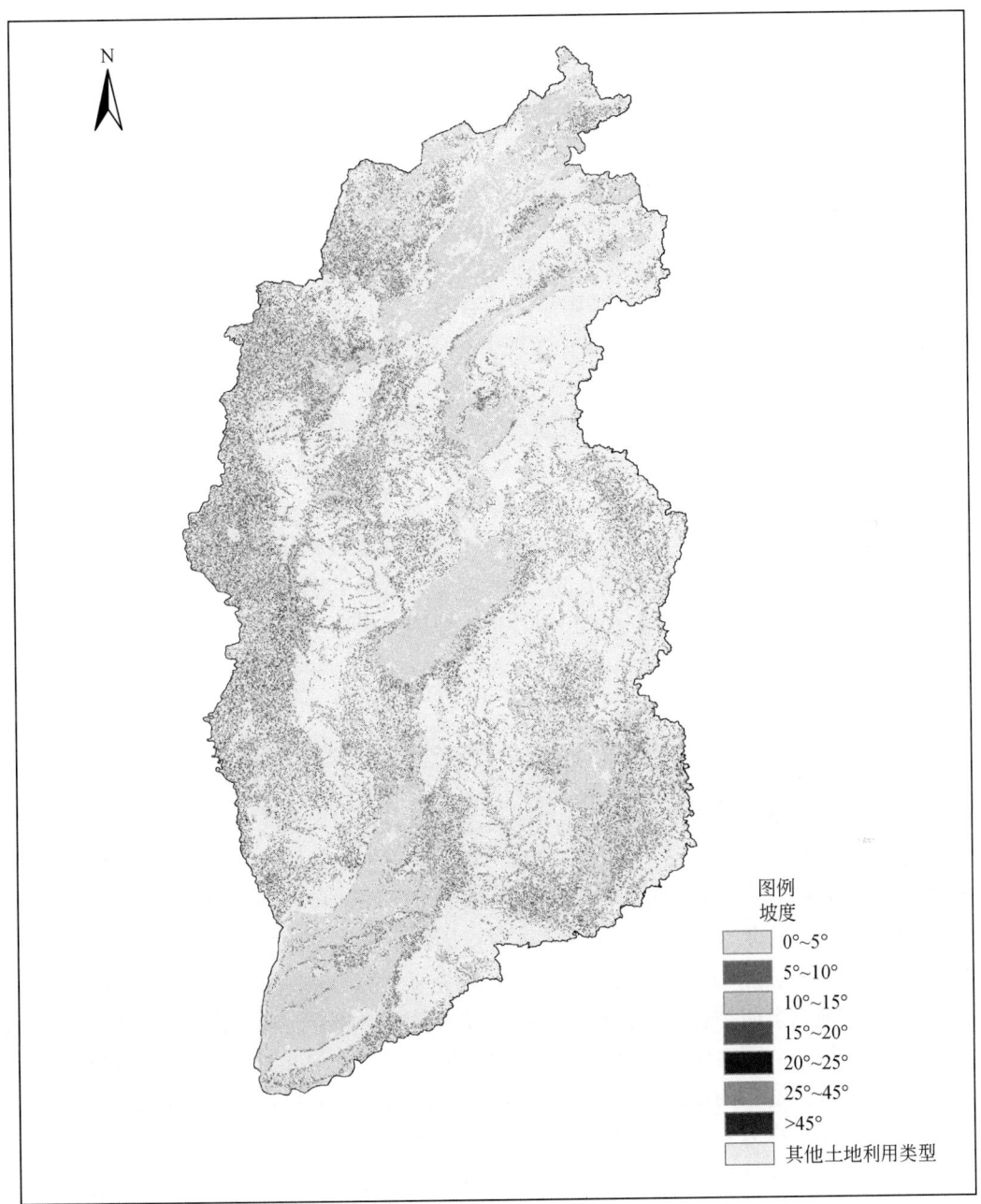

图 5-7 山西省耕地坡度图

加强农田基本建设，改善农业生产条件，提高现有土地的单产水平，使产量稳步提高，以保证退耕还林还草有关政策终止之后，不会因粮食短缺而出现反弹，实现生态建设和粮食安全的可持续发展。

2) 推行舍饲养畜，封山禁牧。畜牧业是当地农民的主要经济收入来源，要实现草畜两旺，增强农民退耕还林的决心。据调查，舍饲养畜可以减少18%~30%植被破坏，是保护生态环境治理成果的必由之路，也是调整农业结构的重要方式。

3）全面推进"四位一体"的沼气池建设。沼气是清洁、再生、高效能源，可以照明、做饭，能够减少柴、炭等能源消耗，有效防止薪炭林遭砍伐破坏，而沼气渣、沼液又可肥田。所以，太阳能、沼气池和庭院种植、舍饲养畜联为一体，既可净化环境，降低劳动强度，又可保护生态环境，还可增加农民收入。据资料，使用 1 m³ 沼气可节柴 11.5 ~ 17.5 kg，节炭 4 ~ 8 kg，发展沼气，势在必行。

4）建立相应的投资保障制度，提高群众积极性。建立相应的投资保障制度，按照"谁投资，谁受益，谁造谁有，合造共有"的原则，充分调动广大人民群众参与治理和保护生态环境的积极性，保护治理成果，实现生态环境良性循环。

（2）人工修复

林草植被恢复前景，是一个十分复杂的问题。森林能否恢复一方面取决于气候，另一方面取决于地表物质组成。在有可能恢复为森林的半湿润气候条件下，应以植树造林为主。而在只可能形成森林草原的干旱条件下，如无外来水源，则只能以种草和灌木为主。晋西黄土区地域辽阔，在自然地带特征上表现出明显的地域分异性。从东南向西北，由于水分和热量的递减，分为半湿润气候下的落叶阔叶林带和半干旱气候下的森林草原带两个生物气候带。所以植被恢复应以适度植树种草为原则，根据不同的土地条件选择适宜的树种和草种进行种植。

A. 确立营建防护林的首要地位

以小流域为单元，调整树种结构，根据"因地制宜、因害设防"的配置原则，按不同地区的条件与要求进行合理布局，形成多功能、多效益、多层次的防护林系统，促进农、林、牧、渔综合发展。①在水土流失严重的黄土丘陵区建立以水土保持林为中心，以山地农田防护林、薪炭林、经济林、小片用材林相结合的水土保持防护林系统。梁峁区水蚀比较轻微，但地势较高，风害严重，土壤干旱贫瘠，尤其是迎风坡因其风速大，蒸发与蒸腾均较强烈，不但土壤干旱，也常造成生理干旱。因此水土保持防护林更须选择抗风耐旱性树种如刺槐、杨树、侧柏、辽东栎及胡枝子、荆条、紫穗槐等。而在晋西南黄土残塬区，主要在塬边沟坡营造防护林，固沟护塬，减少溯源侵蚀。此外，在向阳背风的低山黄土丘陵区适宜发展果树。而在山地林区，一方面要保护经营，另一方面要人工改造劣质林。用材林的造林除选用速生阔叶树外，还可选用经济价值较高的油松、华北落叶松等。②在山区建立以水源涵养林为主的包括用材林、特种经济林、山地防护林以及自然保护区等水源涵养系统。水源涵养林在干旱缺水的地区作用明显，研究表明，在华北石质山区，森林覆盖率每增加 1%，则流域内径流深就增加 0.4 ~ 1.1 mm，所以意义深远。③在主要河流发源地和上游的土石山区，着重营造水源用材林，其中阳坡在 35°以上，阴坡 40°以上营造水源涵养林，小于 20°的则营造用材林。④大力发展山地（坡地）防护林，用以缓流固坡，阻止沟岸扩张。在缓坡丘陵，沿现有地梗或等高线营造防护林。选择树种时，挑选根系发达、固土作用明显的速生树种。同时要注意灌木的比例，尽量采用乔灌混交型或针阔乔灌混交型。但在侵蚀严重的陡坡，可先全部种植灌木或以灌木为主的乔灌混交林，待立地条件改善后再增加乔木及针叶树种。晋西黄土区不同立地条件下的防护林模式主要有：

1）梁峁缓坡防护林模式。梁峁缓坡的多数坡耕地，在树种配置上宜以红枣、核桃、仁用杏、花椒等为主，营造山地生态经济林。工程与生物措施相结合，根据水土流失的自然规律，采取多种整地方式。

2）沟坡防护林模式。黄土残塬沟壑区沟壑密布，支离破碎，立地类型多种多样。在阳坡宜营造乔灌草混交的复层水土保持用材林，沟底筑土谷坊，营造灌草水土保持林。

3）沟道、河滩用材林模式。黄土残塬沟壑区沟道、河滩所占比例较小，但其土壤水分条件较好，护岸林、护路林与小片丰产林结合起来，树种以杨、柳为主，适当配置沙棘、紫穗槐，形成乔、灌混交林。

4）土石山区水源涵养林模式。在黄土残塬沟壑区分布有少量土石山区，主要在吕梁山脊两侧，现有植被主要为天然林，尤以灌草茂密，是较好的水源用材林基地，造林树种应选择油松、侧柏、落叶松与山杨、白桦等，形成针阔混交林模式。

B. 扩大经济林种植面积

沟道、坡面适宜扩大经济林种植面积，并辅以有一定经济价值的草种和中药材。在水肥条件好的沟道部位，宜种植梨、杏等经济树种；在山腰地带的坡面，宜种植耐旱的经济林，如花椒、山杏等。

C. 重视薪炭林的发展

在晋西地区甚至在整个黄土高原地区燃料、肥料、饲料是十分难以解决的，适当发展薪炭林，是切实解决"三料"的开源良方。

D. 造林树种要针阔并举，乔灌结合，多种多样，分区指导，比例适当

在树种组成上，主要采用适应性强、繁殖容易、蓄水保土作用大的速生树种，并以构成乔灌混交的复层林，即适当保留一些杂木和灌木，大力营造混交林，要为主栽树种选好辅佐树和灌木，构成两个树冠以上的多层次混交林相，在垂直结构上形成更浓密深厚的树冠，提高森林郁闭度，同时增大防护作用。

(3) 自然封育

人工造林更新是扩大森林资源的主要途径之一。封山育林也是一种扩大森林资源的可靠良法，尤其在林区天然条件下种母树的荒山荒地上。在黄土丘陵沟壑区存在大面积的宜林荒山荒地，封山育林是今后一个时期扩大和恢复该区森林的重要措施之一。晋西黄土高原区土地类型复杂多样，其利用适宜性各异，尤其是不同土地类型的土壤水分条件差异很大，对那些不宜造林种草的地区，可采取自然封育的方式恢复植被。实行科学造林，即适地适树，真正做到"宜林则林、宜草则草、宜封（禁）则封"。坡度在25°以上的土地要尽快退耕还林还草，为扩大造林植树面积提供条件。大量造林的同时，考虑当前林相的改善，以人工更新为主，结合天然更新，将次生残林改造为以针叶林为主的优质林分，提高森林的质量，使林草植被得以迅速恢复，生态环境得以改善。

A. 因地制宜、合理规划

封山育林必须因地制宜，按条件和需要确定当地人工造林和封山育林比例。对生态功能较弱的疏林、灌木林地，进行合理的补植和严格封育，改善林分结构，逐步提高植被生态功能，在林分结构上形成针阔混交，在时间序列上形成异龄林，在空间分布上形成复层分布。

B. 仿拟自然演替规律

在原来植被条件较好，经济条件差的地区以封山育林为主。水土流失较重，植被破坏较重的地方，仿拟自然演替规律辅以植树种草。由于天然植被的破坏，土壤侵蚀过程加剧，使得黄土丘陵沟壑区土壤基质旱化加快，因此在植树种草中，应以经济效益高、耐干旱瘠薄的草本、灌木为主。除选用优良的水土保持树（草）种外，要积极引种驯化外来的优良植物，才能达到以提高经济效益和加速植被建设，丰富当地植被的目的。

C. 封抚结合

必要的抚育是加速植被自然恢复不可忽视的重要环节。如对分布不均，呈团状分布的次生林、灌木林，有计划、有组织地采取抚优去劣、平茬、断根、局部整地播种等方法抚育。在立地条件适宜且不易造成水土流失的地方，适当发展以干果为主的生态经济林，既可调整林种结构，促使其形成多林种、多树种，又可加速植被自然演替，提高自然植被的防护功能，达到可持续复合经营，促进林草植被建设持续、快速、健康发展。

晋西地区处于黄河中游水土侵蚀的强烈区，这里森林经营的重点应在于培育而不是利用。因此今后要加强抚育间隔，改善森林生长条件，提高生长量。改造次残林分，并结合改造作业利用成熟林，一方面提高森林质量，另一方面提供一定数量的木材。总的发展方向应为防护林、用材林并重，积极发展经济林和薪炭林。

（4）建立科学监测评价体系

建立一个多目标、多层次的退耕还林还草监测评价指标体系，对退耕还林还草项目的实施进行科学综合分析与评价，及时准确地发现退耕还林还草中存在的问题（如"以草代林"、"以林代草"或经济林比重过大等），进行政策、方案调整，使退耕还林还草项目真正做到生态优先，最终达到保护环境和可持续发展的目的。监测评价内容如下：①退耕还林还草的完成情况，包括林草成活率、生态林比例、各项政策措施的落实情况等；②退耕还林还草的实施对生态环境的影响，包括水土流失情况、土地沙化的治理情况、小气候的改善及对生物多样性的影响等；③退耕还林还草前后农民的收入变化及农民满意度；④退耕还林还草对社会经济发展的影响，主要包括地区经济发展、产业结构调整、农村剩余劳动力转移情况等。

在建立起监测评价指标体系的基础上，进一步强化退耕还林还草工作的监督机制。采用当前发展较为完善的3S术［遥感(RS)、地理信息系统(GIS)和全球定位系统（GPS）技术］，对于退耕还林还草的各个区域进行实时观测，以提供退耕区植被情况快捷准确的数据。同时，加强社会各界对退耕还林还草的监督力度，尤其是要充分调动退耕还林还草区群众参与的热情，把退耕还林还草中背离生态优先原则的违规操作问题减少到最低程度，真正做到"生态优先"。

5.4.2 基于数字流域模型的淤地坝规划技术

5.4.2.1 数字流域模型

数字流域概念的内涵是对流域空间及水文信息的数字化描述；数字流域概念的外延是

对流域的过去、现在、未来以及可能发生的河流事件的信息描述和过程模拟，包括信息的表现手段和模拟的技术方法。数字流域综合应用流域的空间、地理、气象、水文和历史信息，应用模拟、显示等技术手段，描述流域的过去、现在和将来的各种行为，并为流域管理提供决策支持。数字流域的整体框架可分为三层：数据层、模型层和应用层，数据是基础，模型是核心，应用是目标。

20世纪90年代我国的水文水情数据库在各大江河流域已普遍建立。这一时期数据采集系统也不断完善，由手工、半手工阶段逐渐过渡到自动化采集阶段，采集监测站网不断健全，采集数据的种类更加齐全。空间地理数据随着国家空间信息基础设施建设的逐步推进也不断完善。数字流域在数据层的建设目前已经初见规模，数据层的核心技术，即数据仓库技术已经比较成熟。但数字流域的模型层和基于模型层的应用系统建设总体还处于起步阶段。2005年刘家宏等提出了黄河数字流域模型的原理和基本框架，刘家宏等进行了数字流域模型关键技术的研究。目前数字流域模型已经实现了黄河全流域降雨径流模拟以及多沙粗沙区产流产沙计算等功能。

数字流域模型定位于大范围、全流域级的水文过程模拟，是一个具有多层空间分辨率的、模型参数容易获取的、能够实现并行计算的全流域级整体模型。其产流产沙计算结果可以弥补某些观测资料贫乏地区的数据不足，为淤地坝规划提供水沙关系分析，进而掌握水土流失分布规律，以确定建坝地点、建坝顺序、建坝规模和设计标准。

5.4.2.2 淤地坝规划技术

淤地坝规划是指在某一区域或流域范围内，为防治水土流失、合理开发利用水土资源而制定的淤地坝工程总体布局和安排。具体地，淤地坝规划是在掌握规划区水土流失规律的基础上，综合考虑自然、经济、社会条件及防洪安全、淤地生产、水土资源合理利用等因素，合理地确定淤地坝工程的建坝密度、建设规模和建设时序等，寻求投资与效益最佳组合的决策过程。

淤地坝规划面临两个关键技术问题：一是基于水土流失区水沙模拟结果的坝系布置；二是不同坝系布置情景下的减水减沙效益分析。两个关键问题的核心是"侵蚀产沙模型"。本研究采用坡面薄层水流侵蚀产沙的计算公式来估算晋西黄土高原区的产沙总量，公式的推导过程参见《数字流域模型》（王光谦和刘家宏，2006）。

5.4.2.3 淤地坝规划的保障措施

在各区县淤地坝进入运行阶段后，对淤地坝地开展农田基本建设，保证当地群众粮食安全，巩固、扩大退耕还林还草措施的成果。对淤地坝系开展科学、系统的管护工作，保证淤地坝长期、稳定繁荣发挥拦泥、蓄水、淤地的效益。开展植被建设，种草措施与坝系建设相结合，进一步巩固、加强淤地坝系的生态保护成果。

（1）加强农田基本建设以保证区域粮食安全

黄土高原地区，粮食安全是重中之重，因而粮食安全是生态建设的突破口和根本保障，是巩固、扩大退耕还林还草生态保护效益的保证。退耕还林解决不好粮食和农民增收问题，坡耕地生产粮食还有利益驱动，退耕还林还草成果的反弹就不可避免。

淤地坝建设中的一个重要任务就是基本农田建设。在黄土高原生态环境建设格局中，解决粮食自给问题，必须走精耕细作、少种高产的集约化经营、内涵式扩大再生产之路。坝地土壤土层厚、湿度大、养分全面，因此，在淤地坝建设进入运行期时，要充分开发坝地资源，充分挖掘坝地的生产潜力，努力提高粮食单产，保障当地群众的粮食安全，巩固、扩大退耕还林还草措施的成果。

(2) 建立坝系管护体系以确保工程发挥效益

淤地坝工程能不能安全运行并长期发挥效益，管护工作非常重要。要明晰淤地坝工程产权、经营使用权与运行管护责任单位，制定管护制度，落实工程运行管护责任，确保工程长期发挥效益。

1）推行"护田坝"制度，推行"一田三专"管护模式。以护坝田为龙头，采用专项资金、专项管理、专业队伍对淤地坝进行管护，强化对专项资金、专业队伍的管理。其做法是：逐坝明晰产权和管理受益主体，要求受益者必须从淤地坝新增耕地中划出一定面积，按照不改变土地农业用途的原则，作为淤地坝管理和维修资金来源，实行以田养坝。

2）层层落实目标责任制。项目竣工验收后进行统一管护，实行县区、乡镇、村三级管护并纳入目标管理。骨干坝实行"谁受益、谁管护"，建立管护制度，将管护责任落实到县、乡、村及个人，确保工程的正常运行。

3）明晰产权，落实"谁管护，谁受益"的原则。各项目县建立淤地坝管理协会，加强管理，注重效益，健全县、乡、村的水土保持执法体系，做到县有专门机构，乡有专职干部，村有专职人员。为进一步调动各方建坝、管坝的积极性，对于群众自己建成的小型淤地坝，实行"谁投资、谁管护、谁受益"的政策；以国家投资为主建成的大中型淤地坝，建成后归集体经济组织所有，坝地的使用可采取拍卖、租赁、承包、股份制等多种形式，落实管护责任，逐步实现以坝养坝、以坝换坝的良性循环。

4）重视防洪安全。淤地坝尽管单坝库容不大，但总量巨大，防汛的形势十分严峻。所以，要将淤地坝的防洪安全纳入地方防汛管理体系，高度重视防洪安全，实行政府行政首长负责制，明确防汛职责，落实防汛责任。

通过采取以上管理措施，巩固和扩大坝系建设成果，形成全县坝系工程建设"建管并重，科学管理"的新机制。

(3) 林草与坝系相结合以兼治生态环境标本

林草建设是维护淤地坝长期健康运行的保证。要把林草措施作为淤地坝建设的配套工程，纳入项目建设管理，统一设计、协调施工、综合管理，并根据淤地坝的功能选配适宜的树种和草种。选配树种、草种的关键因素是经济效益，采用何种树种、草种，除了树种、草种本身所需要的生长条件外，关键要看其经济价值，要让当地农民从淤地坝淤出的土地和经济林的收益中得到实惠。根据淤地坝的功能选配适宜的树种和草种。

1）淤地型淤地坝。淤地坝的主要功能是拦截洪水泥沙，不同的运行阶段，将发挥不同的作用。在淤地坝建成后的头几年内，主要以蓄水为主。在这一阶段，要用淤地坝中拦蓄的水灌溉植物，确保植物正常生长。淤满后，其蓄水功能丧失，可进行土地生产，可以作为苗圃,为坡面进行大规模林草建设提供种苗;也可以发展经济园林,种植高秆农作物如玉米等。

2)蓄水型淤地坝。回水面以上的周边地带,需选配一些耐水性林种,如柳树、云杉等。条件许可的可兼营一些小型的水产养殖业。

3)兼做道路及其他工程型淤地坝。对这类淤地坝树种和草种的选择,主要以防护林为主。

4)旅游景观型淤地坝。坝区的周边地域以油松等常青植物为主,坝体附近应以雪松等风景树种为主。

5.4.3 水土流失治理对粮食安全的影响及对策

5.4.3.1 退耕对粮食安全的影响

以"退耕还林还草"和淤地坝建设为主要内容的晋西黄土高原区生态修复方案,对粮食安全的影响分析如表5-23所示。经统计,淤地坝建设可造高产田16 209 hm^2,退耕还林还草措施共减少耕地65 276 hm^2,两者面积比近似为1:4。

表5-23 晋西黄土区各区县耕地面积变化汇总

县(区)	小流域/个	淤地坝造田面积/hm^2	坡耕地退耕面积(>20°)/hm^2	淤地坝造田面积与坡耕地退耕面积比例
右玉县	5	383	347	1.10
朔州市平鲁区	3	289	92	3.14
偏关县	10	1 118	2 204	0.51
神池县	5	375	1 385	0.27
河曲县	14	1 217	293	4.15
五寨县	8	756	422	1.79
宁武县	3	376	2 356	0.16
苛岚县	5	356	1 426	0.25
保德县	2	136	1 557	0.09
岚县	5	339	1 257	0.27
静乐县	1	794	4 663	0.17
兴县	6	1 370	3 625	0.38
临县	15	1 823	3 371	0.54
方山县	8	433	3 366	0.13
离石市	6	377	4 769	0.08
柳林县	4	733	1 767	0.41
中阳县	1	681	3 283	0.21

续表

县（区）	小流域/个	淤地坝造田面积/hm²	坡耕地退耕面积(>20°)/hm²	淤地坝造田面积与坡耕地退耕面积比例
交口县	7	957	7 483	0.13
永和县	3	410	5 060	0.08
隰县	6	802	4 272	0.19
石楼县	5	654	6 520	0.10
大宁县	8	566	1 129	0.50
蒲县	8	402	1 674	0.24
吉县	7	430	2 830	0.15
乡宁县	4	432	125	3.46
合计	149	16 209	65 276	0.25

建设在各级沟道中的淤地坝，将原来被洪水冲走的水土资源拦蓄在沟道内，就地充分利用，使荒芜、起伏不平的大小沟道淤成良田，增加耕地面积，改善耕地质量。另一方面，由于坝地拦蓄的都是小流域坡面上流失下来的表土，含有大量的牲畜粪便、枯枝落叶等，土壤肥沃；坝地地下水水位高，土壤水分充足，墒情好，耐干旱；坝地平坦、宽阔，耕作方便，提高了粮食单产。据统计，坝地单位产量一般为 400 kg/亩，是坡耕地产量的 2~3 倍。可见，淤地坝造田面积与坡耕地退耕面积比例尚不能充分保障当地人民的粮食需求。为保障粮食供应，还需要增加约 15 000 hm² 的高产粮田，本次研究计划通过荒滩整治和坡改梯工程来实现。

5.4.3.2 荒滩整治与坡改梯工程

为确保退耕还林还草工程顺利实施，保障项目区的粮食安全，必须加强稳产高产农田的建设。在晋西黄土高原区，稳产高产农田建设主要通过两条途径：①荒滩整治；②坡改梯工程。晋西黄土高原区 25°以上的坡耕地有 1.14 万 hm²，20°~25°的坡耕地有 5.39 万 hm²，规划的淤地坝在冲淤平衡时可造地约 1.6 万 hm²。考虑到淤地坝造地有一定的时间滞后性，为保障粮食安全，预计荒滩整治与坡改梯需增加稳产高产农田面积 2.8 万 hm²。具体如表 5-24 所示。

表 5-24　荒滩整治与坡改梯工程规划　　　　（单位：hm²）

规划项目	2015 年	2020 年	合计
荒滩整治	2 000	1 000	3 000
坡改梯工程	15 000	10 000	25 000
合计	17 000	11 000	28 000

5.5　饮水安全保障技术及应用

饮用水安全直接关系到人民的生命安全和生活质量。1997~2001年山西省连续5年持续干旱造成农村大面积饮水困难，造成饮用水不安全主要包括水质和水量两方面的问题，本研究从水质、水量两方面分别提出了针对性的解决方案。

5.5.1　水质问题解决方案

通过对2008年饮水安全进行分析可以看到山西省农村饮用水存在着严重的水质问题，水质问题主要包括地方性水质不达标和水质污染两个方面。山西省饮水水质不安全人口481.15万人，占农村饮水不安全人口的57.9%，其中地方性水质不达标人口297.16万人，饮水质污染不达标人口184.01万人，统计到山西省各个地级市饮水不安全人口分布见表5-25。

表5-25　山西省各市农村水质问题造成饮水安全不达标人口统计　（单位：万人）

地级市	地方性水质不达标	水质污染	水质饮水不安全人口总数
太原市	11.45	8.24	19.69
大同市	17.58	8.34	25.92
阳泉市	5.45	12.14	17.59
长治市	10.34	27.14	37.48
晋城市	14.92	9.57	24.49
朔州市	13.96	1.05	15.01
忻州市	15.08	22.73	37.81
吕梁市	40.28	21.77	62.05
晋中市	36.23	18.15	54.38
临汾市	36.7	10.68	47.38
运城市	95.15	44.2	139.35
合计	297.14	184.51	481.15

地方性水质不达标是指由于当地水源氟、砷等含量超标造成地表水无法进行饮用，存在这一问题的区域主要包括大同、忻定、太原、临汾、运城、上党盆地及部分沿黄县市。高氟高砷水已经对人们的身体健康造成了巨大影响。

水质污染是影响农村饮水水质安全的另一主要问题，2008年山西省农村因水质污染而引起饮水安全不达标的人口有184.51万人，其原因是饮用未经处理的Ⅳ类及超Ⅳ类地表水、细菌学超标严重或者是污染严重且未经处理的地下水及其他的饮水水质超标。这些地区主要分布在污染比较严重的汾河、漳河、涑水河、浮河、桑干河等河流沿岸、煤炭开采区及周边地区。

对于高氟高砷区饮水问题应主要从兴建除氟、除砷工程着手，为保证人民喝上放心水，增加这些工程建设是未来工作的重中之重。而对于采煤造成的水质污染问题则寻求替代水源保证饮水水质问题，对于现行造成的污染应采取相应的治理措施。针对水质问题提出工程建设规划，到2015年针对山西省现存水质问题各市建设饮水工程见表5-26。

表5-26　山西省各市规划建设农村饮水安全工程情况　　（单位：个）

地级市	除氟砷工程		除盐工程	
	找好水源	水处理	找好水源	水处理
合计	1 397	211	710	42
太原市	162	2	91	0
大同市	127	0	62	0
阳泉市	36	0	33	10
长治市	1	0	168	0
晋城市	5	0	83	0
朔州市	78	11	8	7
忻州市	73	0	103	0
吕梁市	520	20	55	4
晋中市	114	153	16	12
临汾市	180	25	22	9
运城市	101	0	69	0

2015年后，预计每年将有4万人因水质污染而无法保证饮水安全。对于这部分饮水不安全人口，具体的解决措施应采取"谁破坏，谁补偿"的原则，纳入采煤生态补偿的长效机制解决。具体的解决办法以非工程措施为主，即利用已建好的饮水安全工程解决每年新增的饮用水不安全人口。此外，工程的监管必须得到严格落实，要设立监管机构对农村饮用水安全进行监管与监督，确保饮水工程充分发挥自身的作用。同时，相关部门要对新增饮用水工程进行定期的维护，以保证饮水工程能够正常运行。

5.5.2　水量问题及饮水保证率问题及解决方案

目前，山西省饮用水安全仍存在较为严重的水量问题。在饮水安全指标体系中，除了水质指标外还包括水量、方便程度和保证率三个指标。水量指标是指每人每天可获得的水量不低于20~60 L，方便程度是指人力取水往返时间不超过20 min，大体相当于水平距离800 m或垂直高差80 m的情况。保证率要求供水保证率不低于90%。据调查统计，在非水质不达标人口中，有三方面原因，包括水量不达标、用水方便程度不达标和水源保证率不达标。这些人口主要分布在老边穷地区以及煤炭开采区。许多老边穷地区由于经济落后位置偏远，用水量用水方便率以及水源保证率均达不到要求，许多地方还未通上自来水。据调查统计，山西省有22 967个自然村419万户1541万人通上了自来水，占全省农村人口的65.1%，有25 872个自然村219万户827万人还没有通上自来水，占全省农村人口的34.9%（表5-27）。

表5-27　山西省农村未通自来水情况

分类		自然村数/万个	户数/万户	人口/万人	比例/%
未通自来水情况	合计	2.58	219	827	34.9
	饮水安全规划内	1.54	123	467	19.7
	饮水安全规划外	1.04	96	360	15.2
行政村所在地自然村未通自来水情况	合计	1.41	185	693	29.2
	饮水安全规划内	0.81	105	397	16.8
	饮水安全规划外	0.61	80	296	12.4

此外采煤漏水造成的饮水安全不达标地区主要分布在煤炭开采区及煤炭开采造成的地下水水位下降区。山西省是全国的煤炭大省，全省含煤面积超过6万 km^2，占全省土地总面积近40%，遍布全省94个县市区。据调查统计，山西省采煤漏水直接造成2392个村118万人饮水困难，山西省周边4852个村292万人不能得到足量饮水。对于非水质饮水安全问题，兴建足够的集中和分散供水工程是解决该问题的关键。同时，将水量充足地区的水源调配到偏远地区，兴建调水工程也是解决非水质问题可考虑采用的工程措施。集中供水工程主要建设在城市相对密集的地区，主要包括集中建设自来水工程等，而对于较为偏远的地区则要采取分散供水工程，包括建设水井水窖等针对水量问题。2015规划年山西省各地级市兴建饮用水工程规模见表5-28。

表5-28　山西省各市规划建设农村饮水安全工程情况

地级市	集中供水	分散供水
合计	12 454	2 977
太原市	403	40
大同市	849	0
阳泉市	252	248
长治市	2 069	258
晋城市	832	22
朔州市	709	11
忻州市	1 230	856
吕梁市	1 479	409
晋中市	1 345	164
临汾市	1 901	819
运城市	1 385	150

2015 年后山西省每年将有约 15 万人因采煤漏水而出现新的饮水困难，对于这部分人口的饮水安全问题主要应利用新建的集中供水工程和分散供水工程解决水量、饮水方便及饮水保证率不足造成的新增饮水不安全人口的饮水问题。与此同时，对于分散和集中供水工程的维护与监管也要引起高度重视，确保饮用水工程发挥作用。

第6章 面向生态的河流水资源配置理论方法及应用

6.1 面向生态的河流水资源配置理论与方法

本研究在"自然-人工"二元水循环理论的指导下，综合运用生态水文模拟、水资源合理配置、复杂水系统联合调度等现代技术，按照"模拟—评价—配置—调度"的基本思路予以完成。通过本研究，将系统构建为集生态水文模型、水资源配置模型和生态调度模型于一体的、面向生态的河流水资源合理配置与综合调控模型，对河流的生态需水进行预测，合理确立河流生态需水的阈值和面向生态的多水源配置方案。

6.1.1 面向生态的河流水资源配置理论

6.1.1.1 面向生态的河流水资源配置目标

面向生态的河流水资源合理配置通过在空间、时间、用户、水量和水质方面实现水资源五位一体统一配置，在水资源规划层次上，提出水资源合理配置的方向与途径。在宏观调控层次上，配置当地水、再生水、雨洪水、上游来水以及外调水，提出开源、节流、保护的管理策略。在运行管理层次上，为不同水文条件和外调水条件下，河流不同生态区段的生态恢复与保护的水资源具体配置、运行和实时管理提供基础依据，具体包括三大目标：①保障最基本水资源需求，维持河道生态基流；②在资源承载能力前提下，确保河滨带的恢复；③生态用水较现状有增加，保护重点生态单元。

6.1.1.2 面向生态的河流水资源配置原则

面向生态的河流水资源合理配置必须遵循五大原则，基于宏观视角，根据稀缺水资源分配的社会学与经济学原理，水资源合理配置应遵循公平性、有效性和可持续利用的原则；基于微观视角，水资源的配置还应遵循优水优用和资源短缺条件下最小破坏等原则（王浩和游进军，2008）。

1）公平性原则。保障公平是面向生态的河流水资源配置的首要原则。首先要保证不同区域、不同行业及生态环境都具有生存的条件。其次是保证平等的发展权，特别是干旱半干旱缺水地区，如果不在资源配置上给予必要的照顾，必然形成社会经济挤占生态环境用水的局面，导致河道断流、湿地萎缩甚至消失。

2）有效性原则。有效性是宏观决策的重要依据，是通过水资源分配实现水资源利用的最大边际效益，其不仅包括经济意义上的最大边际效益，分析节水、开源、海水淡化等各边界成本，还包括对环境负面影响小的环境效益，以及能够提高社会人均收益的社会效益，体现在配置中为相应的经济目标、环境目标和社会发展目标及其之间的竞争和协调发展。

3）可持续性原则。可持续性是水资源配置的基本原则，也是代际资源分配的公平性，要求满足近期与远期之间、当代与后代之间在水资源利用上协调发展、公平利用，而不是掠夺性地开采和利用，甚至破坏资源，严重威胁子孙后代的发展能力。

4）优水优用原则。优水优用原则是宏观有效性在微观水资源分配中的具体体现。不同用户对水质的要求不同，不同水质的水也具有不同的价值，不同水源向不同用水户供水的经济成本也不同。通过水量和水质统一配置，分质供水、分用供水，实现优水优用，从而在微观水资源管理中实现水资源利用效率的最大化。

5）最小破坏原则。最小破坏原则是宏观公平性在微观水资源分配中的具体体现，水资源总量的不足必然对社会、经济和生态造成一定程度损害。水资源的配置避免把这种损害集中在一个领域、一个行业、一个地区，造成"窄深式破坏"，而是把这种损害分散到较广泛的领域、行业和地区，形成"宽浅式破坏"，避免造成局部严重危机，将对整个社会的影响降至最小。

6.1.1.3 面向生态的河流水资源调控准则

1）供需协调，强化节水和非常规水挖潜。在节流方面，积极开展区域节水规划，通过调整经济结构，采用各项节水技术与措施，提高水的利用效率和效益。在开源方面，实现地表水、地下水联合调度，加大岩溶水、矿井疏干水、再生水等非常规水资源的开发利用力度，尽可能提高可供水量。

2）水生态保护及治污为本，有重点地进行水生态环境修复。充分保障河流生态需水并加大水污染防治力度，改善主要河湖水库等水源的水质。同时，有重点地进行水生态环境修复，主要包括滩涂湿地的修复、地下水超采控制等，实现用水强烈竞争下的人水和谐。

3）全面统筹，实行分部门分行业科学配水。统一安排生活、生产、生态用水，根据用水户的特性，合理确定供水保证率和优先次序，实行分质供水、优水优用。优质地表水与地下水优先供给城镇与农村生活，经二级处理后的再生水主要供给工业和第三产业，当地地表水和再生水可用于农业和城镇生态。

4）高水高用，实现水资源的高效利用。通过实行各种措施提高参与生活、生产和生态过程的水量的有效利用程度。增加对降水的直接利用，减少水资源转化过程和用水过程中的无效蒸发。促进一水多用和综合利用，增加单位供水量对农作物、工业产值和 GDP 的产出。减少水污染，增加有效水资源量，特定水质等级的水只能用于符合供水标准的用途。遵循市场规律和经济法则，按边际成本最小的原则安排各类水源的开发利用模式和节水措施，力求使各项节流措施、开源措施和节流与开源之间的边际成本大体接近。

5）系统配置，实现多水源时空联合调配。对当地水与过境水、地表水与地下水、常规水与非常规水进行统一配置，并进行多年逐时段的长系列调节。在空间上，完善现有的供用水工程网络，实现区域范围内水资源的联合调配。同时，通过水权转换等方式，实现部门之间以及部门内部的统一科学调配。

6.1.2 面向生态的河流水资源配置方法

6.1.2.1 总体思路

以水资源供需平衡作为水资源配置的出发点，充分考虑未来水资源变化情势合理配置水资源。水资源供给主要由雨洪水、本地水、再生水、上游来水和外流域调水组成。水资源需求主要由生态需水、生活需水、生产需水组成，其中生态需水主要包括河道基流需水、景观生态需水、河滨植被需水及地下水入渗回补等。

6.1.2.2 工作流程

首先在基线调查的基础上，查清山西省水资源数量、质量及时空分布规律。以现状水资源供需分析为基础，预测规划水平年地表水、地下水、跨流域调水等工程的可供水量。同时，进行河流多水源利用及生产生态需水分析，并在此基础上运用常规方法选择水资源配置方案集。运用优化与模拟技术，根据河流生态修复目标及水资源配置理论构建河流水资源配置综合调控模型，进行不同供水方案和需水方案集的水资源配置分析计算。最后提出不同生态修复目标下再生水、当地水、雨洪水等水源的配置方案。具体技术路线见图6-1。

6.1.3 面向生态的河流水资源配置特点

根据研究对象的特殊性和研究目标的独特性，面向河流生态修复的多水源配置主要表现在以下几个方面。

1）配置对象。在考虑河道外经济社会用水需求的基础上，重点关注河道内生态与河滨带景观。

2）配置目标。在保障河道外经济社会需求的基础上，重点围绕如何满足河流生态修复目标的河道水质、水量及流速等指标要求，实现水资源的最大生态服务功能。

3）配置手段。主要通过集成水库生态调度模拟、河道内生态时空需求过程模拟、多水源供应过程模拟、河道内外水量平衡模拟、多水源综合调控模型以及多配置方案的评价决策模型来实现。

4）配置水源。兼顾山西省河道外当地地表水、地下水、再生水、雨洪水、外调水等资源配置的基础上，重点配置可用于河道内生态修复的再生水、雨洪水和外调水等。

5）配置空间。以河道为中心，兼顾河道外经济社会用水，以关键河道生态修复节点、重要水利工程、流域自然特点和重要区域为分区依据，剖分水资源配置空间单元，将河道内和河道外的供水和用水联系起来。

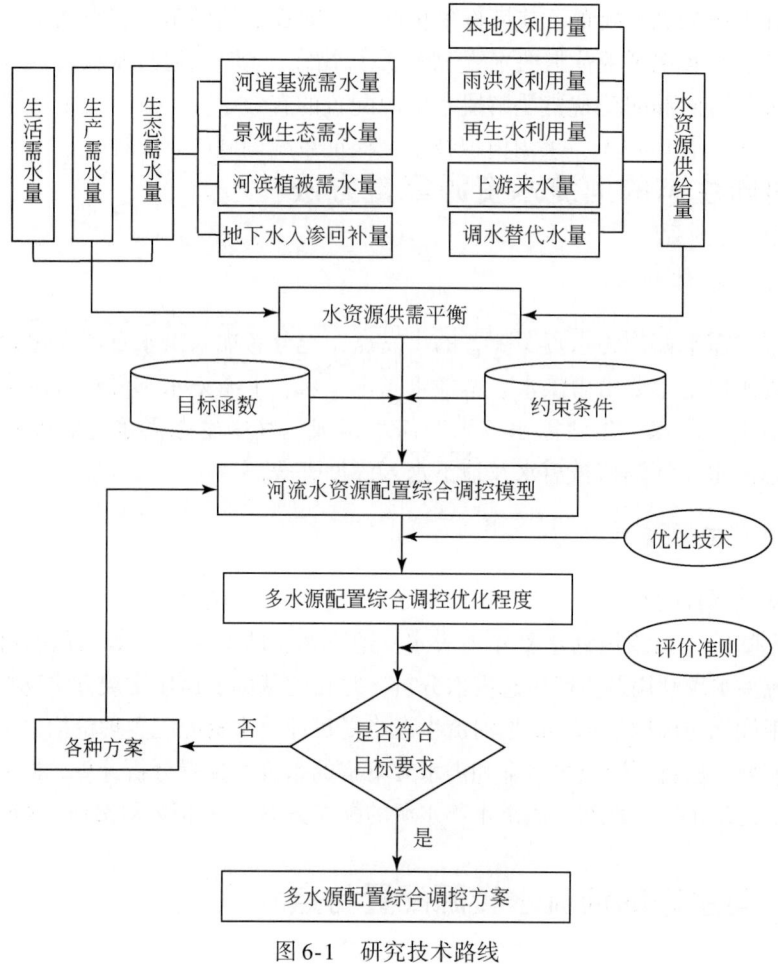

图 6-1 研究技术路线

6.2 面向生态的河流水资源配置模型构建

现代环境下区域/流域主要为宏观经济系统、水资源系统和生态环境系统组成的复合系统，而水循环是贯穿整个复合系统的联系纽带，以社会经济与环境协调发展为目标，运用多学科理论和技术方法，妥善处理各目标在水资源开发利用上的竞争关系，从决策科学、系统科学和多目标规划理论方面，研究水资源的最优调配是水资源规划的核心内容，也是实行最严格水资源管理的要求，而水资源合理配置模型也成为水资源规划管理、生态环境保护的核心定量工具。

在模型运行计算方面，水资源配置中逐渐引入了优化和模拟两种计算方法。两类模型各有其优缺点，模拟模型根据一定的运行规则及方法，具有直观易懂、仿真性强等优点，适合构建输入输出式的系统响应结构。而优化模型则通过建立目标函数和系统约束的方式，通过模型的求解可以得出满足给定要求下效益较好的结果，但通常需要对系统结构和约束作出简化，导致系统可能和实际有所偏离。一般而言，模拟模型便于结合实际情况进行相应的调整，根据需要对实际发生的过程进行描述，便于结合专业人员的经验。因此，综合优化和模拟两种技术的优点是解决水资源配置的有效手段，在宏观上，采用优化保证决策目标的实现，在微观上，采用模拟技术，保证系统刻画的真实性。

6.2.1 目标函数

根据水资源合理配置研究区域的特点研究需求，水资源合理配置目标可以是以供水的净效益最大为基本目标，也可以考虑以供水量最大、水量损失最小、供水费用最小或缺水损失最小等为目标函数。如选取系统缺水总量最少的目标函数：

$$\min Z = \sum_{m=1}^{M}\sum_{u=1}^{U}\sum_{k=1}^{K} \text{QSH}(m,u,k) \tag{6-1}$$

式中，$\text{QSH}(m,u,k)$ 表示第 m 时段第 u 个计算单元第 k 用水类型的缺水量。

6.2.2 约束条件

系统约束条件主要包括水量平衡约束、水库蓄水约束、引提水能力约束、当地可利用水资源量约束、生态稳定性约束、经济效益约束等。

1) 水量平衡约束。计算单元水量平衡约束：

$$\begin{aligned}\text{QSH}(m,u,k) = &\text{QDM}(m,u,k) - \text{QYHS}(m,u,k) - \text{QRS}(m,u,k) \\ &- \text{QGS}(m,u,k) - \text{QRUS}(m,u,k) - \text{QFS}(m,u,k)\end{aligned} \tag{6-2}$$

式中，$\text{QSH}(m,u,k)$ 表示第 m 时段第 u 计算单元第 k 用水类型的缺水量；$\text{QDM}(m,u,k)$ 表示第 m 时段第 u 计算单元第 k 用水类型的需水量；$\text{QYHS}(m,u,k)$ 表示第 m 时段第 u 计算单元第 k 用水类型的河道供水量；$\text{QRS}(m,u,k)$ 表示第 m 时段第 u 计算单元第 k 用水类型的水库供水量；$\text{QGS}(m,u,k)$ 表示第 m 时段第 u 计算单元第 k 用水类型的地下水使用量；$\text{QRUS}(m,u,k)$ 表示第 m 时段第 u 计算单元第 k 用水类型的再生水回用量；$\text{QFS}(m,u,k)$ 表示第 m 时段第 u 计算单元第 k 用水类型的山区洪水供用量。

河渠节点水量平衡约束：

$$\begin{aligned}H(m,n) = &H(m,n-1) + \text{OH}(m,r) + \text{ORX}(m,i) + \text{ORe}(m,n) \\ &- \text{QRC}(m,i) - \text{OI}(m,n) - \text{OL}(m,n)\end{aligned} \tag{6-3}$$

式中，$H(m,n)$ 表示第 m 时段河渠节点 n 的过水量；$H(y,m,n-1)$ 表示第 m 时段河渠节点 $n-1$ 的过水量；$\text{QH}(m,r)$ 表示第 m 时段河渠上下断面区间第 r 河流汇入水量；$\text{QRX}(m,t)$ 表示第 m 时段河渠上下断面区间第 i 水库的下泄水量；$\text{QRec}(m,n)$ 表示第 m 时段河渠上下断面区间的回归水汇入量；$\text{QRC}(m,i)$ 表示第 m 时段河渠上下断面区间第 i 水库的存蓄水变化量；$\text{QI}(m,n)$ 表示第 m 时段河渠上下断面区间的引水量；$\text{QL}(m,n)$ 表示第 m 时段河渠上下断面间的蒸发渗漏损失水量。

水库枢纽水量平衡约束：

$$VR(m+1,i) = VR(m,i) + QRC(m,i) - QRX(m,i) - QVL(m,i) \qquad (6-4)$$

式中，$VR(m+1,i)$ 表示第 m 时段第 i 个水库枢纽末库容；$VR(m,i)$ 表示第 m 时段第 i 个水库枢纽初库容；$VRC(m,i)$ 表示第 m 时段第 i 水库枢纽的存蓄水变化量；$VRX(m,i)$ 表示第 m 时段第 i 个水库枢纽的下泄水量；$VL(m,i)$ 表示第 m 时段第 i 个水库枢纽的水量损失。

河渠回归水量平衡约束：

$$QRec(m,n) = \sum_{u=u_o}^{u_r} QRECD(m,u) + \sum_{u=u_o}^{u_r} QRECI(m,u) + \sum_{u=u_o}^{u_r} QRECA(m,u) + QFL(m) \qquad (6-5)$$

式中，$QRec(m,n)$ 表示第 m 时段河渠上下断面区间的回归水汇入量；$QRECD(m,u)$ 表示第 m 时段河渠上下断面区间生活退水量；$QRECI(m,u)$ 表示第 m 时段河渠上下断面区间工业退水量；$QRECA(m,u)$ 表示第 m 时段河渠上下断面区间灌溉退水量；$QFL(m)$ 表示第 m 时段河渠上下断面区间山洪水量。

2）蓄水库容约束：

$$V_{\min}(i) \leq V(m,i) \leq V_{\max}(i) \qquad (6-6)$$

$$V_{\min}(i) \leq V(m,i) \leq V'_{\max}(i) \qquad (6-7)$$

式中，$V_{\min}(i)$ 表示第 i 个水库的死库容；$V(m,i)$ 表示第 i 个水库第 m 时段的库容；$V'_{\max}(i)$ 表示第 i 个水库的汛限库容；$V_{\max}(i)$ 表示第 i 个水库的兴利库容。

3）引提水量约束：

$$QP(m,u) \leq QP_{\max}(u) \qquad (6-8)$$

式中，$QP(m,u)$ 表示第 u 计算单元第 m 时段引提水量；$QP_{\max}(u)$ 表示第 u 计算单元的最大引提水能力。

4）当地可利用水量约束：

$$N(i,t) \leq N_{\max}(i) \qquad (6-9)$$

式中，$N(i,t)$、$N_{\max}(i)$ 分别表示第 i 个计算单元使用的当地天然来水可用量和当地天然来水量。

5）最小供水保证率约束：

$$\beta(m,u,k) \geq \beta_{\min}(m,u,k) \qquad (6-10)$$

式中，$\beta(m,u,k)$ 表示第 u 计算单元第 m 时段第 k 类用户的供水保证率；$\beta_{\min}(m,u,k)$ 表示第 u 计算单元第 m 时段第 k 类用户要求的最低供水保证率。

6）河湖最小生态需水约束：

$$QRVE(i,t) \leq QREVE_{\min}(i) \qquad (6-11)$$

式中，$QRVE(i,t)$、$QREVE_{\min}(i)$ 分别表示第 i 条河道实际流量和最小需求流量。最小需求流量可根据水质、生态、航运等要求综合分析确定。

7）河道内生态基流约束：

河道流量应满足河道生态基流约束条件：

$$Q_r \geq Q_{\text{rob}} \qquad (6-12)$$

式中，Q_r 为河道流量；Q_{rob} 为河道最小用水量，即河道生态基流。

8）经济效益约束：
$$i \geq \theta \tag{6-13}$$
式中，i 表示区域总体工程内部收益率；θ 表示预期的最小内部收益率。

9）非负约束。

6.2.3 模型主要计算模块

面向生态的河流水资源配置模型主要由 6 个模块组成，包括多水源供水预测模块、河道外和河道内需水预测模块、水库闸坝生态调度模块、配置单元水量平衡模块、多水资源综合调控模块和多目标方案评价模块，以水量平衡计算为核心，建立各模块之间的有机联系，通过计算机系统集成，形成面向生态的河流水资源配置综合调控模型。

6.2.3.1 多水源供水过程模拟

多水源供水模块主要是针对每个水资源配置单元，在对现有工程供水能力及供水方案分析的基础上，建立现有、在建和规划工程以及水源基本情况，进行各种工程供水方案的组合，模拟当地地表水、地下水、再生水、雨洪水和外调水等多水源的供应数量、质量和过程。

6.2.3.2 河道外和河道内需水模拟

河道外和河道内需水模拟模块提供水资源配置单元的经济社会和生态环境需水量。

河道外经济社会和生态环境需水量预测根据水资源配置单元的经济社会发展现状和未来规划，按照生活、工业、农业和河道外生态与环境需水分类，充分考虑节约用水，采用定额及水利用系数方法预测河道外经济社会和生态环境需水量，为单元水量平衡分析提供河道外经济社会需水方案。

河道内生态需水根据课题研究构建的适用于永定河区域特征的生态需水量计算方法，分区段和时段动态模拟河道生态需水量阈值，作为水资源配置中河道生态需水的基本约束。同时，分析模拟不同生态修复目标下的河道生态需水量，包括河道基流量、景观水面、滨河带植物需水量等。

6.2.3.3 水库、闸坝生态调度模拟

现状水库和拦河闸的运行调度过程主要依据工程担负的防洪、供水和发电等社会经济任务，没有充分考虑对河道生态与环境的影响。结合现状工程运行调度规则，根据课题研究提出的主要水库生态调水方案和水电站运行方式，形成水库生态运行调度方案和规则，提供面向生态的河流水库和拦河闸的调度过程。

6.2.3.4 水量平衡模拟

根据河道关键节点和重要工程等因素将河流剖分为不同特征分区，以河流为基本划分

水资源配置单元，围绕每个水资源配置单元，详细模拟水资源供应、传输、利用、消耗、排泄和污水再回用等每个环节。

6.2.3.5 河道水量汇流演算

通过河道水量汇流演算分析可以得到每个关键河段节点的河流水量、流速等指标，进而判断河道基流、地下水入渗回补、景观水面以及河滨带植物需水量等生态指标。日河道水量演算采用分段马斯京根法，并考虑区间支流汇入、再生水补给、河道水量蒸发与渗漏以及人工引提水作为水平衡项模拟分析。其中，区间支流汇入、再生水补给、河道水量渗漏以及人工引提水模拟过程同水量平衡模拟过程。

6.2.3.6 多水源综合调控模块

多水源综合调控模块是在河流水资源系统模拟和生态调度模拟的基础上，在给定水资源配置措施和对策下，进行当地地表水、再生水和雨洪水资源的分区域分时段综合调控，以满足生态修复目标要求的水质、水量及流速等生态指标要求，保证多水源在时间和空间尺度配置尽可能地满足生态修复的目标。

6.2.4 模型水量平衡计算

6.2.4.1 总水量平衡

通过对生产、生活、生态需水量及水资源供给的研究，可以计算水资源供需平衡，进一步确定生态需水供需情况。水资源供需平衡是确定水资源供给方式及供给对象的基础。若可供水量等于需水量，则水资源处于供需平衡状态，水资源供需平衡方程为

$$W_U = W_S \tag{6-14}$$

其中，$W_U = W_{雨洪水} + W_{再生水} + W_{外流域调水} + W_{上游来水} + W_{本地供水}$

$W_S = W_{生活} + W_{生产} + W_{生态}$

6.2.4.2 节点水量平衡

根据河道关键节点和重要工程等因素将河流剖分为不同特征分区，水量平衡模拟考虑河段上游入流、支流汇入、再生水利用、河道与滨河带降水量等补给项，以及河道动植物、水体和河滨带水分消耗量、河道引提水量、河道地表水入渗地下等消耗量项（图6-2）。其基本水量平衡为

$$Q_{N+1} = Q_N + Q_m + Q_{SR} + P - Q_W - S - ET \tag{6-15}$$

式中，Q_{N+1}为河道断面$N+1$的出流水量；Q_N为河道断面N的出流水量，为上断面出流或者断面N处的水库、拦河闸的下泄水量，由水库、拦河闸生态调度模拟模块得到；Q_m和Q_{SR}为支流汇入水量和再生水回用河道量，由多水源供水模拟模块得到；P为河道与河滨带降水量，根据河段附近雨量站的空间差值模拟得到；Q_W为河道外引提水量，由河道外和河道

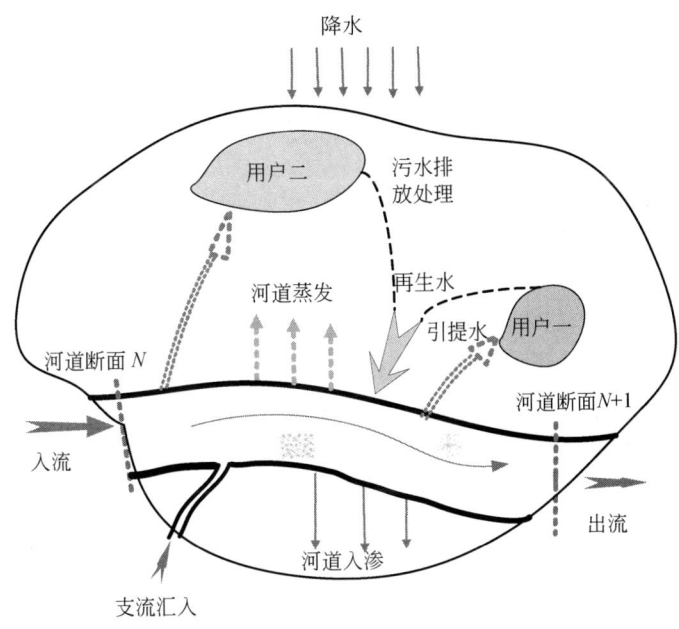

图 6-2　河道单元水量平衡关系

内需水模拟模块与综合调控模块得到；S 为河道入渗量，结合相关课题的成果模拟分析得到；ET 为河道动植物、水体和河滨带水分消耗量，结合河道与河滨带的水体、植被等地表状态与面积计算得到。

6.2.5　配置模型运行策略

配置模型的运行应该遵循各水源的特点、各用水户的用水要求等运行规则，这些规则的总体构成了系统的运行策略。

6.2.5.1　水资源系统的概化

配置模型是在概化后的水资源系统基础上进行计算，因为真实的水资源系统非常复杂，模型不可能完全模拟真实水资源系统中的所有过程。首先从研究目标出发，提炼出真实水资源系统中的主要特征和过程，实现水资源系统的概化，然后再将水资源系统转化为计算机所能识别的网络系统。具体地，根据相似性原理，用数学计算公式及程序描述水资源循环的主要过程，并将这些程序按照系统空间和时间顺序组合成一个既符合系统间复杂的相互关系又能为计算机所识别的网络系统。

(1) 供水水源分类

本次山西省河流生态构建与修复技术研究的供水水源分为常规水源和非常规水源两大类。常规水源包括地表水和外调水，非常规水源包括再生水及雨水等。

1) 常规水源。常规水源中的地表水概化为大型水库供水和当地可利用地表水两类。当地可利用地表水指由于当地河网、中小型水利工程的作用而能被直接利用的当地地表径流。

外调水源指跨流域调水，主要包括万家寨引黄、引沁入汾等调水工程引水。

2) 非常规水源。主要包括再生水、雨水等水源。各种非常规水源的利用能力都要随规划水平年不同而变化。

(2) 用水部门分类

用水部门概化为城镇生活、农村生活、第二和第三产业、农业、河道内生态及河道外生态用水等几类。

城镇生活用水包括城镇居民日常生活用水、公共设施用水等。在某一规划水平年下，只考虑年内变化。

农村生活用水包括农村居民生活用水。在某一规划水平年下，只考虑年内变化。

第二和第三产业用水指工矿企业在生产过程中用于制造、加工、冷却、洗涤等方面的用水以及建筑、服务业用水。在某一规划水平年下，只考虑年内变化。

农业用水包括种植业灌溉、渔业、林业、牧业等用水。种植业灌溉用水占比例最大，其用水年内分配和年际变化受气象因素变化影响显著。在某一规划水平年下，农业用水需考虑年内变化及年际变化。

河道内生态用水指河道蒸发、渗漏损失以及生态基流等用水要求。在某一规划水平年下，这类需水只考虑年内变化。

河道外生态用水主要包括滨河绿化带及湖泊湿地等用水。在某一规划水平年下，这类需水只考虑年内变化。

6.2.5.2 基本假定与计算原则

模型遵循的基本假定与计算原则如下：

1) 时间上以时段为单位，不考虑时段内来水、用水等不均匀的变化。逐时段计算时，此时段的用水、地表来水和降雨入渗补给量已知，并受上一时段影响。

2) 地域上以计算单元为单位。每个计算单元内不同用水要求所对应的纯地下水供区、纯地表水供区和混合水供区的比重预先给定，为进行比较论证，可以给出几个方案。

3) 计算单元的当地径流，只考虑其可利用量，供水对象限定于所在单元。

4) 按照用水要求供水。在城镇生活、工业用水范围内的供水产生地表回归水，部分回归水经污水处理厂处理后供工业、城镇生态环境或农业利用。

5) 每个地表水工程只对其指定的供水区承担供水任务。当满足规定供水任务且工程满蓄后尚有余水时，多余水量可依次为下游水库所存蓄。

6.2.5.3 总体配水规则

1) 各用水户满足用水优先顺序。优先顺序依次为城镇与农村生活、河道内生态、第二和第三产业、农业和河道外生态，但每一项需水均有最小控制量。供水保证率分别为城镇与农村生活为100%，第二和第三产业为95%，农业一般按经济定额，丰水年份按充分灌溉定额，生态环境采用以丰补欠方式供水。

2）不同需水要求下的供水次序。城镇与农村生活用水为优质地表水。第二和第三产业用水依次为二级处理后可再利用的污水和折淡海水可利用量、水库防弃水线以上水量、水库防破坏线以上水量、水库死水位以上水量。农业用水依次为处理后的污水及当地可利用径流、河网蓄水、水库防弃水线以上水量、水库防破坏线以上水量。生态环境用水依次为处理后的污水及当地可利用径流、河网蓄水、水库防弃水线以上水量。

3）地表水库对其供水区内各计算单元供水。如果有供水协议，按可供水量协议比例分配并列供水；如果没有供水协议，可采用供水优先次序、宽浅式破坏等措施。

分水比用以直接确定水库供水在各计算单元间的分配关系，或通过对另一水库的分水比间接确定水库供水在各计算单元间的分配关系。对城镇生活需水和工业需水要求统一供水，可采用相同分水比，而对农业需水采用另一值。

供水优先次序即需水满足的先后次序，需水中最优先满足的是生活需水和基本生态需水，另外专门的菜田灌溉需水可作为生活需水，予以优先满足。在此基础上，大致按照单位用水量效益从高到低的次序进行供水，依次为工业需水、农业需水、其他生态需水、发电需水和航运需水等。在调度操作上，供水高效性原则的定量实施还要受到供水公平性原则的制约。

4）并列供水水库在同一工作区内水量利用次序，按可供水量分配比例并列供水，或者先用调蓄能力小的水库供水后用调蓄能力大的水库供水。

显然，供需平衡计算结果与所给定的运行策略有关。通过修正运行策略可得到较为满意的结果。一般原则是：①计算单元之间同类供水保证率相差悬殊时，修正相应的供水水库分水比；②计算单元内城镇生活和工业供水保证率偏低或偏高时，修正对应供水水库的防破坏线。

6.3 山西省河流生态系统用水配置

6.3.1 研究分区

本研究在山西省水生态分区及行政分区的基础上，考虑河流水系的特点，结合其水资源水生态条件及水资源利用方式的差异，将山西省划分为21个生态水文计算单元。计算单元划分的具体情况见表6-1，图6-3为生态水文单元划分空间分布图。

表6-1 生态水文单元划分说明

单元编号	单元名称	单元所属城市	面积/km²	单元所属流域	包含区县数
1	DTY	大同市	11 299	永定河流域区	7
2	SZY	朔州市	6 669	永定河流域区	4
3	SZJ	朔州市	4 031	晋西黄土高原区	2
4	XZJ	忻州市	12 817	晋西黄土高原区	8
5	LLJ	吕梁市	16 061	晋西黄土高原区	9
6	LFJ	临汾市	8 894	晋西黄土高原区	6

续表

单元编号	单元名称	单元所属城市	面积/km²	单元所属流域	包含区县数
7	DTD	大同市	2 685	大清河、滹沱河山区	1
8	XZD	忻州市	12 330	大清河、滹沱河山区	6
9	YQD	阳泉市	4 573	大清河、滹沱河山区	5
10	JZD	晋中市	1 951	大清河、滹沱河山区	1
11	TYF	太原市	6 973	汾河流域区	5
12	LLF	吕梁市	5 821	汾河流域区	5
13	LFF	临汾市	8 527	汾河流域区	9
14	YCF	运城市	4 083	汾河流域区	8
15	JZF	晋中市	8 509	汾河流域区	7
16	JZZ	晋中市	5 909	漳卫河山区	3
17	CZZ	长治市	11 387	漳卫河山区	11
18	CZQ	长治市	2 594	沁丹河流域区	1
19	LFQ	临汾市	1 985	沁丹河流域区	1
20	JCQ	晋城市	9 415	沁丹河流域区	5
21	YCL	运城市	9 962	龙门至沁河区	3

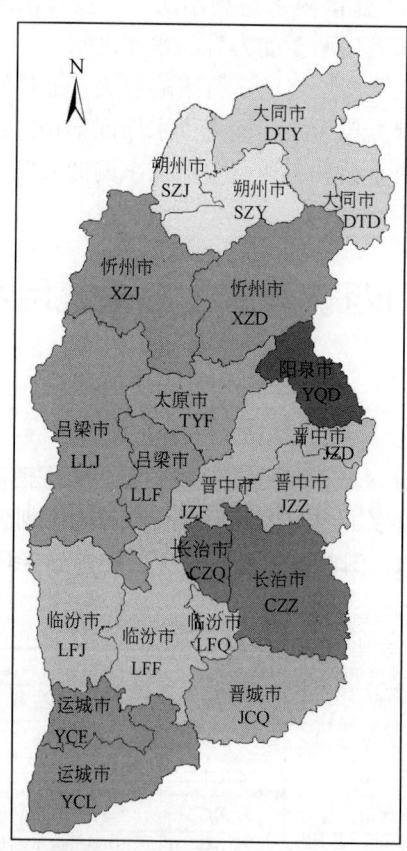

图 6-3 计算单元空间分布

6.3.2 主要河道断面控制

在生态水文单元划分的基础上，本章主要研究汾河、桑干河及沁河三大重点河流的生态保护与修复。从河流生态修复角度，结合河流特征，将汾河分为上、中、下三段，将桑干河及沁河分为上中段。

6.3.2.1 汾河

汾河上游段：太原兰村以北为汾河上游段，河道长 217.6 km，流域面积为 7705 km²，此段为山区性河流。

汾河中游段：自太原兰村至洪洞县石滩为中游段，河长 266.9 km，流域面积为 20 509 km²，河道宽一般 150~300 m，此段属平原性河流，河流两岸抗冲能力低，在水流长期堆积作用下，两岸形成了较宽阔的河漫滩，河型蜿蜒曲折，是全河防洪的重点河段。

汾河下游段：自洪洞县石滩至黄河口为下游段，河长 210.5 km，流域面积为 11 276 km²。该河段是汾河干流最为平缓的一段，平均纵坡比为 1.3‰。入黄河口处，河道纵坡缓，流速小，常受黄河倒流顶托，致大量泥沙淤积在下游河段中。

6.3.2.2 桑干河

桑干河干流在山西省省界干流总长 261 km，流域面积为 16 748 km²，河道平均纵坡 3.3‰，河床糙率 0.03，河型为宽浅式的游荡型河道，河床土质为粉沙土，稳定性差。按河流特征，桑干河在东榆林以上为上游，河道长 100 km，区间流域面积为 3430 km²；东榆林至册田水库为中游，河道长 162 km，区间流域面积为 12 370 km²。

6.3.2.3 沁河

沁河干流在山西省境内长度为 363 km，沁河流域总面积为 13 532 km²，大部分区间属于山区峡谷型，坡陡流急，水多沙少，河道平均纵坡为 3.8‰。源头至张峰水库坝址处为上游区，河道长 224 km，流域面积为 4990 km²。张峰水库至省界为中游，河道长 139 km，区间流域面积 2683 km²。该区沁河沿岸一带和丹河流域的泽州盆地是张峰水库规划的主要供水区。

根据各河流的生态功能特点，对三大河流进行合理生态划分，并设置其控制断面。其中，汾河上中下游共设置兰村、二坝、三坝、义棠、赵城、柴庄及河津 7 个断面；桑干河设置东榆林和册田两个断面；沁河设置马房沟和润城两个断面。各断面的分布见图 6-5。在上述永定河不同河段生态功能区划的基础上，各河流水资源系统单元的划分以河道为中心确定，兼顾河道外经济社会用水，按照关键河道生态修复节点、重要水利工程、流域自然特点和重要区域为分区依据划分水资源配置空间单元。节点或断面的设置一方面考虑具有水资源分配过程中的水量变化，另一方面也要考虑关键节点对水量水质控制的要求。重要水利工程包括蓄水工程、引提水工程、污水处理工程、给排水工程等。水源的划分包括当地地表水、地下水、再生水、雨洪水和南水北调水 5 种水源。用水户划分为生活、工业、农业、河道外生态和河道内生态与种用水户。共划分为 21 个计算单元（图 6-4）。

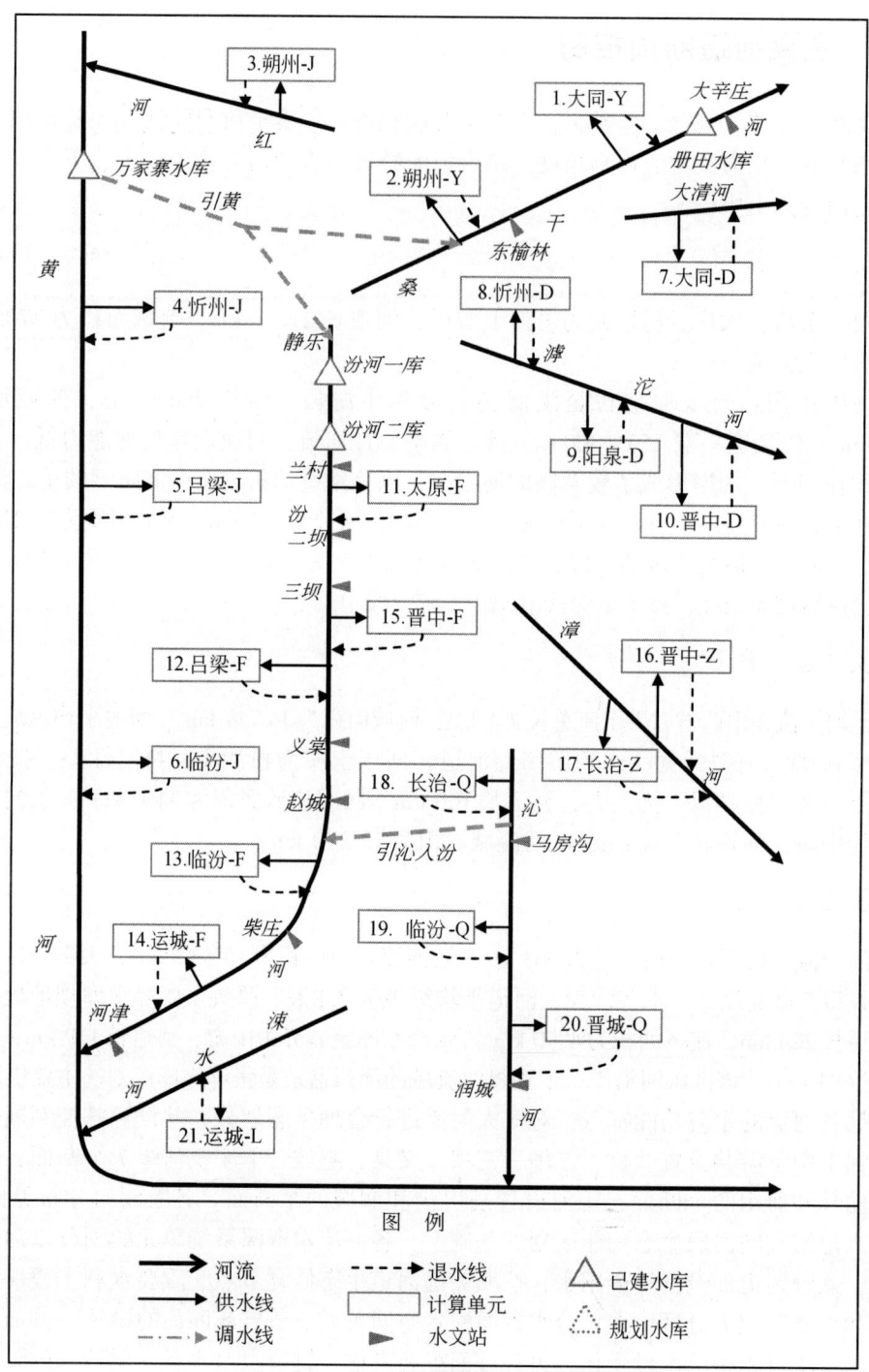

图 6-4 主要河道控制断面分布图

注：图中字母 D 指大清河及滹沱河山区，F 指汾河流域区，J 指晋西黄土高原区，L 指龙门至沁河区，Q 指沁丹河流域区，Y 指永定河流域区，Z 指漳卫河山区。

6.3.3 规划水平年河道供水分析

6.3.3.1 汾河

(1) 通过工程措施可调度的水量

汾河干流通过工程调节、控制，可以用于生态修复流量调度的水量主要有汾河水库上游当地来水、万家寨引黄工程南干线农业及生态供水、汾河太原城区段入河的中水、引沁入汾工程调水4个部分。其中汾河上游当地来水与万家寨引黄工程南干线的农业及生态供水进入汾河水库混合以后，进行统一调度。在以上水量中，汾河水库上游当地来水1.5亿 m³和汾河太原段入河中水0.8亿 m³为调度前河道中原有的水量，引黄工程增加的1.5亿 m³和引沁入汾工程用于汾河生态的引水量0.5亿 m³，合计2.0亿 m³（《万家寨引黄工程若干问题研究》），为此次生态修复供水新增加的可用水量。

(2) 汾河水库上游当地来水

汾河水库是山西省最大的水库，控制流域面积5268 km²，设计洪水流量3670 m³/s，大坝高61.4 m，主坝长448 m，总库容7.21亿 m³，设计灌溉面积149.2万亩。水库于1958年7月动工，1961年6月竣工蓄水。

1990年以来，汾河水库上游当地来水向汾河灌区和太原市工业、城市的年均供水量1.5亿 m³。这部分水量的输水通过汾河水库—汾河一坝区间的河道，是现状该段河道流量的主要组成部分。平水年汾河上游来水量为1.5亿 m³，枯水年来水量为1.0亿 m³，丰水年水库调蓄水量为2.0亿 m³（《山西省第二次水资源评价》）。

(3) 万家寨引黄工程南干线农业及生态供水

万家寨引黄工程由总干线、北干线、南干线和连接段组成。总干线西起黄河万家寨水利枢纽，东至偏关县下土寨分水闸，北干线由下土寨分水闸向北至大同，南干线和连接段由下土寨分水闸向南至太原。引黄工程总干线设计引水流量48 m³/s，设计年引水总量12亿 m³，其中向太原供水区供水的引黄工程南干线分水25.8 m³/s，设计年引水量6.4亿 m³。一期工程安置3台机组（其中1台备用），单机提水能力6.45 m³/s，目前已经形成的供水能力为3.2亿 m³/a。二期工程将安装引黄泵站的剩余机组，形成向太原市年供水6.4亿 m³的能力。二期工程的建设时间要根据太原市今后需水的实际增长确定。

从南干7号隧洞出口至太原市呼延水厂为南干连接段，全长138.6 km。其中汾河水库以上81.2 km，利用汾河河道输水，引黄水经汾河水库调节后，从水库引取表层水用管线输水至太原北郊的呼延水厂，线路总长57.4 km，设计流量20.5 m³/s，全年均可输水。

目前太原市实际年利用黄河水量0.7亿 m³，考虑继续实施关井压采、扩大供水区范围等因素，年供水量可望达到1.2亿~1.5亿 m³。在南干线一期工程现状引水能力之内，视汾河上游来水情况，每年安排1.0亿~2.0亿 m³的农业及生态供水量。在用水量超过3.2亿 m³以后，可以增加引黄泵站的机组，进一步提高供水能力。

(4) 汾河太原城区段入河的中水

太原市区现有北郊污水处理厂、杨家堡污水处理厂、河西北中部污水处理厂、殷家堡污水处理厂、赵庄污水处理厂和南堰污水处理厂6座污水处理厂,日处理污水能力为41.64万 m³。太原市每日的污水排放量约为67万 m³,污水处理率约为62%。处理后回用的水量为每日8万 m³,其余排入汾河。"十一五"期间,太原市将再建设城南污水处理厂一期工程、农牧场污水处理厂工程、小店污水处理厂工程和晋祠、晋源污水处理厂工程。此外,还对现有的部分污水处理厂进行了改造,使污水处理率达到87.5%,同时还将对污水处理厂的配套管网进行完善,使污水处理回供率达到40%~50%。

因此,今后太原市城区污水入河排放量预计将出现逐步减少的趋势,入河水质将有所改善。2015年,可利用的入河中水量按1.25亿 m³/a考虑;2020年,可利用的入河中水量按1.7亿 m³/a考虑。

(5) 引沁入汾工程调水

临汾市引沁入汾工程是开发利用沁河上游水资源,解决临汾盆地和汾河下游供水短缺的一项重要水源工程。现状该工程首部提引水枢纽位于临汾市安泽县城北1km处的沁河岸边马房沟沟口,距此断面上游9 km的沁河飞岭水文站控制流域面积2683 km²,多年平均年径流量2.35亿 m³,1969~1998年实测年均径流量1.86亿 m³。

输水工程从草峪岭隧洞出口后,于古县旧县镇进入洪安涧河南支,利用天然河道输水23.7 km。在古县五马村分水〔规划有五马水库(中型)进行调节,该水库已经开工建设〕,一部分进入跃进渠渠首,通过涝河水库、洰河水库调节,向尧都区工业和城市生活供水及发展灌溉。工农业生活退水经处理后用于汾河下游生态修复。

近期引沁入汾工程可用于汾河生态的年引水量约0.5亿 m³。此部分水量自五马水库以下沿洪安涧河干流向西,在洪洞县苏堡镇南铁沟进入洪洞县境,流经洪洞县苏堡、曲亭、大槐树3个镇8个村庄,在北营村流入汾河。

根据以上分析,汾河流域规划年可供水量预测值见表6-2。

表6-2 汾河各规划年可供水量预测　　　　　　　　　(单位:万 m³)

水平年	可供水量				
	地表水	地下水	向外流域调水	其他	合计
2015	130 616	129 064	32 000	24 574	316 254
2020	130 616	129 064	68 267	33 629	361 576

6.3.3.2　沁河

1) 蓄水工程。沁河区在建及规划的大中型水库有张峰水库、西沟水库、湾则水库和西冶水库。所有水库建成后可增加供水量1.93亿 m³,其中0.73亿 m³调入丹河分区。

2) 引提调水工程。沁河区规划引水工程有固县截潜流工程、下河泉引水工程、杜河提水工程、磨滩提水工程、曹河提水工程及安泽电厂提水工程,年供水量为1.23亿 m³(其中包括0.29亿 m³延河泉的供水潜力)。

3) 跨流域调水工程。沁河区跨流域调水工程有马房沟提水工程和柿庄水库引水工程。其中马房沟提水工程2015年调水量0.5亿 m³/a,二期工程建成后2020年供水量0.69亿 m³/a,

供水区为临汾市尧都区、襄汾等地。柿庄水库引水工程可向丹河高平供水 0.1 亿 m³/a。

4）中水回用量。参照"节水山西"战略规划，2015 年流域污水处理率要求提高到 70%，2020 年流域污水处理率要求提高到 80%。根据污水处理利用目标，全流域中水入河量 2015 年达到 842 万 m³，2020 年达到 1150 万 m³。

5）地下水。沁河区地下水在多年开采情况下大部分地区形成超采区，只有长治分区和临汾分区属于地下水尚有开发潜力区。长治分区地下水开发潜力为 522 万 m³，临汾分区地下水开发潜力为 95 万 m³，沁河区地下水开发潜力为 617 万 m³，地下水总可开采量为 27 650 m³。

通过以上分析沁河水源供水能力分析，不同水平年可供水量见表 6-3。

表 6-3　沁河各规划年可供水量预测　　　　　　　　（单位：万 m³）

水平年	可供水量				
	地表水	地下水	向外流域调水	中水	合计
2015	40 325	27 650	-6 000	842	55 517
2020	40 325	27 650	-7 900	1 150	53 925

注：负号表示向外流域调水。

6.3.3.3　桑干河

本次地表水可供水量计算分蓄、引、提不同类型水源工程分别进行，以桑干河干流及各支流各类地表水水源工程所组成的供水系统自上而下、先支流后干流逐级调算取得。

根据《永定河水资源规划配置报告》，桑干河山西境内多年平均地表水可利用量为 41 834 万 m³，地下水可开采量为 67 309 万 m³，地表水与地下水重复可开采利用量为 24 634 万 m³，当地加入境水资源可利用量为 84 509 万 m³。

在规划新水源工程实施条件下，按多年平均来水考虑，2015 年城市废污水产生中水量为 19 164 万 m³，万家寨引黄北干线调水量为 37 160 万 m³。2020 年比 2015 年水源工程的可增加中水量为 4575 万 m³，外流域调水增加为 12 959 万 m³。

桑干河各规划年可供水量计算结果见表 6-4。

表 6-4　桑干河各规划年可供水量预测　　　　　　　（单位：万 m³）

水平年	可供水量				
	地表水	地下水	向外流域调水	中水	总计
2015	41 834	42 675	37 160	19 164	14 0833
2020	41 834	42 675	50 119	23 739	15 4713

6.3.4　规划水平年需水分析

河道生态需水量计算分为两个部分：一是河道内生态需水量，包括河道生态基流、河道蒸发渗漏、河滨带植被或景观湿地需水；二是河道外生态需水量的计算，主要为河道外湿地、城市绿化和城市河湖需水。

6.3.4.1 河道内生态需水量的计算

河道生态系统是河道内以及河岸边所有生物与环境之间不断进行物质循环和能量流动而形成的统一整体，它包括生物群落和无机环境。水是河流生态系统内的重要因素，是生态过程的驱动力之一。所处地理位置、气候带不同使得河流具有不同特点，但在很多方面具有一定的共性，如河流生态系统是动态的，具有周期性的自然变化特征、具有抗干扰能力及维持其生存能力和恢复力等。

水流在发生时间和速率上的变化对当地植物和动物种群的大小及其年龄结构、稀有或者特种物种的存在、物种之间及物种与环境之间的相互关系，及多个生态系统过程均有很大影响。大多数河流需要季节或年际变化的水流来支撑植物或动物群落，并维持自然栖息地的动态性，从而维持物种的生产和生存。

流量的变化对河流生态系统起着非常重要的影响作用。物理变化方面，流量减少首先会引起河流物理特征发生变化，如悬浮物的沉积速度、河床形态、冲积平原的形态变化等。人为造成的物理环境改变及相关的生态变化往往需经过很多年才能认识到，河流生态系统的恢复需采取相当大的举措。生态响应方面，流量的改变能显著影响河流中的水生和河岸物种，如河道高和低流量的规模和频率的改变将影响生物的多样性及河流生物的分布和丰富程度等。

（1） 生态基流计算方法

根据水利部颁布的《全国水资源综合规划技术细则》，河道内生态需水量即维持河道一定功能的河道生态基流量，其计算方法主要有 Tennant 法、7Q10 方法、河道湿周法、IFIM（河道内流域增加）法、R2CROSS 法、CASIMIR（改道河流的河道内需水计算机辅助模拟模型）法，各地根据河流水系实际情况，选择不同方法计算。

基于山西省的实际情况，主要水资源问题是水脏、水少，其生境的恢复绝非短期水量补给就能解决，故在计算中不考虑生物栖息地的需水过程。此次规划以河道不断流，河道内保证一定的生态基流为目标，在此基础上逐步修复河流的生态系统及其功能。汾河、桑干河和沁河是山西省的三大主要河流，综上考虑，本次规划河道基流采用修正 Tennant 法进行计算。首先采用常规 Tennant 法计算，对于特殊月断流带情况，则结合河道生态服务功能分析，设定其基本流量加以修正。

Tennant 法中，河道内不同流量比例和与之相对应的生态环境状况见表 6-5。

表 6-5　Tennant 法中不同流量比例及对应的河道内生态环境状况　　（单位:%）

流量的叙述性描述	推荐的基流（10月至下年3月）（非汛期）平均流量比例	推荐的基流（4~9月）（汛期）平均流量比例
最大	200	200
最佳范围	60~100	60~100

续表

流量的叙述性描述	推荐的基流（10月至下年3月）（非汛期）平均流量比例	推荐的基流（4~9月）（汛期）平均流量比例
很好	40	60
好	30	50
中等	20	40
较小	10	30
最小	10	10
极差	0~10	0~10

根据Tennant法，维持河道一定功能需水量计算式如下：

$$W_R = 24 \times 3600 \times \sum_{i=1}^{12} M_i \times Q_i \times P_i \quad (6-16)$$

式中，W_R为多年平均条件下维持河道一定功能的需水量（m³）；M_i为第i月天数（d）；Q_i为i月多年平均流量（m³/s）；P_i为第i月生态环境需水比例。

用Tennant法计算维持河道一定功能的生态环境需水量关键在于选取合理的流量比例。不同的河流水系河道内生态环境功能不同，同一河流的不同河段也有差异，因此要根据实际情况选取合理的河流生态环境目标来确定流量比例。一些研究中，少水期通常选取多年平均流量的10%~20%作为河道生态环境需水量，多水期选取多年平均流量的30%~40%，但要根据各河流水系的实际情况而定。

（2）各主要河道生态基流及蒸发渗漏量计算

1）汾河。汾河干流河道在生态结构与功能要求主要包括：①维持河流常年不断流，并保持必要的水面宽度和流动性；②避免河流退化；③维持河滨植被系统不退化或不消亡；④维持河流水功能的水质要求；⑤维持河口生态系统的稳定。

通俗地说，就是要确定一个最小的清水流量，满足让汾河水常流起来、河床及河岸带的生态系统恢复起来的要求。同时要达到一定的规模，使汾河道生态有一个明显的、人民群众能感受到的改善。

表6-6是不同时期汾河各主要控制断面的实测流量，可以看出，汾河的天然径流量从20世纪60年代的25.49亿m³减少为15.77亿m³，减少了9.72亿m³，同时汾河流域的地表水（包括泉水）消耗量增加了大约6亿m³。天然径流的减少和用水量的增加从两个方面造成了汾河水量的衰减、断流。

表6-6 汾河各水文站实测年径流量变化统计表 （单位：亿m³）

年份	义棠站	石滩站	柴庄站	河津站
1950~1959年	11.35	12.02	16.12	18.25
1960~1969年	9.03	10.46	15.10	17.87
1970~1979年	5.26	6.00	10.23	10.37

续表

年份	义棠站	石滩站	柴庄站	河津站
1980~1989年	2.50	3.27	6.59	6.66
1990~1999年	2.73	4.99	5.49	5.08
1997~2007年	1.37	1.31	3.02	3.02

由于汾河各河段近年来经常出现长时间断流，10年最小月平均流量法和Q95法不适用。自1999年汾河二库下闸蓄水及2000年汾河公园建成以后，汾河上中游的河道流量完全处于人工调节控制之下，难以选择满足河道具有一定功能且未断流，又未出现较大生态环境问题的典型年。

因此，本规划采用Tennant法，分别计算汾河上游、中游、下游河段满足生态基流要求的最小月平均径流量。由于汾河灌溉放水期集中在每年2~6月的枯水期，故在丰水期及枯水期各河段分别采用相同的最小基流标准。采用Tennant法计算的中等（基流流量占径流量20%）和最小（基流流量占径流量10%）两种条件进行分析。

在充分考虑山西省水系分布、水功能分区、水文/水质站网的空间布置、监测年限等因素的前提下，结合修复规划目标，确立3个断面作为本次规划中河道内生态需水计算的控制断面：兰村（上游河段尾部）、义棠（位于汾河中游平原河段尾部）、柴庄（下游河段中间）三个水文站计算汾河上游、中游、下游的生态需水量。

兰村、义棠、柴庄三个水文站1956~2000年的天然径流量分别为3.83亿m³/a、13.58亿m³/a、18.43亿m³/a，采用Tennant法计算得到的中等（基流流量占径流量20%）和最小（基流流量占径流量10%）生态条件下的河道基流见表6-7。

表6-7 汾河各控制断面不同生态目标的河道生态基流

站名	多年平均天然年径流量		不同目标对应的生态需水量/(m³/s)	
	水量/(亿m³/a)	流量/(m³/s)	中目标（20%）	最小（10%）
兰村	3.83	12.14	2.43	1.21
义棠	13.58	43.06	8.62	4.31
柴庄	18.43	58.44	11.69	5.84

表6-8是不同水文站不同控制目标下的流量控制月过程。根据1997~2006年的实测流量和各月的实际补水天数（其中12月仅上旬补水，2月仅下旬补水），计算得到汾河上、中、下游不同目标条件下，各月所需的生态补水水量（表6-9）。

表6-8 汾河各控制断面河道基流量月过程 （单位：万m³）

月份	兰村（代表上游）		义棠（代表中游）		柴庄（代表下游）	
	中目标	最小	中目标	最小	中目标	最小
1	347.98	173.99	1 233.83	616.91	1 619.00	809.50
2	320.15	160.07	1 135.14	567.57	1 967.60	983.80

续表

月份	兰村（代表上游） 中目标	兰村（代表上游） 最小	义棠（代表中游） 中目标	义棠（代表中游） 最小	柴庄（代表下游） 中目标	柴庄（代表下游） 最小
3	339.38	169.69	1 203.32	601.66	2 046.60	1 023.30
4	424.55	212.28	1 505.33	752.66	2 067.40	1 033.70
5	493.33	246.66	1 749.19	874.59	2 110.80	1 055.40
6	665.18	332.59	2 358.53	1 179.26	2 821.20	1 410.60
7	1 043.13	521.57	3 698.62	1 849.31	4 682.00	2 341.00
8	1 575.61	787.81	5 586.63	2 793.31	6 727.80	3 363.90
9	1 039.20	519.60	3 684.70	1 842.35	4 988.20	2 494.10
10	651.78	325.89	2 311.02	1 155.51	2 939.40	1 469.70
11	393.31	196.66	1 394.56	697.28	2 189.20	1 094.60
12	366.40	183.20	1 299.14	649.57	2 054.00	1 027.00
合计	7 664.4	3 832.2	27 158.2	13 579.1	36 213	18 107

表 6-9 汾河上、中、下游各月所需的生态补水量　　（单位：万 m³）

月份	上游 中目标	上游 最小	中游 中目标	中游 最小	下游 中目标	下游 最小
1	0	0	0	0	0	0
2	142	58	480	180	280	0
3	0	0	1 730	582	1 856	289
4	0	0	1 651	534	2 032	516
5	386	59	1 639	485	2 116	549
6	0	0	1 047	0	1 275	0
7	311	0	268	0	0	0
8	185	0	0	0	0	0
9	0	0	0	0	0	0
10	506	179	1 002	0	0	0
11	0	0	1 825	728	778	0
12	157	52	613	241	414	0
合计	1 687	348	10 255	2 750	8 751	1 354

根据以上计算，在现状基础上汾河达到中目标的生态基流量为 2.07 亿 m³，最小生态基流量为 0.45 亿 m³。以上水量不包括从汾河水库输水到汾河中游和从沁河调水到汾河下游过程中的损失水量。其中汾河水库到赵城区间有三个强渗漏段，据 2008 年春季放水资料，从 2 月 28 日汾河二库放水，最小流量为 30 m³/s，到 3 月 6 日水头才到达柴村桥，渗漏及损失水量为 1200 万 m³。从汾河水库向汾河二库放水 1400 万 m³，最小流量为 30 m³/s，经过古交峡谷渗漏段，到寨上水文站损失了 400 万 m³。按照大流量调水损失率 40%、小流量调水损失率 55% 计算，汾河上中游所需的生态补水量中目标为 1.99 亿 m³，最小生态

补水量为 0.69 亿 m³。汾河干流总长 695 km，经计算蒸发渗漏损失水量为 2.95 亿 m³。

2）沁河。充分考虑沁河水系分布、水功能分区、水文/水质站网的空间布置、监测年限等因素，结合修复规划目标，确定润城、飞岭两个水文站作为本次规划中河道内生态需水计算的控制断面，控制沁河上游、中下游的生态需水量。采用 Tennant 法计算得到的中等（基流流量占径流量 20%）和最小（基流流量占径流量 10%）生态条件下的河道需水量见表 6-10。

表 6-10 沁河各控制断面不同生态目标的河道生态基流 （单位：万 m³）

月份	飞岭（沁河上游）		润城（沁河中下游）	
	最小需水量（10%）	中等需水量（20%）	最小需水量（10%）	中等需水量（20%）
1	46.2	92.4	267.2	534.4
2	46.8	93.6	241.2	482.4
3	57.4	114.8	276	552
4	67.2	134.4	295.3	590.6
5	85.4	170.8	340.5	681
6	88.6	177.2	399.9	799.8
7	291.6	583.2	1 099.5	2 199
8	500.4	1 000.8	1 753.6	3 507.2
9	324.4	648.8	1 131.2	2 262.4
10	204.4	408.8	834.7	1 669.4
11	115.3	230.6	526.2	1 052.4
12	72.1	144.2	352.7	705.4
合计	1 899.7	3 799.4	7 518	15 036

沁河干流在山西省境内长度为 363 km，大部分区间属于山区峡谷型，坡陡流急，水多沙少，河道平均纵坡为 3.8‰。经计算，桑干河上游蒸发渗漏损失量 66 万 m³，下游蒸发渗漏损失量 1569 万 m³。

3）桑干河。结合桑干河水功能分区、水文/水质测站的空间布置和修复规划的目标，选定两个断面作为本次规划中河道内生态需水量的控制断面，上游选取东榆林站，中下游选取册田水库站。采用 Tennant 法以天然径流的 10% 作为河道内最低生态需水控制标准，20% 作为中等流量控制，计算得桑干河各控制断面的各月径流过程见表 6-11。

表 6-11 桑干河各控制断面不同生态目标下的河道生态基流 （单位：万 m³）

月份	东榆林站（桑干河上游）		册田水库站（桑干河中下游）	
	最小需水量（10%）	中等需水量（20%）	最小需水量（10%）	中等需水量（20%）
1	174.3	348.6	215.6	431.2
2	173.2	346.4	270.1	540.2

续表

月份	东榆林站（桑干河上游）		册田水库站（桑干河中下游）	
	最小需水量（10%）	中等需水量（20%）	最小需水量（10%）	中等需水量（20%）
3	257.7	515.4	677.5	1 355
4	191.9	383.8	478.3	956.6
5	191.1	382.2	304.7	609.4
6	197.6	395.2	377.4	754.8
7	295.7	591.4	810.7	1 621.4
8	364.7	729.4	1 007.5	2 015
9	236.4	472.8	582.1	1 164.2
10	216.9	433.8	456.3	912.6
11	213.5	427	332.5	665
12	167	334	227.3	454.6
合计	2 680	5 360	5 740	11 480

桑干河干流总长 261 km，河道平均纵坡 3.3‰，河床糙率 0.03，河型为宽浅式的游荡型河道，河床土质为粉沙土。经计算，桑干河上游蒸发渗漏损失量 461 万 m^3，下游蒸发渗漏损失量 2240 万 m^3。

（3）河滨湿地需水的计算方法

河道湿地利用河道内的河漫滩进行湿地保护和修复，其生态需水与河道生态需水之间有着天然的联系，依存于河道而存在，通过河道生态需水来实现。水面面积取决于湿地的形态，依赖河道流量的补给。河流湿地不仅具有功利性功能，如为生产、生活提供用水，为航运、水上娱乐、养殖等提供水域，为水力发电提供能源等，还具有重要的环境功能，如为水生生物提供生存环境、发挥水体的自净作用及泥沙等物质的输运作用。

河流湿地的生态需水目标主要体现在以下方面：①保持河流生态系统基本形态，实现河道泥沙平衡的泥沙输运水流速度目标；②实现不同时期不同类型水生生物生存水深及水面面积等目标；③实现河流水生生物繁殖期水流速度目标；④实现不同时期河流栖息地水体温度、透明度及营养物等水质目标；⑤实现不同时期河流下游生态系统的水量及水质目标等。河流湿地生态系统对径流的要求一方面体现在生态系统自身健康对水位、水面、水质等参数的要求上，更重要的是体现在流域生态系统对河道物质输运和生物迁徙通道功能的要求上。生态用水可以通过人工补水方式从上游河道或其他水源补给。

从河滨湿地生态系统的组成来看，生态需水主要包括生物栖息地需水和植被需水两种类型；从水量的损失和需求角度看，湿地的水量损失主要通过蒸发和渗漏实现，随着生物生活周期的变化而发生变化。因此，河滨湿地生态需水量包括两部分：一是消耗性生态需水，采用水量平衡计算，并通过河道径流补充；二是非消耗性生态需水，用于保证湿地生态系统平衡的基本维持，通过泛洪流量进行补充。

1)滨河湿地的生态基流。即河道生态基流,用 Tennant 法,参见上节河道生态基流部分。

2)自净需水量。受资料限制,当地适用最枯月径流法。在《制订地方水污染物排放标准的技术原则与方法》(GB 3839—83)中明确规定,对于一般河流采用近 10 年最枯月平均流量或 90%保证率最枯月平均流量计算河道最小需水。鉴于山西省的实际情况,最近 10 年很多河道处于常年干涸断流状态,远小于多年平均月天然径流量的 10%,因此生态基流可同时满足河流自净需水量。

3)水面蒸发消耗需水。蒸发是水循环过程中的一个重要环节,也是水量损失的一个重要部分。它作为河川径流的损失项,是河流生态环境需水的重要组成部分,也是主要消耗项,需要在生态环境需水计算中充分考虑。

河流湿地水面蒸发一般用单位面积水体上的蒸发深度表示蒸发能力。蒸发消耗需水计算公式为

$$W_w = E_w A_w = E_w HL = E_w(H_u + H_d)\alpha L \tag{6-17}$$

式中,W_w 为水面蒸发消耗需水(m^3);E_w 为实测水面蒸发能力(mm);A_w 为水面面积(m^2);H 为水面平均宽(m);L 为河长(m),由于河流的不规则及蒸发能力随环境条件而变化,河道可划分为上断面和下断面;H_u 为河流上断面水面宽;H_d 为河流下断面水面宽;α 是水面宽折算系数,峡谷型河道小于 0.5,平原型河道大于 0.5,矩形河道等于 0.5。

河流净蒸发消耗需水是蒸发量与降雨量的差值。

计算中,首先进行河段划分,确定河段长度和平均宽度,然后选取相邻的气象站获取蒸发量和降水量,即可得出河道水面蒸发消耗水量。

4)渗漏消耗需水。与蒸发一样,渗漏也是河道水量自然损失的重要方式,包括自由渗漏和侧渗两种。影响河流湿地渗漏的因素包括河道岩性、河流水文参数、水文地质参数等。对一般平原区而言,当河道水位高于两岸地下水水位时,河水渗漏补给地下水。计算河流湿地渗漏消耗需水,首先分析确定河水补给地下水的河段和时间,逐段进行计算:

$$W_u = (Q_u - Q_d \pm Q_m)(1 - \lambda)\frac{L}{L'} \tag{6-18}$$

式中,W_u 为河流渗漏消耗需水(m^3),Q_u、Q_d 分别为上、下游水文站实测水量(扣除区间加入水量);Q_m 为区间入流水量;L' 是两测站间河道长度(m);L 为计算河道或河段长(m);λ 为修正系数,根据两测站间水面蒸发量及两岸浸润带蒸发量之和占($Q_u - Q_d \pm Q_m$)的比例确定。

5)湿地植物需水量。河流湿地植物需水计算与林草地植物需水计算原理相同,如下:

$$W_p = E_p \times A_p \tag{6-19}$$

式中,W_p 是植物需水(m^3);E_p 为植被蒸散量(mm);A_p 为河流湿地植被分布面积(m^2)。

6)滨河湿地生态需水量。考虑河流湿地生态环境需水中植物需水、水面净蒸发、净渗漏消耗需水的消耗性特征和生态基流、输沙与自净水之间的兼容性,确定河流湿地需水(W_R)计算公式如下:

$$W_R = W_p + W_w + W_u + \max(W_b, W_t, W_z) \tag{6-20}$$

式中，W_R 是河流湿地需水（m³）；W_p 为植物需水（m³）；W_w 为水面蒸发消耗需水（m³）；W_u 为渗漏消耗需水（m³）；W_b 为生态基流（m³）；W_t 为输沙需水（m³）；W_z 为自净需水（m³）。

（4）各主要河道河滨带的生态需水量

考虑到汾河清水复流工程，汾河城市段规划建设景观湿地带。本次规划河滨带生态需水包括河滨植被带需水及河滨景观湿地需水两部分。

1）河滨景观湿地需水。为系统研究湿地生态环境需水量，首先需根据各类生态系统的基本特征和组成结构将其分成不同类别，然后根据每一种类型和类别各自需水量的特点和功能差异，划分级别。一般来讲，湿地需水可以划分为 5 个级别：最大需水量、优等需水量、中等需水量、较小需水量和最小需水量。最大需水量是系统可能承受的最大水量，超过这一水量系统就会产生突变；优等需水量是系统存在所需的最佳水量，此时系统处于最理想状态；最小需水量是系统维持自身发展所需的最低水量，低于这一水量，系统便会逐渐萎缩、退化、甚至消失。较小和中等需水量属于过渡级需水量，不同的管理方式以及环境条件会使两种类型的需水量向两极发展，这种发展是否有利于生态系统的健康和生存，可作为调整管理措施的指标，应引起足够重视。其划分标准如表 6-12 所示。

表 6-12　湿地需水量的等级划分

植物需水	盖度/%	高度/m	土壤需水	含水量/%	土层厚度/cm
最小	50	1.5	最小	30	150
较小	50~60	1.5~2.5	较小	30~40	150
中等	60~80	2.5~3.5	中等	40~50	150
优等	80	3.5~4.0	优等	50~60	150
最大	100	>4.0	最大	>80	150
生物栖息地	淹水面积/%	水深/m	补给地下水	水面面积/%	渗透系数
最小	15	0.5	最小	15	0.005
较小	15~25	0.5~0.7	较小	15~25	0.005
中等	25~45	0.7~1.0	中等	25~45	0.005
优等	45~65	1.0~1.5	优等	45~65	0.005
最大	100	2	最大	100	0.005

其中，休闲旅游功能的等级划分同生物栖息地需水（崔保山和杨志峰，2003）。

参照不同修复标准，同时考虑到山西省的水量限制，此处只计算 4 个方案，即最小、较小、中等和优等生态需水量。河道内湿地主要考虑汾河沿岸的湿地修复，其生态需水量方案计算如表 6-13。

表 6-13 汾河河滨湿地生态需水　　　　　　（单位：万 m³）

区域		方案	近期		远期	
			修复目标	需水量	修复目标	需水量
汾河源头—汾河水库		最低	—	—	保护自然湿地 300 万 m²	50
		较低		—		132
		中等		—		198
		最优		—		297
汾河一坝段—介休义棠段	兰村—柴村桥	最低	建设 180 万 m² 人工湿地	30	—	—
		较低		79		
		中等		119		
		最优		178		
	柴村—小店桥	最低	建设 348 万 m² 人工湿地	57	—	—
		较低		153		
		中等		230		
		最优		345		
汾河一坝段—介休义棠段	一坝—二坝，柴村—小店桥人工湿地建设的延伸区域	最低	—	—	建设湿地景观带面积为 500 万 m²	83
		较低		—		220
		中等		—		330
		最优		—		495
	三坝库区	最低	建设 75 万 m² 人工湿地	12	—	—
		较低		33		
		中等		50		
		最优		74		
介休义棠—洪洞赵城段	平遥	最低	建设 100 万 m² 人工湿地	17	—	—
		较低		44		
		中等		66		
		最优		99		
	介休市	最低	建设 100 万 m² 人工湿地	17	—	—
		较低		44		
		中等		66		
		最优		99		
	灵石	最低	建设 100 万 m² 人工湿地	17	—	—
		较低		44		
		中等		66		
		最优		99		

续表

区域		方案	近期		远期	
			修复目标	需水量	修复目标	需水量
汾河下游段	临汾市	最低	建设330万 m² 人工湿地	54	建设湿地景观带面积为200万 m²	33
		较低		145		88
		中等		218		132
		最优		327		198
		最低	建设100万 m² 临汾人工湿地公园	17	—	—
		较低		44	—	—
		中等		66	—	—
		最优		99	—	—
总计		最低	建设人工湿地1213万 m²	220	保护自然湿地和建设人工湿地900万 m²	165
		较低		587		440
		中等		880		660
		最优		1320		990

由于河滨湿地水面主要依靠上游来水维持，因此此处计算湿地生态需水量未考虑湿地一次性补水量。

2）河滨植被带需水。本次河滨植被带生态需水计算只考虑蒸发和渗漏耗水量。经查，山西省境内汾河干流长695 km，河滨带宽按平均为50 m估算；沁河水量丰富，干流长326 km，河滨带宽按平均为100 m估算；桑干河在山西省境内河长252 km，多年平均径流量6.66亿 m³，仅为沁河水量一半。河滨带宽以平均50 m计，初步估计汾河、沁河和桑干河不同方案下河滨带需水量如表6-14所示。

表6-14 汾河、沁河及桑干河河滨带植被生态需水 （单位：万 m³）

河道	方案	需水量
汾河	最低	1358
	较低	2263
	中等	3622
	最优	5432
沁河	最低	1345
	较低	2241
	中等	3586
	最优	5378
桑干河	最低	520
	较低	866
	中等	1386
	最优	2079

6.3.4.2 河道外生态需水量计算

河道外生态用水主要包括城镇生态用水、林草地生态用水和河湖湿地生态用水。城镇生态用水量计算主要包括城镇河湖用水量、城镇绿地建设用水量和城镇环境卫生用水量。其中，城镇绿地和环境卫生生态用水量采用定额法计算，城镇河湖补水量采用水量平衡法计算。林草植被建设用水指为建设、修复和保护生态系统，对林草植被进行灌溉所需要的水量，林草植被主要包括防风固沙林草等，采用面积定额法计算。湖泊沼泽湿地生态环境补水量指为维持湖泊一定的水面面积或沼泽湿地面积需要人工补充的水量，其生态环境补水量采用水量平衡法进行估算。

(1) 城市绿地生态用水

城市绿地是流域旱地生态系统重要的组成部分，是城市生态系统中具有负反馈调节功能的重要组成，具有改善局部小气候、净化空气、降低噪声、提供生物栖息地以及景观娱乐等生态功能。城市绿地生态系统生态环境用水是指在一定的时空条件下，维持城市绿地系统健康存在与生态功能的顺畅发挥所需的一定水质标准下的水量，属于流域旱地生态环境用水类型。

城市绿地系统生态环境用水包括植物用水和土壤用水两部分，植物用水是绿地系统用水的主体，是消耗性用水，作为动态水资源长期循环流动；土壤用水的实质是土壤含水量，它为绿地植被的生长发育提供必要的土壤水分环境，是绿地植被生长所需占用的水量。

城市绿地生态环境用水的计算模型（杨志峰等，2006）如下：

$$W_{cg} = W_p + W_s \tag{6-21}$$

式中，W_{cg} 是城市绿地生态环境用水（m^3）；W_p 是城市绿地植物用水（m^3）；W_s 是城市绿地土壤用水（m^3）。

植被蒸散消耗用水计算公式如下：

$$W_p = (1 + 1/99) \times k \times \sum_{i=1}^{n} \beta_{li} \times ET_{oi} \times A_{pi} \tag{6-22}$$

式中，W_p 为城市绿地植物用水（m^3）；k 为单位换算系数；β_{li} 为不同类型植被的实际蒸散量与潜在蒸散量的比例；ET_{oi} 为不同类型植被的潜在蒸散量；A_{pi} 为不同类型植被的覆盖面积（km^2）；n 为植被类型数；i 为第 i 种植被类型。

土壤用水的计算可选取某一区域城市土壤水分常数的平均值，采用以下方法计算：

$$W_s = k \times \alpha_s \times \sum_{i=1}^{n} H_{si} \times A_{si} \tag{6-23}$$

式中，W_s 为城市绿地土壤用水（m^3）；k 为单位换算系数；α_s 为不同等级下的土壤实际含水量与田间持水量的比例（%）；H_{si} 为不同类型植被的有效土厚度（m）；A_{si} 为第 i 类土壤分布面积（km^2）。

(2) 城镇环卫生态用水

由于山西省地幅广阔，地势起伏大，各地区间降水差异显著，其生态环境需水预测应根据不同地区的水资源条件及不同水平年的生态环境保护、修复和建设目标进行。

各地区以社会经济发展总体规划和生态环境保护建设等相关规划为依据,综合考虑当地水资源条件,分别拟定各水平年生态环境保护、修复和建设需水目标。生态环境需水目标应在基准年(2008年)的基础上,根据当地的水资源条件以及生态环境保护、修复和建设目标,分别制定各水平年的林草建设、湖泊、沼泽、湿地等补水的计划,以确定需要人工补充的水量。

城市绿地浇洒用水额及浇洒次数一般视种植的林、草品种和气候条件确定。根据现状调查并参考有关标准,确定各地区不同的用水定额为 30 000~60 000 m³/km²。城市人工河湖补水主要消耗于水面蒸发和深层渗漏,根据有关资料统计,采用定额 400~600 m³/亩进行预测。环境卫生用水以城市道路、广场洒水为主,集中在春夏、夏秋炎热时期,道路、广场洒水标准主要考虑地面燥热程度和城区道路、广场大气环境湿润度要求,采用定额 200~600 m³/亩进行预测分析。根据各地的经济社会发展水平不同,其水资源利用系数介于0.7~1。

(3) 城市河湖湿地生态用水

主要计算方法有水面生态效益法、定额法、水量损失法、换水法等,或直接采用有关城市规划的规划水量。由于各城市经济社会水平、水源条件及基础情况不同,河湖环境要求也存在一定差别。

山西省2015年以补充河湖水量损失为主,远期则以实现河湖水功能区划目标来考虑所需换水量。

水面生态效益法:根据水和土的比热特性进行推算,理论上水面面积应占城市面积的1/6。

定额法:采用不同水平年的"城市规划人口"和"规划市区面积",按照不同环境要求确定不同定额,以反映城市居民生活水平提高对环境的要求。

水量损失法:河湖损失水量的计算方法一般要考虑蒸发渗漏损失。水面蒸发损失水量计算方法与湿地的相同,其渗漏系数根据土壤条件确定,一般为 1~3 mm/d。

以水量损失法模式计算山西省河湖水系生态用水量为现状年(2008年)2202.57 万 m³,2015规划水平年为7404.67 万 m³,2015年以后考虑水质改善及市区扩大因素,2020规划水平年为1.05亿 m³。

按照《全国水资源综合规划技术细则》的要求,2015、2020 年山西省城镇生态环境用水量分别为2.39 亿 m³ 和3.19 亿 m³。具体的规划目标及需水量预测见表6-15。

表6-15 山西省河道外生态需水量

水平年	城镇人口/万人	规划目标/万亩			年毛需水量/亿 m³
		绿化面积	河湖补水面积	环境卫生面积	
2008	1538	2794.5	66.662	1086.24	1.17
2015	1760	4113.4	119.80	1286.99	2.39
2020	1980	4912.5	197.97	1302.855	3.19

6.3.4.3 工农业需水量计算

(1) 工业需水量预测

本次工业需水预测以2008年为现状年,在2008年国民经济发展指标的基础上,按照

《山西省国民经济和社会发展第十一个五年规划纲要》的指标体系对2015、2020水平年的国民经济发展指标进行预测。按照第二产业（高用水工业、一般工业、火（核）电、建筑业）和第三产业（商饮业、服务业）不同行业的万元增加值用水量对2015、2020年的工业需水进行预测。在进行不同行业用水定额预测时，充分考虑各个行业的生产性质、用水水平、节水程度、生产规模、工艺、生产设备和技术水平以及用水管理与水价水平等影响因素，确定在充分节水条件下的各行业用水定额的下限值，工业用水定额预测方法包括重复利用率法、趋势法、规划定额法和多因子综合法等。选取的定额应符合《山西省用水定额》[晋政办发（2003）4号]的规定。

在预测不同行业的工业产值时，考虑未来新增工业的发展规划，按照《山西省国民经济和社会发展第十一个五年规划纲要》的经济增长类指标，对2015、2020年各项工业产值进行预测。各分区需水量见表6-16。

表6-16 工业需水量预测表　　　　　　　　　　（单位：万 m³）

河流	分区	水平年	第二产业 工业	第二产业 建筑业	第三产业	合计
汾河	忻州	2015	252	36	154	442
		2020	302	65	211	579
	太原	2015	31 635	—	—	31 635
		2020	35 432	—	—	35 432
	晋中	2015	10 478	609	1 085	12 172
		2020	11 397	791	1 858	14 046
	吕梁	2015	13 755	413	2 416	16 584
		2020	16 404	505	5 243	22 152
	临汾	2015	23 790	333	1 682	25 805
		2020	26 301	298	2 253	28 852
	总计	2015	79 910	1 391	5 337	86 638
		2020	89 836	1 659	9 565	101 063
桑干河	朔州	2015	21 871	160	995	23 026
		2020	22 234	245	1 314	23 793
	大同	2015	30 177	419	1 595	32 191
		2020	30 762	568	2 071	33 401
	忻州	2015	1 028	10	68	1 106
		2020	1 467	11	96	1 574
	总计	2015	53 076	589	2 658	56 323
		2020	54 463	824	3 481	58 768

续表

河流	分区	水平年	第二产业 工业	第二产业 建筑业	第三产业	合计
沁河	长治	2015	1 696	5.2	16.4	1 717.6
		2020	2 227	5	22	2 254
	临汾	2015	1 168	1.7	15.8	1 185.5
		2020	1 083	2	21	1 106
	晋城	2015	22 351	25	175	22 551
		2020	27 770	24	239	28 033
	总计	2015	25 215	32	207	25 454
		2020	31 080	31	282	31 393

(2) 农业灌溉需水量预测

1) 定额确定。农作物灌溉定额可分为充分灌溉和非充分灌溉两种类型。对于水资源比较丰富的地区，一般采用充分灌溉定额。而对于水资源比较紧缺的地区，一般应采用非充分灌溉定额，其各种设计保证率的亩均灌溉定额根据各行政区群众丰产灌水经验、年降雨量、种植结构、平均灌水次数、作物需水量等因素确定。

2) 农田灌溉水利用系数。灌溉水综合利用系数，2008年为调查值；2015规划年和2020规划年根据各区2008年水平平均逐年提高，控制在2015年一般为0.60，2020年提高到0.65的水平（王瑞芳等，2008）。

3) 农田灌溉需水量。经分析预测，农田灌溉2015规划年和2020规划年需水量见表6-17。

表 6-17　农田灌溉需水量预测表

河流	分区	水平年	净需水量/万 m³	灌溉水利用系数	毛需水量/万 m³
汾河	忻州	2015	262	0.61	430
		2020	267	0.65	414
	太原	2015	12 982	0.60	21 637
		2020	13 489	0.62	21 612
	晋中	2015	20 810	0.60	34 683
		2020	19 803	0.64	31 163
	吕梁	2015	19 764	0.60	32 940
		2020	19 768	0.62	31 673
	临汾	2015	22 960	0.60	38 267
		2020	22 548	0.62	36 126
	总计	2015	76 778	0.6	127 957
		2020	75 875	0.63	120 988

续表

河流	分区	水平年	净需水量/万 m³	灌溉水利用系数	毛需水量/万 m³
桑干河	朔州	2015	25 764	0.72	35 784
		2020	26 884	0.73	36 856
	大同	2015	9 318	0.72	12 941
		2020	10 014	0.75	13 331
	忻州	2015	45	0.70	64
		2020	51	0.77	66
	总计	2015	35 127	0.72	48 789
		2020	36 949	0.74	50 253
沁河	长治	2015	9 318	0.72	12 941
		2020	10 014	0.75	13 331
	临汾	2015	9 318	0.72	12 941
		2020	10 014	0.75	13 331
	晋城	2015	45	0.70	64
		2020	51	0.77	66
	总计	2015	18 681	0.72	25 946
		2020	20 079	0.75	26 728

6.3.5 水生态系统方案设置

为有效缓解山西省水资源供需矛盾，改善山西省水资源水生态质量，减轻陆源对省内河流及水体的污染，恢复河流健康，本研究在项目规划思想的指导下，根据山西省实际情况，建立山西省水资源水生态配置模型。在节水规划、水环境水生态保护规划、需水预测和供水规划的基础上，依据水生态水环境系统保护和修复目标及指标体系，把合理抑制需求、有效增加供水、积极保护生态环境的各种措施进行各个规划水平年组合分析，然后利用配置模型进行供需平衡计算，建立满足生态调控要求的生态系统用水量配置方案。

6.3.5.1 方案设置依据

在设置方案时，应考虑以下三个方面的基本内容：首先，要以现状为基础，包括现状的用水结构和用水水平、供水结构和工程布局、现状生态格局等；其次，要参照各种规划，包括区域社会经济发展、生态环境保护、产业结构调整、水利工程及节水治污等方面的规划；再者，要充分考虑河流生态保护的要求，以及河流修复达到的目标。

因此，在山西省第二次水资源综合规划制定的社会经济用水配置的基础上，开展河道、湿地生态供水量配置，并计算河道各控制断面的水量。对于各规划水平年，按以下步骤进行。

1）现状生态用水量。采用各规划修复河道和湿地现状水平年实际补水量，作为现状生态用水量。

2）2015 年生态供水量配置。根据 2015 年规划目标，对现状生态供水不满足需水量的规划目标，通过增加再生水、流域调水等措施进行配置，并分析可行性。

3）2020 年生态供水量配置。根据 2020 年规划目标，同样采用上述方法进行配置。

6.3.5.2 方案设置

依据项目的要求，设置水平年分别如下：现状年为 2008 年，规划水平年为 2015 年和 2020 年。根据山西省河流水生态现状，结合不同水平年的相关规划，选取汾河、桑干河及沁河三大重点河流为研究对象，本次规划分别从供水、生产生活用水及河流生态用水等方面进行考虑，每个水平年设置低-A、中-B、高-C 三个方案，其中河滨带生态 2015 水平年低、中、高需水量对应表 6-13 中的最低、较低和中等水平，河滨带生态 2020 水平年低、中、高需水量对应表 6-13 中的较低、中等和最优水平。各水平年方案设置见表 6-18。

表 6-18 各水平年生态供水方案设置

方案 因子	2008 年	2015 水平年			2020 水平年		
		2015A	2015B	2015C	2020A	2020B	2020C
引黄南干渠调水	低	中	中	高	中	高	高
引黄北干渠调水	×	×	中	中	中	高	高
沁河调水	×	×	低	低	低	高	高
中水回用	低	中	中	中	高	高	高
生产生活节水	低	中	中	中	高	高	高
河道基流	√	√	√	√	√	√	√
河滨带需水	×	低	中	高	低	中	高

注："√"表示生效的因子；"×"表示未生效的因子；对于引黄和沁河调水因子高、中、低分别指高供水水平、中供水水平和低供水水平；对于工农业因子高、中、低分别指高节水水平、中节水水平和低节水水平。

各方案具体情况如下：

1）现状年方案。用水模式与现状年基本相同，供水方面考虑引黄万家寨初步调水；工农业用水以现状为基础；生态需水仅考虑满足河道生态基流，而河道内及河道外生态需水均不考虑。

2）2015A 方案。在现状年方案基础上，供水方面考虑万家寨引黄中调水，增加中水回用量；用水方面保持外延式增长，工农业节水水平方面为中节水水平；河流生态方面考虑满足河道基流生态需水及河滨带生态低水平用水。

3）2015B 方案。在 2015A 方案基础上，供水方面考虑万家寨引黄中调水、沁河初步调水的情况；河流生态方面考虑满足河道基流生态需水及河滨带生态中水平用水。

4）2015C 方案。在 2015B 方案基础上，供水方面考虑万家寨引黄高调水、沁河中调水的情况；河流生态方面考虑满足河道基流生态需水及河滨带生态高水平用水。

5）2020A 方案。在 2015C 方案基础上，进一步增加中水回用量；用水方面保持外延式增长，工农业节水水平方面为中节水水平；河流生态方面考虑满足河道基流生态需水及河滨带生态低水平用水。

6）2020B 方案。在 2020A 方案基础上，河流生态方面考虑满足河道基流生态需水及河滨带生态中水平用水。

7）2020C 方案。在 2020B 方案基础上，供水方面考虑沁河高调水的情况；河流生态方面考虑满足河道基流生态需水及河滨带生态高水平用水。

6.3.6 河道生态供水配置及分析

6.3.6.1 现状生态用水量

根据供需分析结果，现状年方案的供水方面以 2008 年为基础，引黄万家寨初步调水 8500 万 m^3；工农业用水以现状为基础，在山西省第二次水资源综合规划制定的社会经济用水配置方案的基础上，对河道的生态用水进行分析，生态需水仅考虑满足河道生态基流，而河滨绿化带生态需水暂不考虑。采用 1991~2000 年多年实测平均水量作为现状进行分析。

在规划修复的 3 条河流中，汾河与桑干河现状平水年有一定的水量，汾河中下游基本全年断流或干涸。

（1）汾河

汾河现状年从万家寨引黄调入水量为 8500 万 m^3，汾河水库来水 1.5 亿 m^3 左右，太原市城市中水入河量约 7523 万 m^3；而汾河河道的渗漏损失非常大，为 29 522 万 m^3，生产生活年供水为 15 630 万 m^3，在满足生产生活用水及河道蒸发渗漏损失后，汾河各控制断面的流量见表 6-19 及图 6-5。汾河上游年均流量为 8.5 m^3/s，月最小流量为 3.4 m^3/s；汾河中游年均流量为 11 m^3/s，月最小流量为 0 m^3/s；汾河下游年均流量为 13.8 m^3/s，月最小流量为 0 m^3/s。可以看出，汾河中下游河流水量变化较大。从河道断流情况来看（图 6-5），汾河兰村以下均出现河道断流情况，空间上中游的汾河二坝—义棠大部分、汾河下游全部均出现断流，时间上汾河断流的主要出现在 3~5 月，其主要由中游的萧河灌区、文峪河灌区及汾河灌区农业灌溉的用水以及汾河水库大量供应城市生活工业用水所致。

综合分析，现状年汾河河道生态基流除汾河二库以上河道之外，以下河道均不能得到完全满足，河道生态环境状况比较严峻。

表 6-19　2008 年汾河各控制断面流量　　（单位：m^3/s）

月份	汾河二库	兰村	汾河二坝	汾河三坝	义棠	赵城	柴庄	河津
1	3.4	1.6	4.3	12.9	12.1	11.5	20.3	19.5
2	4.2	1.0	2.5	6.0	5.3	4.2	10.1	9.2

续表

月份	汾河二库	兰村	汾河二坝	汾河三坝	义棠	赵城	柴庄	河津
3	10.4	1.4	0	0	0	0	0	0
4	14.7	5.5	2.5	2.1	1.3	0.2	0	0
5	5.4	0	1.7	3.6	2.8	1.8	0.7	0
6	15.6	11.0	12.7	15.9	15.1	15.2	17.2	16.0
7	27.3	24.0	25.8	30.1	29.3	28.5	30.7	29.5
8	26.9	23.9	32.3	38.6	37.8	37.9	42.4	41.1
9	7.1	2.3	11.1	17.0	16.2	17.6	28.6	27.4
10	5.5	0.1	5.9	9.0	8.1	8.4	18.6	17.3
11	5.5	2.4	5.9	5.2	4.4	4.2	9.0	7.8
12	3.5	1.2	6.6	5.9	5.1	5.7	9.1	8.1
全年平均	10.8	6.2	9.3	12.2	11.4	11.3	15.6	14.7

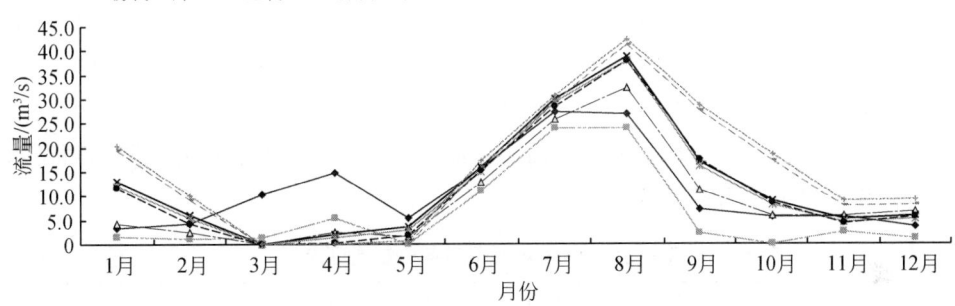

图 6-5　2008 年汾河控制断面月流量过程

(2) 沁河

沁河大部分区间属于山区峡谷型，水资源较丰富，1969～1998 年沁河飞岭断面多年实测平均流量为 1.86 亿 m^3/a，润城断面多年实测平均流量为 6.8 亿 m^3/a；现状年生产生活取水为 8600 万 m^3，开发利用程度较小。

从控制断面模拟的流量过程来看（表 6-20 和图 6-6），沁河飞岭断面年均流量为 $6.0 m^3/s$，润城断面年均流量为 $24.3 m^3/s$，年内流量多集中在汛期 7～9 月，飞岭断面流量在 $11.3 m^3/s$ 以上，润城断面流量在 $43.2 m^3/s$ 以上。这为引沁入汾工程提供了可能，为汾河下游河道生态修复用水提供了保障。

表 6-20　2008 年沁河各控制断面流量　　（单位：m^3/s）

断面	1月	2月	3月	4月	5月	6月	7月	8月	9月	10月	11月	12月	全年平均
飞岭	1.8	1.9	2.3	2.9	2.8	2.8	11.3	19.5	11.8	7.8	4.2	2.4	6.0
润城	11.4	10.4	8.7	10.0	9.7	11.1	43.2	72.0	46.3	34.4	19.7	14.8	24.3

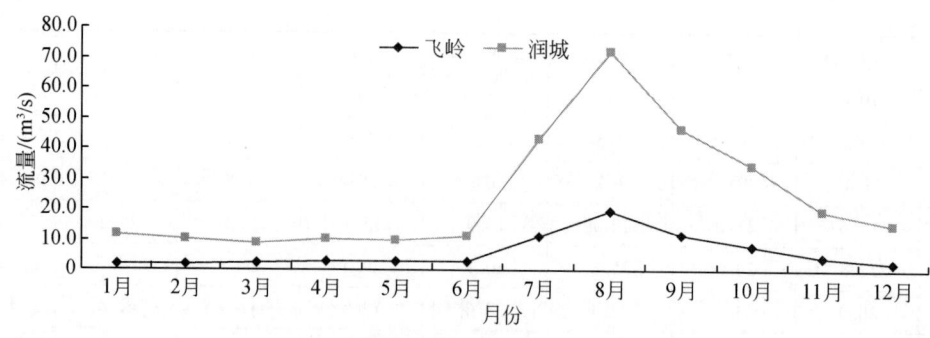

图 6-6 2008年沁河控制断面月流量过程

(3) 桑干河

桑干河河床土质为粉沙土，河型为宽浅式的游荡型河道，多年平均河川径流量 5.20 亿 m^3。桑干河流域是全国重要的能源基地，工业用水量大，河道年平均供水 2.62 亿 m^3。从河道断面模拟流量过程来看（表 6-21 和图 6-7），东榆林断面年均流量为 7.3 m^3/s，全年流量变化差异小。这是由于在朔州市境内受到神头泉的补给，多年平均清泉水量 1.17 亿 m^3。册田水库以下河道年均流量为 6.8 m^3/s，但年内分布不均，7、8 月流量最大，可达到 19.0 m^3/s，但 5、6 月也降到了 1.2 m^3/s。由于东榆林断面以下河道水量大量被工农业用掉，册田水库以下流量衰减很大，尤其是在 5~6 月，由于农业灌溉用水的增加，导致河道流量低于 2 m^3/s。从现状年桑干河河道流量来看，桑干河急需万家寨引黄调水，以保证工农业及河道生态用水要求。

表 6-21 2008年桑干河各控制断面流量　　　　　　　　（单位：m^3/s）

断面	1月	2月	3月	4月	5月	6月	7月	8月	9月	10月	11月	12月	全年平均
东榆林	5.7	5.6	8.4	6.2	6.2	6.4	9.6	11.9	7.7	7.1	6.9	5.4	7.3
册田	3.2	4.4	9.6	5.2	1.9	1.4	14.2	19.0	3.8	9.3	6.2	3.8	6.8

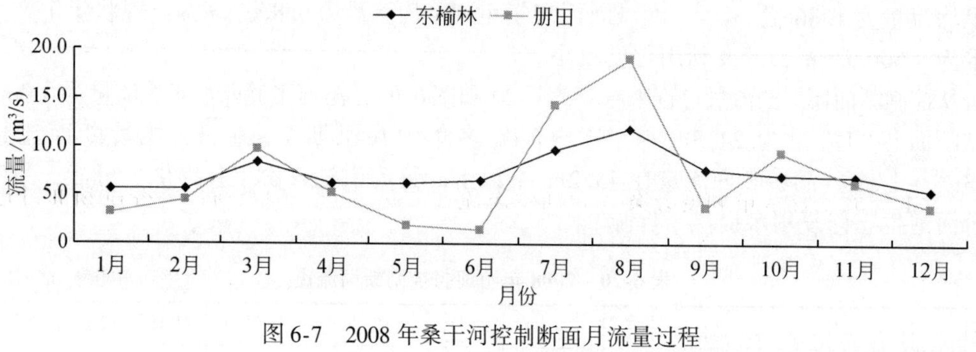

图 6-7 2008年桑干河控制断面月流量过程

6.3.6.2 2015 水平年生态用水量

根据供需结果分析，2015 水平年方案供水方面以现状年为基础，考虑万家寨引黄调水及中水入河量；用水方面保持外延式增长，工农业节水水平方面为中节水水平。在山西省第二次水资源综合规划制定的社会经济用水配置方案的基础上，对河道的生态用水进行分析，考虑满足河道基流以及河道生态需水要求。

(1) 方案 2015A

1) 汾河。在现状年基础上，在汾河水库来水 1.5 亿 m³ 的情况下，万家寨引黄调水增加到 1.5 亿 m³，中水入河量增加到 1.25 亿 m³；用水方面保持外延式增长，地表水供给工农业水量为 2.95 亿 m³。在满足河滨带生态 1578 万 m³ 需水量的情况下，汾河各断面河道流量月过程见表 6-22 及图 6-8。

表 6-22 方案 2015A 汾河各控制断面流量　　　（单位：m³/s）

月份	汾河二库	兰村	汾河二坝	汾河三坝	义棠	赵城	柴庄	河津
1	4.5	0.6	4.9	13.5	12.6	12.1	20.9	20.1
2	5.7	1.3	3.1	4.3	3.6	2.4	8.4	7.5
3	21.8	15.8	11.8	2.6	1.8	0.5	1.8	0.5
4	21.9	16.0	11.1	3.1	2.3	1.2	0.0	0.0
5	10.0	4.1	4.0	3.0	2.2	1.2	0.1	0
6	13.1	7.2	7.9	8.8	8.0	8.2	10.1	8.9
7	25.5	19.5	22.9	27.2	26.4	25.6	27.8	26.5
8	25.3	19.3	29.2	35.6	34.8	34.9	39.3	38.1
9	6.9	1.0	8.6	11.9	11.1	12.5	23.6	22.3
10	7.7	1.7	4.6	3.7	2.9	3.2	13.3	12.0
11	7.4	1.5	5.5	3.8	3.0	2.7	7.5	6.3
12	5.1	0.6	7.7	6.9	6.1	6.7	10.1	9.2
全年平均	12.9	7.4	10.1	10.4	9.6	9.3	13.6	12.6

从汾河各控制断面年流量过程来看，汾河上游兰村以上断面流量在 7.4 m³/s 以上，中游兰村至赵城段河流流量在 9.6 m³/s 以上，下游河道流量在 9.3 m³/s 以上，均达到了"汾河清水复流工程水量调度方案"汾河生态流量目标要求。但从汾河各控制断面月过程流量分析，对于除结冰期最小月流量 5 m³/s 较佳目标，除汾河水库到达的要求外，其他河段的 10 月至次年 5 月没有完全达到。对于最小月流量 2 m³/s 的流量目标，汾河中上游由于受万家寨引黄水量的影响达到了要求，但汾河下游赵城以下没有达到，甚至还出现了断流。其中，兰村段及义棠赵城段含有灵石、古交两个强渗漏段导致月过程流量小于 2 m³/s 的最小流量要求。

从汾河断面流量模拟过程可以看出，汾河上游 3~5 月水量有一个高峰，达到了 21.6 m³/s，

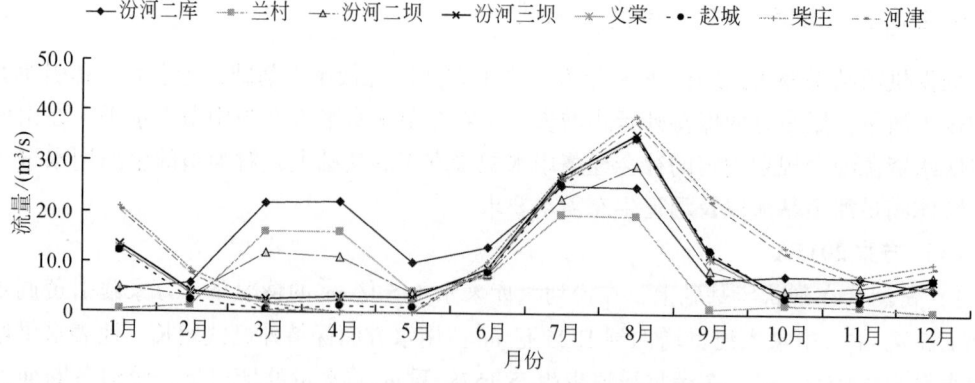

图 6-8　方案 2015A 汾河控制断面月流量过程

而同期的中下游河段流量不断降低，说明这与农业灌溉用水存在直接关系。该时段农业灌溉用水加大，汾河水库下泄水量也大，但大部分被中游的汾河农业灌区所用，导致了中下游的河道水量不断减少，下游仍然出现了断流情况，说明方案 2015A 对下游河道生态的修复仍不能满足。

2) 沁河。在现状年方案基础上，用水方面保持外延式增长，工农业用水量为 1.15 亿 m^3；考虑恢复河道外湿地，需水量为 1345 万 m^3。沁河各断面河道流量模拟月过程见表 6-23 及图 6-9。

表 6-23　方案 2015A 沁河各控制断面流量　　　（单位：m^3/s）

断面	1月	2月	3月	4月	5月	6月	7月	8月	9月	10月	11月	12月	全年平均
飞岭	1.8	1.9	2.3	2.9	2.8	2.8	11.3	19.5	11.8	7.8	4.2	2.4	6.0
润城	11.1	10.0	7.0	8.4	7.5	8.5	41.0	69.9	45.3	33.4	18.3	14.4	22.9

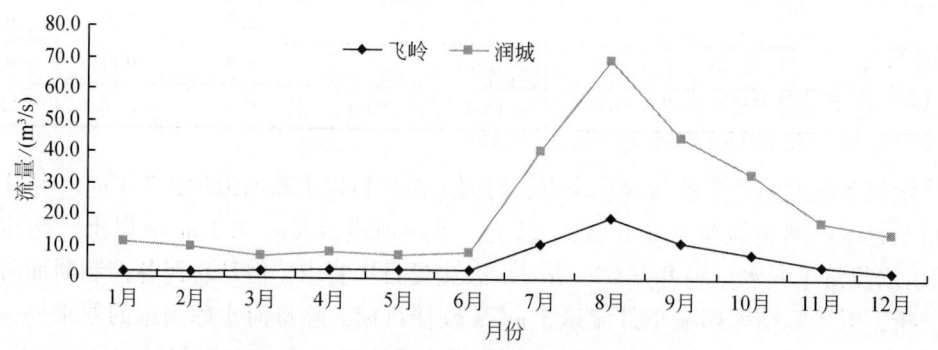

图 6-9　方案 2015A 沁河控制断面月流量过程

从控制断面模拟的流量过程来看，沁河飞岭断面年均流量为 6.0 m^3/s，润城断面年均流量为 22.9 m^3/s，低于现状年润城流量值。这是由于工农业用水增加的原因，2015 年工农业取用沁河水为 1.15 亿 m^3，比现状年增加了 2550 万 m^3。从月过程模拟来看，除结冰期外，各断面均满足最小月流量 2m³/s 的生态基流要求。年内流量峰值多集中在汛期 7~9 月，飞岭断面在 11.3m³/s 以上，润城断面在 41.0m³/s 以上。可以看出，2015A 方案中，沁河水量还是比较富余的。

3) 桑干河。2015A 方案中桑干河在现状年基础上，用水方面保持外延式增长，工农业河道用水量为 5.44 亿 m³。考虑恢复河道外低生态用水，需水量为 520 万 m³。桑干河各断面河道流量模拟月过程见表 6-24 及图 6-10。

表 6-24　方案 2015A 桑干河各控制断面流量　　（单位：m³/s）

断面	1月	2月	3月	4月	5月	6月	7月	8月	9月	10月	11月	12月	全年平均
东榆林	5.4	5.4	8.2	6.0	6.0	6.2	9.2	11.4	7.4	6.8	6.7	5.2	7.0
册田	0	0	0	0	0	0	2.1	5.6	0	2.9	0.7	0	0.9

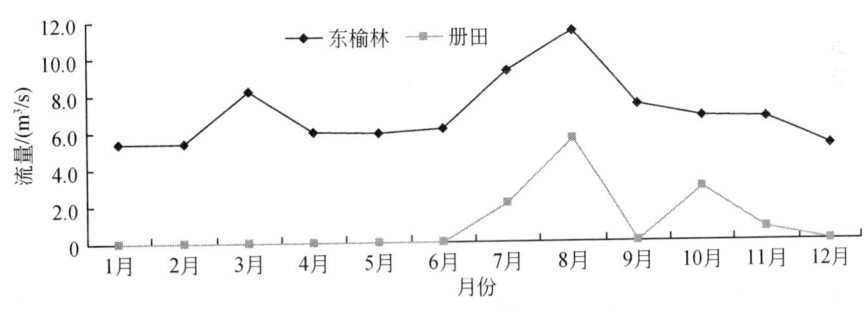

图 6-10　方案 2015A 桑干河控制断面月流量过程

从控制断面模拟的流量过程来看，桑干河东榆林断面年均流量为 7.0 m³/s，册田断面年均流量为 0.9 m³/s，远低于现状年册田流量值。2015 年工农业取用桑干河比现状年增加了 2.82 亿 m³。由于工农业用水增加，在不增加外调水的情况下，将导致下游册田断面几乎全年断流。可以看出，2015A 方案情景下，桑干河河道出现长时间的断流，生态环境将急剧恶化。

(2) 方案 2015B

1) 汾河。在 2015A 方案基础上，万家寨引黄中调水仍为 1.5 亿 m³，考虑增加引沁入汾水量 5063 万 m³，河滨带生态恢复为中等水平，需水 2849 万 m³。汾河各断面河道流量模拟月过程见表 6-25 及图 6-11。

表 6-25　方案 2015B 汾河各控制断面流量　　（单位：m³/s）

月份	汾河二库	兰村	汾河二坝	汾河三坝	义棠	赵城	柴庄	河津
1	4.5	0.6	4.9	13.4	12.6	12.1	20.9	20.0
2	5.7	1.3	3.1	4.3	3.5	2.4	8.9	8.0
3	21.8	15.8	11.8	2.5	1.7	0.5	7.9	6.6
4	21.9	16.0	11.1	3.1	2.3	1.1	3.6	2.4

续表

月份	汾河二库	兰村	汾河二坝	汾河三坝	义棠	赵城	柴庄	河津
5	10.0	4.1	4.0	2.9	2.1	1.1	4.0	2.7
6	13.1	7.2	7.8	8.7	7.9	8.1	10.0	8.7
7	25.5	19.5	22.8	27.1	26.3	25.5	27.7	26.4
8	25.3	19.3	29.2	35.5	34.7	34.8	39.2	37.9
9	6.9	1.0	8.5	11.8	11.0	12.4	23.5	22.2
10	7.7	1.7	4.6	3.7	2.8	3.1	15.3	14.0
11	7.4	1.5	5.5	3.8	3.0	2.7	10.1	8.9
12	5.1	0.6	7.6	6.9	6.1	6.7	10.1	9.1
全年平均	12.9	7.4	10.1	10.3	9.5	9.2	15.1	13.9

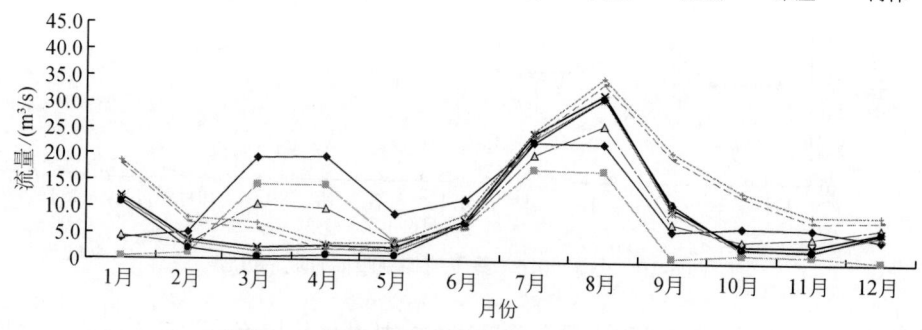

图 6-11 方案 2015B 汾河控制断面月流量过程

从汾河各控制断面年流量模拟过程来看，汾河上游兰村以上断面流量在 7.4 m³/s 以上，中游兰村至赵城段河流流量在 9.5 m³/s 以上，下游由于加入引沁入汾水量，其河道水量也都在 9.2 m³/s 以上，均达到了"汾河清水复流工程水量调度方案"汾河生态流量目标要求。但从汾河各控制断面月过程流量分析，除汾河水库达到除结冰期最小月流量 5 m³/s 较佳目标的要求外，其他河段有的月份还没有完全达到。其中，兰村段及义棠赵城段含有灵石、古交两个强渗漏段，月均流量低于最小月流量（2 m³/s）要求。

在增加引沁入汾水量以后，从图 6-11 可以看出，汾河下游断面水量有了明显改善，下游柴庄、河津断面最大月份流量达到了 39.2 m³/s，最小月份也在 2.4 m³/s 以上，满足了最小月流量（2 m³/s）要求。2015B 方案在增加万家寨引黄 1.5 亿 m³（其中用于河流生态修复的水量为 0.65 亿 m³）、沁河引水 5063 万 m³ 的基础上，可基本达到汾河生态保护与恢复的要求。

2）沁河。在 2015A 方案基础上，2015B 方案考虑进行引沁入汾调水，调出水量为 5063 万 m³，同时增加恢复河道外生态为中等水平，用水量为 2241 万 m³。沁河各断面河道流量模拟月过程见表 6-26 及图 6-12。

表 6-26　方案 2015B 沁河各控制断面流量　　　　　　　　（单位：m³/s）

月份	1月	2月	3月	4月	5月	6月	7月	8月	9月	10月	11月	12月	全年平均
飞岭	1.8	1.9	2.3	1.9	2.0	2.0	8.8	10.6	8.6	5.0	2.6	2.4	4.2
润城	10.9	9.8	6.7	7.2	6.2	7.3	38.2	60.6	41.8	30.3	16.4	14.2	20.8

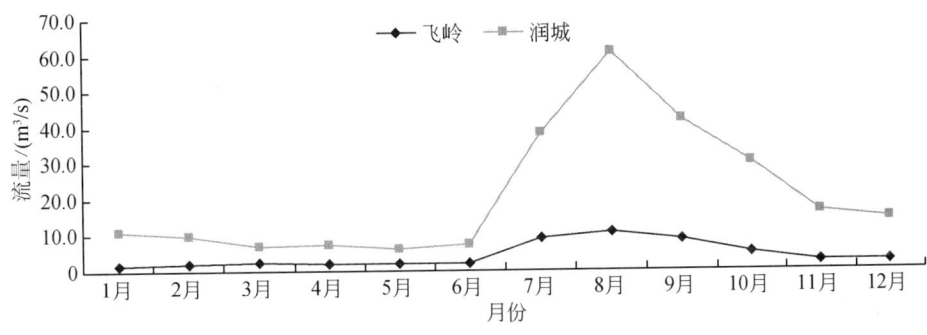

图 6-12　方案 2015B 沁河控制断面月流量过程

从控制断面模拟的流量过程来看，沁河飞岭断面年均流量降到 4.2 m³/s，润城断面年均流量为 20.8 m³/s，均低于方案 2015A 情景下的流量值。从月过程模拟来看，除结冰期外，飞岭、润城断面基本满足最小月流量 2m³/s 的生态基流要求。其中润城断面可满足最小月流量 5m³/s 的较优目标要求。与 2015A 方案比较，由于马房沟调水工程影响，对削弱飞岭断面年内流量峰值有一定作用。综合分析，2015B 方案中，沁河上游马房沟调水补给沁河下游河道用水可行。

3）桑干河。在 2015A 方案基础上，2015B 方案桑干河考虑万家寨引黄调水，调入水量为 3.72 亿 m³，同时恢复河道外中等生态水平，用水量增加到 866 万 m³。桑干河各断面河道流量模拟月过程见表 6-27 及图 6-13。

表 6-27　方案 2015B 桑干河各控制断面流量　　　　　　　（单位：m³/s）

断面	1月	2月	3月	4月	5月	6月	7月	8月	9月	10月	11月	12月	全年平均
东榆林	9.2	9.4	13.0	19.3	38.4	24.7	23.6	28.4	27.4	13.4	12.7	7.6	18.9
册田	2.0	2.9	1.5	7.5	19.0	8.5	16.3	22.5	8.8	9.4	6.6	1.5	8.9

从控制断面模拟的流量过程来看，桑干河东榆林断面年均流量达到 18.9 m³/s，册田断面年均流量为 8.9 m³/s，高于现状年及 2015A 方案的断面流量值。从年内月过程断面流量来看，上游东榆林断面满足流量 5 m³/s 较优河道生态流量的要求，下游册田断面也基本满足河道最小月流量 1m³/s 目标。由于万家寨引黄北干渠调入桑干河情况下，桑干河断面流量有了较大保障，对桑干河的河道生态恢复起到了重要作用。

(3) 方案 2015C

1）汾河。在 2015A 方案基础上，万家寨引黄中调水增加到 2.0 亿 m³，引沁入汾水量 5063 万 m³ 保持不变，河道外生态恢复为高等水平，需水 4501 万 m³。汾河各断面河道流

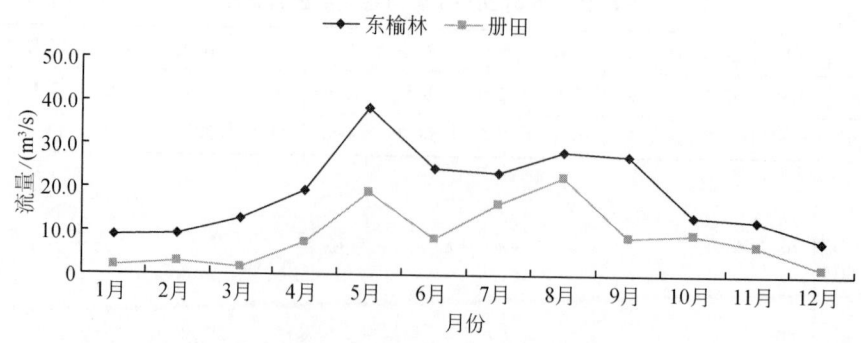

图 6-13 方案 2015B 桑干河控制断面月流量过程

量模拟月过程见表 6-28 及图 6-14。

表 6-28 方案 2015C 汾河各控制断面流量 （单位：m³/s）

月份	汾河二库	兰村	汾河二坝	汾河三坝	义棠	赵城	柴庄	河津
1	4.8	1.0	5.3	13.8	13.0	12.4	21.2	20.4
2	6.8	2.4	4.1	5.4	4.6	3.5	9.9	9.0
3	27.9	22.0	17.9	8.6	7.8	6.6	14.0	12.7
4	26.4	20.6	15.6	7.6	6.8	5.7	8.1	6.8
5	12.8	6.8	6.6	5.6	4.8	3.7	6.6	5.2
6	13.1	7.2	7.8	8.7	7.9	8.0	9.9	8.5
7	25.5	19.5	22.7	27.1	26.2	25.4	27.6	26.2
8	25.3	19.3	29.1	35.5	34.6	34.8	39.1	37.8
9	7.5	1.7	9.1	12.4	11.6	13.1	24.0	22.7
10	9.3	3.4	6.2	5.3	4.4	4.7	16.9	15.6
11	8.8	3.0	6.9	5.2	4.4	4.1	11.5	10.3
12	5.8	1.3	8.3	7.6	6.8	7.4	10.8	9.8
全年平均	14.5	9.0	11.6	11.9	11.1	10.8	16.6	15.4

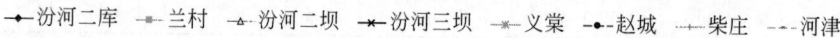
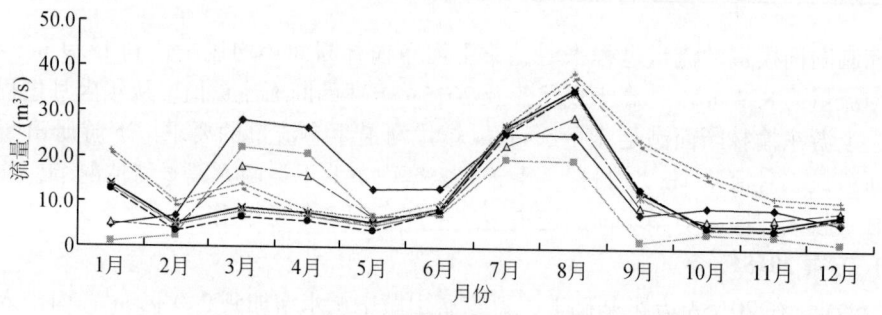

图 6-14 方案 2015C 汾河控制断面月流量过程

从汾河各控制断面年过程流量模拟来看，汾河上游兰村以上断面年均流量在 9.0 m³/s 以上，中游兰村至赵城段河流年均流量在 11.1 m³/s 以上，下游由于加入引沁入汾水量，其河道年均流量也都在 10.8 m³/s 以上，均达到了"汾河清水复流工程水量调度方案"汾河生态流量目标要求。从汾河各控制断面月过程流量分析，对于除结冰期最小月流量 5 m³/s 较佳目标，除含有强渗漏段的兰村段及义棠赵城段的最小月流量在 2.4 m³/s 以上外，其他各段均满足要求。

对于汾河下游断面，柴庄、河津断面最大月流量达到了 39.1 m³/s，最小月流量也在 6.8 m³/s 以上。可以看出，2015C 方案在增加万家寨引黄 2.0 亿 m³（其中用于河流生态修复的水量为 1.15 亿 m³）、沁河引水 5063 万 m³ 的情景下，汾河各断面基本达到了河流生态保护与恢复的要求。

2）沁河。沁河 2015C 方案是在 2015B 方案基础上，再增加恢复河道外生态为高等水平，用水量为 3586 万 m³。沁河各断面河道流量模拟月过程见表 6-29 及图 6-15。

表 6-29 方案 2015C 沁河各控制断面流量 （单位：m³/s）

断面	1月	2月	3月	4月	5月	6月	7月	8月	9月	10月	11月	12月	全年平均
飞岭	1.8	1.9	2.3	1.9	2.0	2.0	8.8	10.6	8.6	5.0	2.6	2.4	4.2
润城	10.6	9.5	6.4	6.7	5.7	6.7	37.6	60.1	41.3	29.9	16.1	14.0	20.4

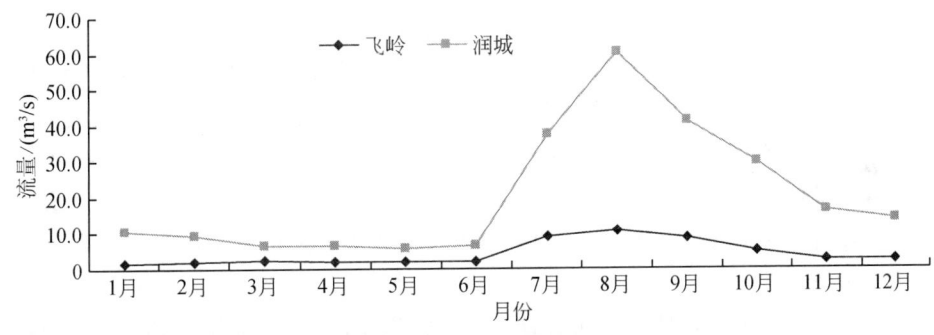

图 6-15 方案 2015C 沁河控制断面月流量过程

从控制断面模拟的流量过程来看，沁河飞岭断面年均流量为 4.2 m³/s，润城断面年均流量为 20.4 m³/s，与 2015B 方案相比变化不大。从月过程模拟来看，除结冰期外，飞岭、润城断面基本满足最小月流量 2 m³/s 生态基流要求，润城断面也可满足最小月流量 5 m³/s 较优目标要求。可以看出，沁河中下游仍有一定的供水能力，可进一步加大生态环境恢复。

3）桑干河。桑干河 2015C 方案是在 2015B 方案基础上，恢复河道外高等生态水平，用水量增加到 1386 万 m³。桑干河各断面河道流量月过程模拟见表 6-30 及图 6-16。

表 6-30 方案 2015C 桑干河各控制断面流量 （单位：m³/s）

断面	1月	2月	3月	4月	5月	6月	7月	8月	9月	10月	11月	12月	全年平均
东榆林	9.2	9.4	13.0	19.3	38.4	24.7	23.6	28.4	27.4	13.4	12.7	7.6	18.9
册田	1.9	2.8	1.3	7.3	18.8	8.2	16.1	22.3	8.6	9.3	6.5	1.4	8.7

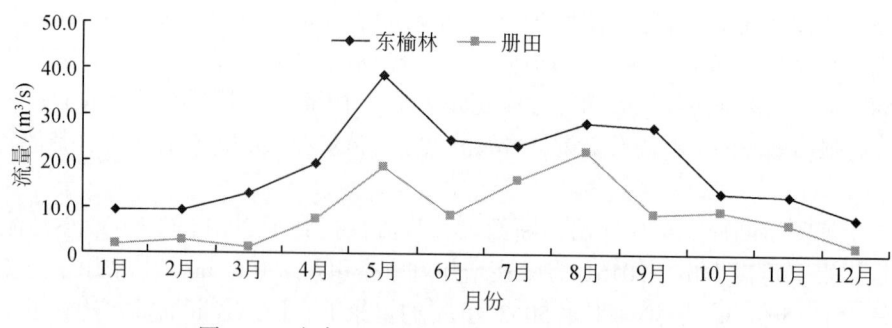

图 6-16 方案 2015C 桑干河控制断面月流量过程

从控制断面模拟的流量过程来看,桑干河东榆林断面年均流量达到 18.9 m³/s,册田断面年均流量为 8.7 m³/s,与 2015B 方案相比变化不大。从年内月过程断面流量来看,上游东榆林断面满足最小月流量 5 m³/s 较优河道生态流量的要求,下游册田断面满足 1 m³/s 河道最小月流量目标。可以看出,在保证万家寨引黄北干渠调水 3.72 亿 m³ 情况下,桑干河的河道生态恢复较高水平状态。

6.3.6.3 2020 水平年生态用水量

根据供需结果分析,2020 水平年方案的供水方面在 2015 水平年的基础上,进一步加大万家寨引黄调水以及中水入河量;用水方面继续保持外延式增长,工农业节水水平方面为高节水水平。在山西省第二次水资源综合规划制定的社会经济用水配置方案的基础上,对河道的生态用水进行分析,考虑满足河道基流以及河道生态需水要求。

(1) 方案 2020A

1) 汾河。在 2015 水平年基础上,在汾河水库来水 1.5 亿 m³ 的情况下,万家寨引黄调水继续保持在 2015C 方案的 2.0 亿 m³ 水平,引沁入汾水量也保持为 5063 万 m³,中水入河量增加到 1.7 亿 m³;用水方面保持外延式增长,地表水供给工农业水量增加到 4.19 亿 m³;河滨带生态考虑恢复到低生态水平,需水量为 3289 万 m³。汾河各断面河道流量月过程见表 6-31 及图 6-17。

表 6-31 方案 2020A 汾河各控制断面流量 (单位：m³/s)

月份	汾河二库	兰村	汾河二坝	汾河三坝	义棠	赵城	柴庄	河津
1	6.3	0	5.1	13.7	12.8	12.3	21.1	20.3
2	6.7	0	2.4	3.6	2.9	1.8	8.2	7.3
3	25.7	16.8	14.1	4.9	4.0	2.8	13.3	12.0
4	25.6	16.7	13.1	5.1	4.3	3.2	6.1	4.8
5	12.7	3.7	5.0	3.9	3.1	2.1	5.4	4.0
6	13.0	4.1	6.0	7.0	6.2	6.3	8.2	6.9
7	25.4	16.5	21.1	25.4	24.6	23.8	26.0	24.6

续表

月份	汾河二库	兰村	汾河二坝	汾河三坝	义棠	赵城	柴庄	河津
8	25.2	16.2	27.5	33.8	33.0	33.1	37.5	36.1
9	7.5	0.0	7.4	10.8	10.0	11.4	22.4	21.1
10	9.3	0.3	4.6	3.7	2.8	3.1	16.9	15.6
11	8.8	0.0	5.2	3.5	2.7	2.5	11.6	10.4
12	7.2	0.0	8.2	7.5	6.7	7.2	10.7	9.7
全年平均	14.5	6.2	10.0	10.2	9.4	9.1	15.6	14.4

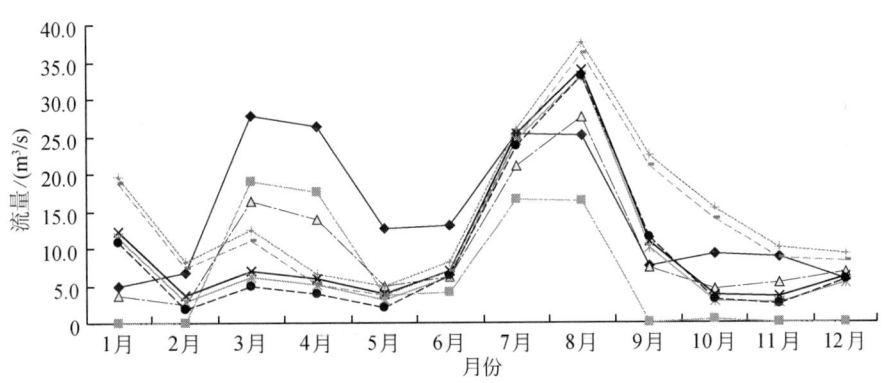

图 6-17 方案 2020A 汾河控制断面月流量过程

从汾河各控制断面年流量过程来看，汾河上游兰村以上断面年均流量在 6.2 m³/s 以上，中游兰村至赵城段河流年均流量在 9.4 m³/s 以上，下游河道年均流量在 9.1 m³/s 以上，均达到"汾河清水复流工程水量调度方案"汾河年生态流量目标要求。但从汾河各控制断面月过程流量分析，对于除结冰期最小月流量 5 m³/s 较佳目标，除汾河水库断面达到要求外，其他河段的所有月份并没有完全达到；对于最小月流量 2 m³/s 生态流量目标，除兰村段及赵城段因有强渗漏段月过程流量小于 2 m³/s 的最小流量要求，其他断面均满足要求。可以看出 2020A 方案情景下，万家寨引黄 2.0 亿 m³、马房沟引沁调水 5063 万 m³ 还不能完全满足汾河中上下游生态需水要求。

2）沁河。在 2015 水平年基础上，汾河用水方面保持外延式增长，工农业取用沁河水量为 1.37 亿 m³，考虑恢复河道外低生态水平，需水量为 2241 万 m³。沁河各断面河道流量月过程模拟见表 6-32 及图 6-18。

表 6-32 方案 2020A 沁河各控制断面流量 （单位：m³/s）

断面	1月	2月	3月	4月	5月	6月	7月	8月	9月	10月	11月	12月	全年平均
飞岭	1.8	1.9	2.3	1.9	2.0	2.0	8.8	10.6	8.6	5.0	2.6	2.4	4.2
润城	10.8	9.7	5.8	6.3	5.0	5.8	37.0	59.5	41.3	29.8	15.6	14.2	20.1

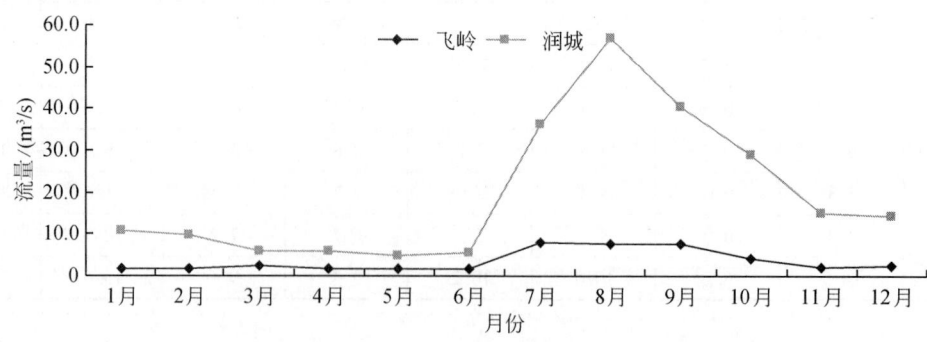

图 6-18 方案 2020A 沁河控制断面月流量过程

从控制断面模拟的流量过程来看，沁河飞岭断面年均流量为 4.2 m³/s，润城断面年均流量为 20.1 m³/s，对比 2015 水平有所降低。从月过程模拟来看，除结冰期外，各断面均基本满足最小月流量 2m³/s 生态流量目标，润城断面可满足最小月流量 5m³/s 较优生态流量要求。年内流量峰值多集中在汛期 7~9 月，飞岭断面在 8.6m³/s 以上，润城断面在 29.8m³/s 以上。

3）桑干河。在 2015 水平年基础上，桑干河万家寨引黄调水继续保持在 2015C 方案的 3.72 亿 m³ 水平，用水方面保持外延式增长，工农业河道用水量为 6.58 亿 m³，考虑恢复河道外低生态水平，需水量 866 万 m³。桑干河各断面河道流量模拟月过程见表 6-33 及图 6-19。

表 6-33　方案 2020A 桑干河各控制断面流量　　（单位：m³/s）

断面	1月	2月	3月	4月	5月	6月	7月	8月	9月	10月	11月	12月	全年平均
东榆林	9.2	9.4	13.0	19.3	38.4	24.7	23.6	28.4	27.4	13.4	12.7	7.6	18.9
册田	1.1	1.8	11.4	3.0	0.0	3.7	11.1	12.6	5.8	7.7	5.4	0.8	5.4

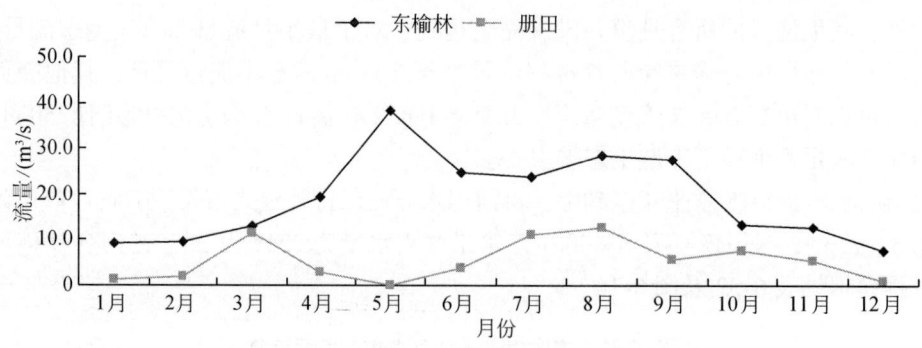

图 6-19 方案 2020A 桑干河控制断面月流量过程

从控制断面模拟的流量过程来看，桑干河东榆林断面年均流量为 18.9 m³/s，册田断面年均流量为 5.4 m³/s，对比 2015 水平年有所降低。从月过程模拟来看，除结冰期外，上游东榆林断面可满足最小月流量 5.0m³/s 较优生态流量要求，而册田断面出现了断流情况。可以看出，2020A 方案情景下，桑干河生态环境恶化，不能满足河道生态恢复的基本要求。

（2）方案 2020B

1）汾河。在 2020A 方案基础上，将万家寨引黄中调水增加到 3.2 亿 m³，即达到现在水平年引黄工程的供水能力，引沁入汾水量增加到 7304 万 m³，河道外生态恢复为中等水平，需水 5162 万 m³。汾河各断面河道流量月过程模拟见表 6-34 及图 6-20。

表 6-34　方案 2020B 汾河各控制断面流量　　　　（单位：m³/s）

月份	汾河二库	兰村	汾河二坝	汾河三坝	义棠	赵城	柴庄	河津
1	8.0	1.1	6.8	15.4	14.6	14.0	23.9	23.0
2	9.4	1.9	5.0	6.2	5.5	4.4	11.2	10.3
3	39.1	30.1	27.4	18.2	17.4	16.1	26.6	25.2
4	36.1	27.2	23.5	15.5	14.7	13.6	14.5	13.1
5	19.2	10.2	11.3	10.3	9.5	8.4	11.7	10.3
6	13.0	4.1	5.9	6.8	6.0	6.2	10.0	8.6
7	25.4	16.4	20.9	25.2	24.4	23.6	25.8	24.3
8	25.2	16.2	27.3	33.7	32.8	33.0	37.3	35.9
9	9.0	0.2	8.9	12.2	11.4	12.8	23.8	22.5
10	13.1	4.2	8.4	7.5	6.7	6.9	20.7	19.3
11	12.2	3.3	8.6	6.9	6.1	5.8	15.0	13.7
12	9.8	2.3	10.8	10.0	9.2	9.8	13.2	12.2
全年平均	18.3	9.8	13.7	14.0	13.2	12.9	19.5	18.2

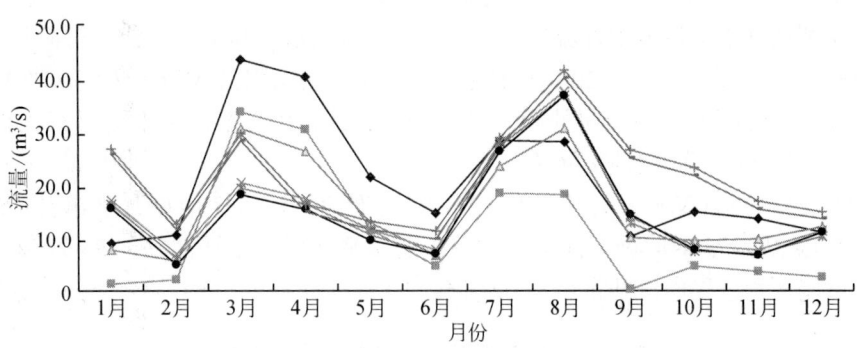

图 6-20　方案 2020B 汾河控制断面月流量过程

从汾河各控制断面年流量模拟过程来看，汾河上游兰村以上断面年均流量到达 9.8 m³/s 以上，中游兰村至赵城段河流年均流量在 13.2 m³/s 以上，下游河道断面年均流量也都在 12.9m³/s 以上，均可达到了"汾河清水复流工程水量调度方案"汾河生态流量目标要求。从汾河各控制断面月过程流量分析，除兰村段及义棠赵城段含有灵石、古交两个强渗漏段外，其他各断面流量可达到最小月流量 5 m³/s 较佳目标的要求。

可以看出，2020B 方案在万家寨引黄增加到 3.2 亿 m³、沁河引水增加到 7304 万 m³ 的情景下，可完全满足汾河生态保护与恢复的要求。

2）沁河。在 2020A 方案基础上，2020B 方案考虑增加引沁入汾调水，调出水量为 7304 万 m³，同时增加恢复河道外生态为中等水平，用水量为 3586 万 m³，沁河各断面河道流量模拟月过程见表 6-35 及图 6-21。

表 6-35　方案 2020B 沁河各控制断面流量　　　　　（单位：m³/s）

断面	1月	2月	3月	4月	5月	6月	7月	8月	9月	10月	11月	12月	全年平均
飞岭	1.8	1.9	2.3	1.6	1.7	1.8	8.0	7.8	7.6	4.1	2.1	2.4	3.6
润城	10.6	9.4	5.4	5.5	4.2	4.9	35.7	56.2	39.8	28.6	14.8	13.9	19.1

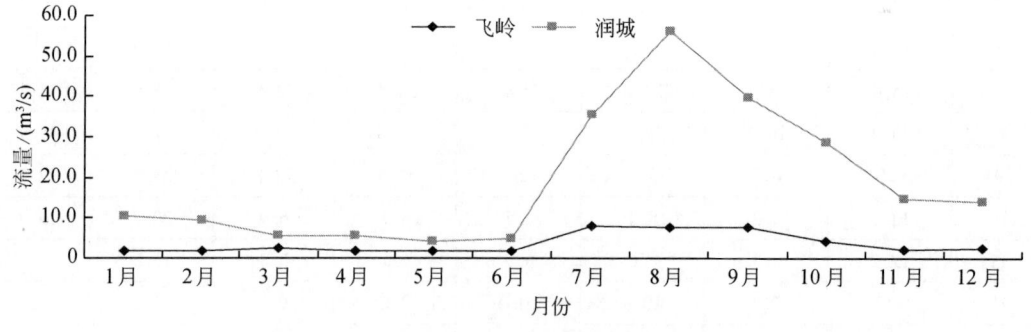

图 6-21　方案 2020B 沁河控制断面月流量过程

从控制断面模拟的流量过程来看，沁河飞岭断面年均流量降到 3.6 m³/s，润城断面年均流量为 19.1 m³/s，低于方案 2020A 情景下的流量值。从月过程模拟来看，除结冰期外，飞岭、润城断面基本满足最小月流量 1m³/s 生态基流要求，其中润城断面可满足最小月流量 5m³/s 较优目标要求。与 2020A 方案比较，由于马房沟引沁入汾工程调水增加的影响，进一步削减了飞岭断面年内流量峰值。综合分析，2015B 方案沁河上游马房沟调水 7304 万 m³ 补给沁河下游河道用水是可行的。

3）桑干河。在 2020A 方案基础上，2020B 方案桑干河考虑增加万家寨引黄调水，调入水量为 5.01 亿 m³，同时恢复河道外中等生态水平，用水量增加到 1386 万 m³。桑干河各断面河道流量月过程模拟见表 6-36 及图 6-22。

表 6-36　方案 2020B 桑干河各控制断面流量　　　　　（单位：m³/s）

断面	1	2	3	4	5	6	7	8	9	10	11	12	全年平均
东榆林	10.1	10.4	14.2	22.6	60.9	29.2	27.2	32.7	32.4	15.1	14.2	8.2	23.1
册田	1.9	2.7	12.5	6.1	20.5	8.1	14.5	16.6	10.5	9.2	6.8	1.3	9.2

第6章 | 面向生态的河流水资源配置理论方法及应用

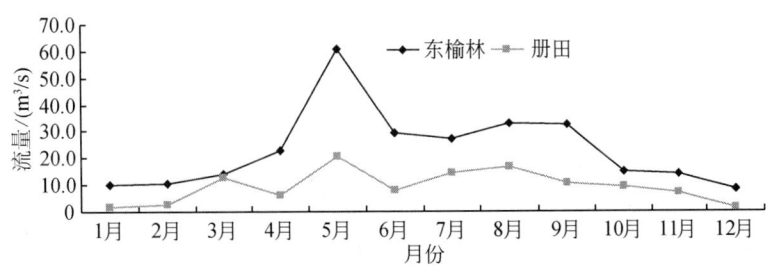

图6-22 方案2020B桑干河控制断面月流量过程

从控制断面模拟的流量过程来看,桑干河东榆林断面年平均流量达到23.1 m³/s,册田断面年平均流量为9.2 m³/s,高于现状年及2020A方案的断面流量值。从年内月过程断面流量来看,除结冰期外,上游东榆林断面、下游册田断面满足最小月流量5 m³/s的较优河道生态流量的要求。可以看出,由于在增加万家寨引黄北干渠调水情况下,在满足工农业生产需求外,桑干河断面流量也有了较大保障,对桑干河的河道生态恢复起到了重要作用。

(3) 方案2020C

1) 汾河。在2020B方案基础上,将河道外生态恢复为高等水平,需水增加到7742万m³。汾河各断面河道流量月过程模拟见表6-37及图6-23。

表6-37 方案2020C汾河各控制断面流量 (单位:m³/s)

月份	汾河二库	兰村	汾河二坝	汾河三坝	义棠	赵城	柴庄	河津
1	8.0	1.1	6.8	15.3	14.5	14.0	23.8	22.9
2	9.3	1.9	4.9	6.2	5.4	4.3	11.1	10.2
3	39.1	30.1	27.3	18.1	17.2	16.0	26.4	25.0
4	36.1	27.2	23.4	15.3	14.5	13.4	14.3	12.8
5	19.1	10.2	11.1	10.1	9.2	8.2	11.4	9.9
6	12.9	4.1	5.7	6.6	5.8	5.9	9.7	8.2
7	25.3	16.4	20.7	25.0	24.2	23.4	25.5	23.9
8	25.1	16.2	27.1	33.5	32.6	32.8	37.1	35.6
9	9.0	0.1	8.7	12.0	11.2	12.7	23.6	22.2
10	13.1	4.2	8.3	7.4	6.5	6.8	20.5	19.1
11	12.2	3.3	8.5	6.8	6.0	5.8	14.9	13.6
12	9.8	2.3	10.7	10.0	9.2	9.7	13.2	12.1
全年平均	18.3	9.7	13.6	13.9	13.0	12.7	19.3	18.0

从汾河各控制断面年流量模拟过程来看,对比2020B方案,2020C方案各河道断面流量有所减小,但幅度不大,汾河上游兰村以上断面年均流量达到9.7 m³/s以上,中游兰村至赵城段河流年均流量在13.0 m³/s以上,下游河道断面年均流量也都在12.7 m³/s以上,

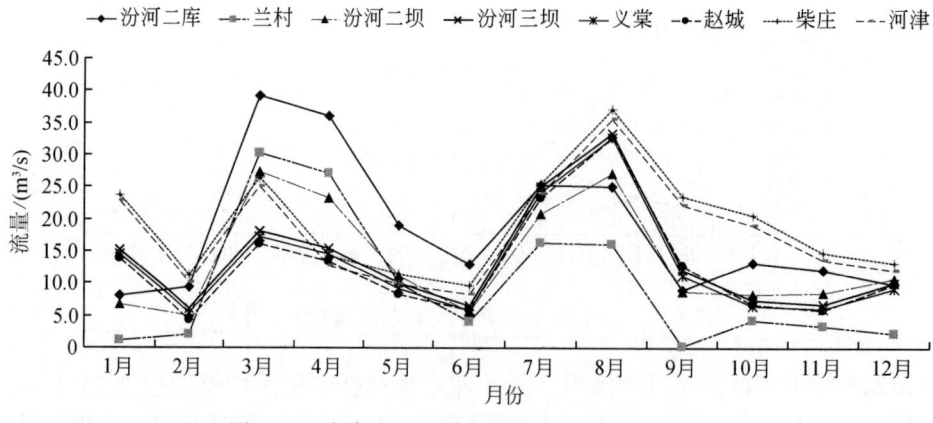

图 6-23 方案 2020C 汾河控制断面月流量过程

均可达到了"汾河清水复流工程水量调度方案"汾河生态流量目标要求。从汾河各控制断面月过程流量分析，除兰村段及义棠赵城段有灵石、古交两个强渗漏段外，其他各断面流量也可达到最小月流量 5 m³/s 较佳目标的要求。

可以看出，2020C 方案在万家寨引黄增加到 3.2 亿 m³、沁河引水 7304 万 m³ 的情景下，可满足汾河生态保护与恢复高水平的要求。

2）沁河。沁河 2020C 方案是在 2020B 方案基础上，再增加恢复河道外生态为高等水平，用水量为 5378 万 m³。沁河各断面河道流量月过程模拟见表 6-38 及图 6-24。

表 6-38 方案 2020C 沁河各控制断面流量　　　　　　　　　（单位：m³/s）

断面	1月	2月	3月	4月	5月	6月	7月	8月	9月	10月	11月	12月	全年平均
飞岭	1.8	1.9	2.3	1.6	1.7	1.8	8.0	7.8	7.6	4.1	2.1	2.4	3.6
润城	10.2	9.0	4.9	4.9	3.4	4.1	34.9	55.5	39.2	28.1	14.4	13.6	18.5

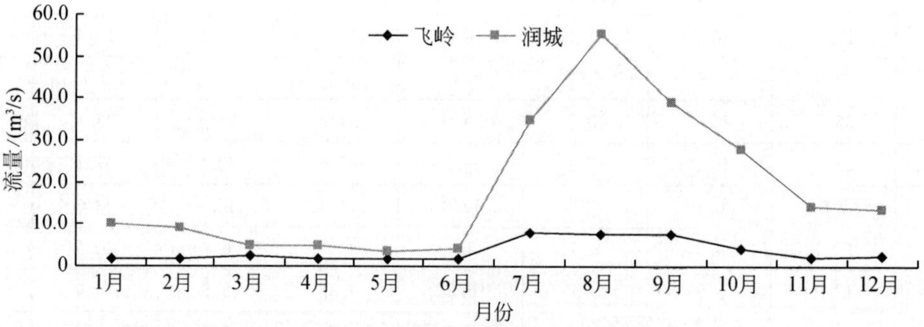

图 6-24 方案 2020C 沁河控制断面月流量过程

从控制断面模拟的流量过程来看，沁河飞岭断面年均流量为 3.6 m³/s，润城断面年均流量为 18.5 m³/s，与 2015B 方案相比变化不大。从月过程模拟来看，除结冰期外，飞岭、润城断面基本满足最小月流量 1m³/s 生态基流要求，润城断面也可满足最小月流量 5m³/s 较优目标要求。可以看出，方案 2020C 情景下可满足沁河高水平生态用水目标。

3）桑干河。桑干河 2020C 方案是在 2020B 方案基础上，恢复河道外高等生态水平，用水量增加到 2078 万 m³。桑干河各断面河道流量月过程模拟见表 6-39 及图 6-25。

表 6-39　方案 2020C 桑干河各控制断面流量　　（单位：m³/s）

断面	1月	2月	3月	4月	5月	6月	7月	8月	9月	10月	11月	12月	全年平均
东榆林	10.1	10.4	14.2	22.6	60.9	29.2	27.2	32.7	32.4	15.1	14.2	8.2	23.1
册田	1.8	2.5	12.3	5.9	20.2	7.8	14.2	16.3	10.3	9.0	6.7	1.2	9.0

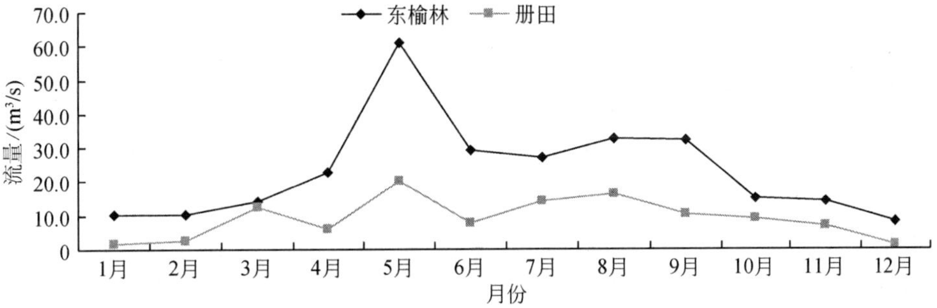

图 6-25　方案 2020C 桑干河控制断面月流量过程

从控制断面模拟的流量过程来看，桑干河东榆林断面年均流量达到 23.1 m³/s，册田断面年均流量为 9.0 m³/s，低于 2020B 方案河道流量。从年内月过程断面流量来看，东榆林、册田断面也可满足最小月流量 5 m³/s 较优目标的要求。可以看出，在保证万家寨引黄北干渠调水 5.01 亿 m³ 情况下，桑干河的河道生态可恢复较高水平状态。

6.3.7　各水平年方案总结

本节从水资源利用、河滨生态用水、河道生态基流情况对各水平年方案进行总结及分析。

6.3.7.1　汾河

根据河流生态供水配置结果（表 6-40），2015 水平年汾河在外调水 1.5 亿~2.5 亿 m³，中水入河回用达到 1.25 亿 m³，供生产生活水量 2.95 亿 m³ 基础上，2015 水平的 3 个方案的河道流量得到一定的恢复，河滨带生态用水呈逐步增加趋势。但从河流流量情况来看（表 6-41），方案 2015A 和方案 2015B 汾河上、中、下游河道年平均流量可以满足生态基流要求，而中下游的最小月流量则达不到生态基流目标，方案 2015C 上游流量可满足生态基流中水平目标，中下游流量可满足河道生态基流低水平目标。因此，2015 水平年汾河生态修复推荐 C 方案，此情景下中上游需要万家寨引黄调水 2 亿 m³，下游需要沁河调水 5063 万 m³，河滨生态用水可达到 4501 万 m³。

表 6-40　汾河 2015 水平年方案用水情况　　　　　　　　　　（单位：万 m³）

方案	当地水	调入水	中水	蒸发渗漏	生产生活	河滨生态	调出水量	河道出流量
2015A	73 377	15 000	12 500	29 522	32 590	1 578	0	37 187
2015B	73 377	20 063	12 500	29 522	32 590	2 850	0	40 978
2015C	73 377	25 063	12 500	29 522	32 590	4 501	0	44 327

表 6-41　汾河 2015 水平年方案河道流量情况　　　　　　　　　（单位：m³/s）

方案	河道流量–上游					河道流量–中游					河道流量–下游				
	平均流量	低水平 1.22	中水平 2.43	最小流量	低水平 0.62	中水平 1.24	平均流量	低水平 4.31	中水平 8.61	最小流量	低水平 2.19	中水平 4.38	平均流量	低水平 5.74	中水平 11.48	最小流量	低水平 3.80	中水平 7.59
2015A	10.15	√	√	1	√	×	9.83	√	√	0.5	×	×	13.1	√	√	0	×	×
2015B	10.15	√	√	1	√	×	9.77	√	√	0.5	×	×	14.5	√	√	2.4	×	×
2015C	11.76	√	√	1.7	√	√	11.35	√	√	3.5	√	×	16.03	√	√	5.2	√	×

2020 水平年汾河在外调水 1.5 亿～3.2 亿 m³，中水入河回用达到 1.7 亿 m³，供生产生活水量 4.19 亿 m³ 基础上，2020 水平年的 3 个方案河滨带生态用水分别达到了 3290 万 m³、5162 万 m³ 及 7742 万 m³（表 6-42）。从河道流量情况来看（表 6-43），方案 2020A、方案 2020B 和方案 2020C 情景下，汾河上、中、下游河道年平均流量可以满足生态基流要求，河道最小月流量可满足生态基流最小目标，方案 2020B 和方案 2020C 河道月流量可满足生态基流中水平目标。考虑到"汾河清水复流工程水量调度方案"汾河生态流量要求各断面流量可达到最小月流量 5 m³/s 较佳目标，只有方案 2020B 河道流量满足此要求。因此，2020 水平年汾河生态修复推荐 B 方案，此情景下中上游需要万家寨引黄调水 3.2 亿 m³，下游需要沁河调水 7304 万 m³，河滨生态用水可达到 7742 万 m³。

表 6-42　汾河 2020 水平年方案用水情况　　　　　　　　　　（单位：万 m³）

方案	当地水	调入水	中水	蒸发渗漏	生产生活	河滨生态	调出水量	河道出流量
2020A	73 377	25 063	17 000	29 522	41 990	3 290	0	40 639
2020B	73 377	39 304	17 000	29 522	41 990	5 162	0	53 008
2020C	73 377	39 304	17 000	29 522	41 990	7 742	0	50 428

表 6-43 汾河 2020 水平年方案河道流量情况　　　　　　　（单位：m³/s）

方案	河道流量-上游 平均流量	低水平 1.22	中水平 2.43	最小流量	低水平 0.62	中水平 1.24	河道流量-中游 平均流量	低水平 4.31	中水平 8.61	最小流量	低水平 2.19	中水平 4.38	河道流量-下游 平均流量	低水平 5.74	中水平 11.48	最小流量	低水平 3.80	中水平 7.59
2020A	10.32	√	√	6.70	√	√	9.69	√	√	2.40	√	×	15.01	√	√	4.00	√	×
2020B	14.03	√	√	9.00	√	√	13.45	√	√	5.00	√	√	18.84	√	√	8.60	√	√
2020C	14.00	√	√	9.00	√	√	13.31	√	√	4.90	√	√	18.63	√	√	8.20	√	√

6.3.7.2　沁河

根据河流生态供水配置结果，2015 水平年在沁河引沁入汾水量 5063 万 m³，中水入河回用达到 842 万 m³，供生产、生活水量 1.15 亿 m³ 基础上，3 个方案供河滨带生态用水分别为 1345 万 m³、2241 万 m³ 和 3586 万 m³，呈逐步增加趋势（表 6-44）。从河道流量情况来看（表 6-45），方案 2015A、方案 2015B 和方案 2015C 沁河上及中下游河道年平均流量均可以满足生态基流要求，最小月流量也达到生态基流中目标要求。按兼顾汾河补水的要求，2015 水平年沁河生态修复推荐 C 方案，此情景沁河需要调水入汾河 5065 万 m³，其沁河的河滨生态补水可达到 3586 万 m³。

表 6-44 沁河 2015 水平年方案用水情况　　　　　　　　（单位：万 m³）

方案	供水 本地水	调入水	中水	用水 蒸发渗漏	生产生活	河滨生态	调出水量	河道出流量
2015A	86 637	0	842	2 636	11 475	1 345	0	70 023
2015B	86 637	0	842	2 636	11 475	2 241	5 063	66 064
2015C	86 637	0	842	2 636	11 475	3 586	5 063	64 719

表 6-45 沁河 2015 水平年方案河道流量情况　　　　　　　（单位：m³/s）

方案	河道流量-上游 平均流量	低水平 0.60	中水平 1.20	最小流量	低水平 0.18	中水平 0.36	河道流量-中下游 平均流量	低水平 2.38	中水平 4.77	最小流量	低水平 0.93	中水平 1.86
2015A	5.96	√	√	1.90	√	√	22.90	√	√	7.00	√	√
2015B	4.20	√	√	1.90	√	√	20.80	√	√	6.20	√	√
2015C	4.20	√	√	1.90	√	√	20.40	√	√	5.70	√	√

2020 水平年沁河在外调水为 5603 万~7304 万 m³，中水入河达到 1150 万 m³，且供生产生活水量 1.377 亿 m³ 基础上，2020 水平年的 3 个方案河滨带生态用水分别达到了 2241

万 m³、3586 万 m³ 及 5378 万 m³（表 6-46）。从河道流量情况来看（表 6-47），方案 2020A、方案 2020B 和方案 2020C 情景下，汾河上、中、下游河道年平均流量可以满足生态基流要求，河道最小月流量可满足生态基流中等目标。考虑沁河开发利用程度较小，水量富裕，可以对河滨生态进行较好的恢复。因此，2020 水平年沁河生态修复推荐 C 方案，此情景下需要沁河调水给汾河下游 7304 万 m³，同时沁河的河滨生态用水可达到 5378 万 m³。

表 6-46　沁河 2020 水平年方案用水情况　　　　　　　　（单位：万 m³）

方案	当地水	调入水	中水	蒸发渗漏	生产生活	河滨生态	调出水量	河道出流量
2020A	86 637	0	0	2 636	13 770	2 241	7 304	60 686
2020B	86 637	0	0	2 636	13 770	3 586	7 304	59 342
2020C	86 637	0	0	2 636	13 770	5 378	7 304	57 549

表 6-47　沁河 2020 水平年方案河道流量情况　　　　　　（单位：m³/s）

方案	河道流量-上游						河道流量-中下游					
	平均流量	低水平 0.60	中水平 1.20	最小流量	低水平 0.18	中水平 0.36	平均流量	低水平 2.38	中水平 4.77	最小流量	低水平 0.93	中水平 1.86
2020A	4.20	√	√	1.90	√	√	20.10	√	√	5.00	√	√
2020B	3.60	√	√	1.60	√	√	19.10	√	√	4.20	√	√
2020C	3.60	√	√	1.60	√	√	18.50	√	√	3.40	√	√

6.3.7.3　桑干河

根据河流生态供水配置结果，2015 年方案 A 在不进行万家寨引黄调水情况下，生产生活及生态用水均得不到保证。2015 水平年在桑干河外调水 3.72 亿 m³，中水回用量达到 1.92 亿 m³ 且供生产、生活水量 5.44 亿 m³ 基础上，2015B 和 2015C 两个方案的河道流量得到一定的恢复，河滨带生态用水呈逐步增加趋势（表 6-48）。但从河流流量情况来看（表 6-49），方案 2015A 不进行万家寨引黄调水，桑干河上游河道年均流量可以满足生态基流要求，但中下游河道年平均流量处于断流状态，不能满足生态基流要求。方案 2015B 和方案 2015C 考虑万家寨引黄调水，模拟结果显示河道年流量可以满足河道基流要求，最小月流量也可达到月生态基流最小目标，但都不能满足月生态基流中等目标。考虑桑干河生态环境污染比较严重，2015 水平年桑干河生态修复推荐 B 方案，此情景需要万家寨引黄调水 3.716 亿 m³，河滨生态用水可达到 866 万 m³。

表 6-48　桑干河 2015 水平年方案用水情况　　　　　　　（单位：万 m³）

方案	当地水	调入水	中水	蒸发渗漏	生产生活	河滨生态	调出水量	河道出流量
2015A	49 364	0	0	3 578	45 266	520	0	0
2015B	49 364	37 160	0	3 578	54 438	866	0	27 642
2015C	49 364	37 160	0	3 578	54 438	1 386	0	27 122

表 6-49　桑干河 2015 水平年方案河道流量情况　　　　　　　　（单位：m³/s）

方案	河道流量-上游						河道流量-中下游					
	平均流量	低水平 0.85	中水平 1.70	最小流量	低水平 0.67	中水平 1.34	平均流量	低水平 1.82	中水平 3.64	最小流量	低水平 1.04	中水平 2.08
2015A	7.00	√	√	5.40	√	√	0.90	×	×	0.00	×	×
2015B	18.90	√	√	9.40	√	√	8.90	√	√	1.50	√	×
2015C	18.90	√	√	9.40	√	√	8.70	√	√	1.30	√	×

2020 水平年在桑干河万家寨引黄调水为 3.716 亿～5.012 亿 m³，中水入河达到 2.374 亿 m³，供生产、生活水量 6.58 亿 m³ 基础上，2020 水平年的 3 个方案河滨带生态用水分别达到了 866 万 m³、1386 万 m³ 及 2078 万 m³（表 6-50）。从河道流量情况来看（表 6-51），方案 2020A、方案 2020B 和方案 2020C 情景下，桑干河上、中下游河道年均流量可以满足生态基流中等目标要求，方案 2020B 和方案 2020C 河道最小月流量可满足生态基流中等目标，但方案 2020A 河道最小月流量不能满足生态基流最小目标要求。考虑桑干河为永定河的上游，对下游河北、北京的供水非常重要，应加大生态环境治理，对河滨生态进行较好的恢复。因此，2020 水平年桑干河生态修复推荐 C 方案，此情景下需要万家寨引黄调入 5.012 亿 m³，同时桑干河的河滨生态用水可达到 2078 万 m³。

表 6-50　桑干河 2020 水平年方案用水情况　　　　　　　　（单位：万 m³）

方案	当地水	调入水	中水	蒸发渗漏	生产生活	河滨生态	调出水量	河道出流量
2020A	49 364	37 160	0	3 578	65 803	866	0	16 277
2020B	49 364	50 119	0	3 578	65 803	1 386	0	28 716
2020C	49 364	50 119	0	3 578	65 803	2 078	0	28 024

表 6-51　桑干河 2020 水平年方案河道流量情况　　　　　　　　（单位：m³/s）

方案	河道流量-上游						河道流量-中下游					
	平均流量	低水平 0.85	中水平 1.70	最小流量	低水平 0.67	中水平 1.34	平均流量	低水平 1.82	中水平 3.64	最小流量	低水平 1.04	中水平 2.08
2020A	18.90	√	√	9.40	√	√	5.40	√	√	0.00	×	×
2020B	23.10	√	√	10.40	√	√	9.20	√	√	2.70	√	√
2020C	23.10	√	√	10.40	√	√	9.00	√	√	2.50	√	√

6.3.7.4　推荐方案配置

根据以上分析各水平年汾河、沁河、桑干河的生态用水配置如下（表 6-52 和表 6-53）。

表 6-52　2015 水平年河流生态配置　　　　　　　　　（单位：万 m³）

河流	方案	当地水	调入水	中水	蒸发渗漏	生产生活	河滨生态	调出水	河道出流
汾河	2015C	73 377	25 063	12 500	29 522	32 590	4 501	0	44 327
沁河	2015C	86 637	0	0	2 636	11 475	3 586	5 573	63 368
桑干河	2015B	49 364	37 160	0	3 578	54 438	866	0	27 642

表 6-53　2020 水平年河流生态配置　　　　　　　　　（单位：万 m³）

河流	方案	当地水	调入水	中水	蒸发渗漏	生产生活	河滨生态	调出水	河道出流
汾河	2020B	73 377	39 304	17 000	29 522	41 990	5 162	0	53 008
沁河	2020C	86 637	0	0	2 636	13 770	5 378	7 304	57 549
桑干河	2020C	49 364	50 119	0	3 578	65 803	2 078	0	28 024

第 7 章　水生态系统修复的价值评价技术

7.1　水生态系统修复价值评价的理论框架

为促进人与自然和谐发展，世界各国越来越重视生态系统服务功能的评价与管理，生态系统服务价值研究成为当前国际上科学研究的热点和前沿。Daliy(1997)提出生态系统服务指自然生态系统及其物种所提供的能够满足和维持人类生活需要的条件和过程，生态系统提供的商品和服务代表着人类直接和间接从生态系统得到的利益。Costanza 等(1997)综合了国际上已有的对生态系统服务价值的评估研究方法和计算结果，对全球主要类型的生态系统服务功能价值进行了评估，具有里程碑意义。2005 年联合国《千年生态系统评估》(*Millennium Ecosystem Assessment*)，继承并发展了 Daily 和 Costanza 等对生态系统服务的定义，将其定义为通过对不同尺度（全球、区域、国家、地区）的生态评估，揭示生态系统演变的趋势及生态系统变化所带来的影响，识别并实施生态系统改善的政策和措施，最终实现生态系统的良性发展。从整体上看，当前的研究多集中在生态系统本身的价值，但对生态保护与恢复前后的生态价值量的变化情况研究较小。

本研究针对山西省的特点，依据水生态系统的特点、类别以及提供服务的机制、类型和效用，提出了适合半干旱半湿润地区的水生态系统修复的价值评价的"两大层面、五大系统以及四大功能"的基本理论框架，如图 7-1 所示。其中，两大层面是指水域生态系统和坡面生态系统；五大系统是指河流廊道、地下水、城乡饮水区、煤炭开采区和水土流失区；四大功能是指供给服务功能、调节服务功能、文化服务功能和支撑服务功能。

其中，供给服务是指水生态系统提供的产品包括人类生活及生产用水、水力发电、内陆航运、水产品生产和基因资源等方面；调节服务是指水生态系统具有水文调节、河流输送、侵蚀控制、水质净化、空气净化和气候调节等方面的功能；文化服务功能是指水生态系统具有文化多样性、教育、美学、灵感启发、文化遗产、娱乐和生态旅游价值等方面的功能；支持服务是指水生态系统维持土壤形成与保持、光合产氧、营养物循环、初级生产力和提供生境等方面的功能。

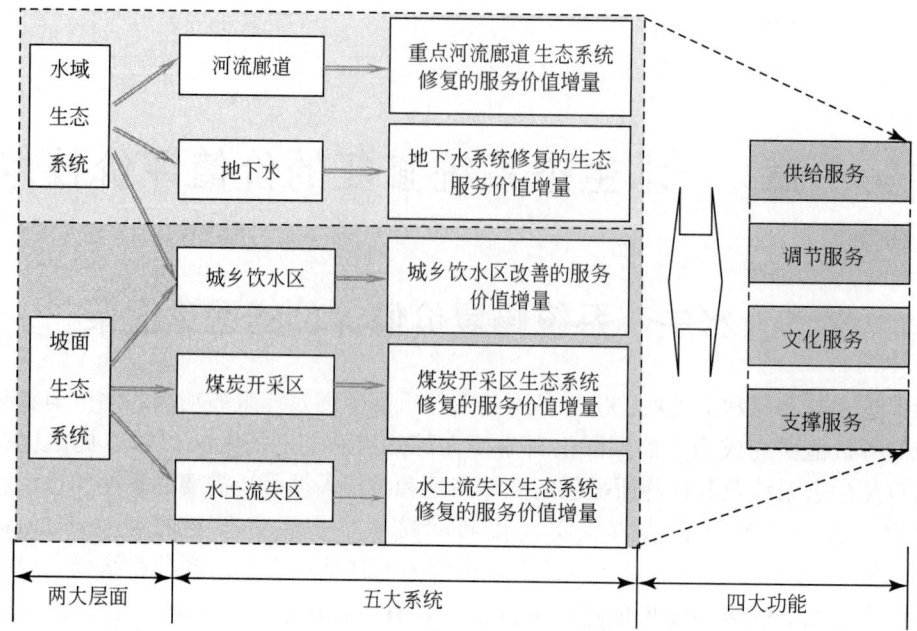

图 7-1 水生态系统修复价值评价的理论框架

7.2 水生态系统修复的价值评价技术

水生态系统修复的价值评价技术主要包括河流廊道、地下水系统、煤炭开采区、水土流失治理区和城乡饮水区的水生态系统修复价值评价。生态系统修复的价值评价的一般步骤如图 7-2 所示。

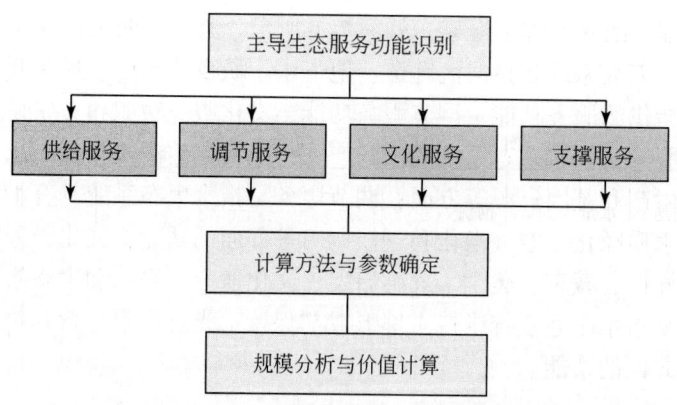

图 7-2 五大系统生态修复价值评价的步骤

7.2.1 重点河流廊道

7.2.1.1 主导功能识别

河流廊道的生态系统服务功能是指河流廊道及其生态过程所形成及所维持的人类赖以

生存的自然环境条件与效用其生态系统修复的价值增量主要包括三方面内容：一是河道内湿地与滨河带建设所带来的生态服务价值增量；二是河流修复与污染治理所带来的生态服务价值增量；三是河道外绿地与河湖湿地修复所带来的生态服务价值增量。

综合国内外的研究成果，就湿地系统而言，单位面积价值比较高的生态系统服务功能为水质净化、气体调节、水文调节、提供美学景观、维持生物多样性和气候调节，这些功能的价值总量占湿地系统生态服务价值总量的95.3%；就河流系统而言，单位面积价值比较高的生态系统服务功能为水文调节、水质净化、提供美学景观、维持生物多样性、气体调节、供给淡水和食物生产，这些功能的价值总量占河流系统生态服务价值总量的97.2%。从整体上看，水文调节、水质净化、提供美学景观、维持生物多样性以及气体净化是湿地与河流系统的主导功能。本研究主要对河流和湿地系统的主导功能价值进行核算，考虑到河道减少淤积的服务功能较为突出，并将其价值进行单独核算。

7.2.1.2 计算方法与参数确定

不同服务功能价值核算的方法主要包括市场价值法、影子工程法、机会成本法、费用支出法和成果参照法等。本研究选取的计算方法见表7-1。

表7-1 河流与湿地系统主导功能价值核算方法的选择

分类		水质/水量	河流/湿地	湿地系统	河流系统
供给服务	供给淡水	水量	河流	—	影子价格法 （水价）
调节服务	气体调节	水质、水量	湿地	市场价值法[①] （CO_2与O_2）	—
	水文调节	水量	河流	成果参照法	机会成本法[②] （人工贮水）
	水质净化	水质	湿地、河流	影子工程法[③] （污水处理厂）	成果参照法 （损失率）
	河道输送	水量	河流	—	机会成本法 （人工清理）
文化服务		水质、水量	河流、湿地	费用支出法[④] （旅行费用）	成果参照法 （水量曲线）
支持服务		水质、水量	河流、湿地	成果参照法[⑤] （单位价值）	成果参照法 （单位价值）

① 市场价值法：计算生态系统提供商品的价值。
② 机会成本法：即作出某一决策而不作出另一决策时所放弃的利益。
③ 影子工程法：又称替代工程法，是恢复费用法的一种特殊形式。在生态系统遭受破坏后人工建造一个工程来代替原来的生态系统服务功能，用建造新工程的费用来估计生态系统破坏所造成的经济损失的一种方法。
④ 费用支出法：以人们对某种环境效益的支出费用来表示该效益的经济价值。
⑤ 成果参照法：按照其他相关研究调研或计算的单位面积（或体积）的经验值确定。

(1) 供给淡水价值计算

河流生态系统为人类生存提供最主要的淡水水源,为人类和其他动物(家畜、家禽及野生动物)提供饮用水,为植物的生长发育和繁殖提供代谢用水,为农业灌溉用水、工业用水以及城市生态环境用水等提供保障。本研究采用影子价格法对该项价值进行计算。具体计算公式为

$$VA_{1,t} = \Delta Q_{1,t} \times PT_1 + \Delta Q_{2,t} \times PT_2 + \Delta Q_{3,t} \times PT_3 \tag{7-1}$$

式中,$VA_{1,t}$ 是河流系统供给淡水的第 t 年(2015 年或 2020 年)的增量价值(亿元);$\Delta Q_{1,t} \sim \Delta Q_{3,t}$ 分别为第 t 年供给第二、第三产业和农业用水的增量(亿 m^3);$PT_1 \sim PT_3$ 分别为每 $1m^3$ 水供给第二、第三产业和农业用水的价值(元/m^3)。综合当前国内外的研究成本,本研究取 $1m^3$ 水的价格为 0.3 元/m^3。

(2) 河道输送价值计算

河流系统具有输沙和输送营养物质等一系列的生态服务功能。河流系统的水量减少将导致泥沙沉积、河床抬高、湖泊变浅,调蓄洪水和行洪能力降低。河水流动中,能冲刷河床上的泥沙,达到疏通河道的作用。该项生态服务价值核算主要如采用机会成本法进行计算:

$$VA_{2,t} = \Delta R_t \times CR \times RT \tag{7-2}$$

式中,$VA_{2,t}$ 为第 t 年河道输沙的生态服务价值(亿元);ΔR_t 为第 t 年增加的河道径流量(亿 m^3);CR 为河道多年平均含沙量(kg/m^3);RT 为河道人工清淤费用(元/kg)。由于汾河流域位于半干旱的黄土高原区,水土流失严重,尤其是上游段输沙模数在 2000 t/($km^2 \cdot a$) 以上,计算时取河津站 1956~2000 年平均含沙量 20.0 kg/m^3;沁河多年平均含沙量为 6.7kg/m^3(润城站);桑干河多年平均含沙量为 28.7kg/m^3,河道清淤费用为 0.2 元/kg。

(3) 水文调节价值计算

河流与湿地系统对河川径流起到重要的调节作用,特别是对洪涝灾害的调节。河流与湿地系统相当于"天然容器",具有存贮水源、补充和调节周围湿地径流以及地下水量的作用。在洪涝季节,河流和湿地系统通过向江海迅速输送过多的水分,具有纳洪、行洪、排水功能,避免该地区水分蓄积过多造成的洪灾损失;在干旱季节,河流与湿地系统可供灌溉,还与地下水相互补给,维持两者的平衡。

1)河流系统的水文调节价值主要体现在两大方面:一是在干旱季节,河流具有贮存水源、补充地下水的价值;二是在洪涝季节,河流可以降低流域洪水灾害损失,避免或减少了受灾(或淹没)人口和耕地的数量(使其有机会继续为人类提供服务功能)。本研究主要采用机会成本法进行计算:

$$VA_{3,t} = \Delta R_t \times ZT + ZH \times QZ \times \frac{NT_t}{MT} \tag{7-3}$$

式中,$VA_{3,t}$ 为第 t 年河道水文调节的生态服务价值(亿元);ZT 为单位贮水成本(元/m^3);ZH 为洪水损失值(亿元/次);NT_t 为第 t 年洪水灾害的间隔期(a);MT 为洪水灾害发生的频率;QZ 为河道整治减少的洪水灾害频率。根据相关研究,单位贮水成本即取每建设

$1m^3$ 库容需投入的成本，取 35 元/$m^3$①。山西省历史上各种范围的洪水灾害平均约 1.7a 发生一次，其中局部洪灾平均 3.2a 出现一次，较大范围的洪灾平均 6.6a 出现一次，大范围洪灾平均 11.3a 出现一次，特大范围的洪灾平均 23.6a 出现一次。每次洪水灾害损失取 5 亿元，按照洪水灾害减少 30% 计算。

2) 湿地（与滨河带）系统的水文调节价值采用成果参照法进行计算：

$$VB_{3,t} = \Delta A_t \times AU + \Delta B_{1,t} \times AU_1 + \Delta B_{2,t} \times AU_2 + \Delta C_t \times AT \quad (7-4)$$

式中，$VB_{3,t}$ 为第 t 年湿地水文调节的生态服务价值（亿元）；AU 为单位面积湿地水文调节价值参数（元/hm^2）；ΔA_t 为第 t 年湿地建设的面积（hm^2）；$\Delta B_{1,t}$、$\Delta B_{2,t}$ 和 ΔC_t 为河道外的绿地、河湖水面以及滨河湿地增加的面积（hm^2）；AU_1、AU_2 和 AT 为河道外绿地、河湖湿地以及滨河带单位面积的水文调节价值（元/hm^2），参照谢高地等（2007）研究给出的单位面积湿地水文调节系数，本研究取 13 715.2 元/hm^2，绿化带、河湖湿地单位面积水文调节系数为 1836.8 元/hm^2 和 8429.41 元/hm^2。

(4) 气体调节价值计算

湿地及滨河带系统生态系统气候调节功能主要指湿地植被通过光合作用和呼吸作用与大气交换 CO_2 和 O_2，维持大气中 O_2 和 CO_2 平衡作用的能力。生态系统固定 CO_2 与释放 O_2 的价值，是通过植被固碳功能价值实现的。利用光合作用方程式算出研究区植被固碳总量，再利用市场价值法(碳税或造林成本)得出固碳的总经济价值。具体计算公式如下，根据植物光合作用方程式：$6CO_2 + 12H_2O \longrightarrow C_6H_{12}O_6 + 6O_2 + 6H_2O$，可知植物每生产 1 g 干物质，需要 1.62 g CO_2 并释放 1.2 g O_2，则

$$VA_{4,t} = (1.62 \times P_C + 1.2 \times P_O) \times PAS \times \Delta A_t + \Delta B_{1,t} \times BU_1 + \Delta B_{2,t} \times BU_2 + \Delta C_t \times BT \quad (7-5)$$

式中，$VA_{4,t}$ 为第 t 年湿地气候调节价值（亿元）；PAS 为湿地单位面积的干物质量（t/hm^2）；P_C 为碳税价格或造林成本（元/t）；P_O 为工业制氧价格（元/t）；BU_1 和 BU_2 为单位面积绿地和河湖单位面积的气体调节价值（元/hm^2）；BT 为滨河带单位面积的气体调节价值（元/hm^2）。工业制氧价格 P_O 一般在 400~600 元/t，本研究取 600 元/t。P_C 取碳税价格 770 元/t。湿地单位面积的 PAS 干物质量 0.57~10.0t/hm^2，本研究取 10.0t/hm^2。BU_1 和 BU_2 分别取 2613.8 元/hm^2 和 229.04 元/hm^2。

(5) 水质净化价值计算

河流和湿地系统都具有一定的自净能力，即水质净化的服务功能。河流通过污染物的迁移、转化、分散、富集等物理、化学和生物过程，使污染物得到降解和清除。其中，物理过程是指河流生态系统中的水生植物可以减缓河水的流速，使水中的泥沙得以沉降，各种有机和无机溶解物和悬浮物被截留，使水得到澄清；化学过程是指河流生态系统中的植物、藻类、微生物等能够吸附水中的悬浮颗粒和许多有机或无机化合物，将其中的氮、磷等营养物质有选择地吸收、分解或同化，还可以将许多有毒有害的污染物质转化为无害的

---

① 按照 1988~1991 年全国水库建设投资测算结果 0.67 元/m^3 计算。

甚至是有用的物质；生物过程是指河流系统中的动物，通过新陈代谢过程，对活的或死的有机体进行机械或生物化学切割和分解，然后加以吸收、加工和利用，有效地防止了物质过分积累所形成的污染，促进了流域水环境的净化。湿地系统通过对污染物的截留、吸收与转化，实现水质净化功能，主要通过两种方式实现，即生物直接吸收和交错带的土壤颗粒及胶体吸附。

1）湿地的水质净化价值主要采用影子工程法进行计算。公式如下：

$$\text{VA}_{5,t} = \max\left(\frac{\Delta A_t \times W_j \times \text{WT}_t \times 10^4}{N_j}\right) \times P_j \times \Delta B_{1,t} \times \text{CU}_1 + \Delta B_{2,t} \times \text{CU}_2 + \Delta C_t \times \text{CT} \tag{7-6}$$

式中，$\text{VA}_{5,t}$ 为第 t 年湿地系统的水质净化价值（亿元）；W_j 为单位面积湿地系统去除污染物 j 的量 [g/(m²·d)]；N_j 为污水处理厂中进水中 j 污染物含量（mg/L）；WT_t 为第 t 年湿地的运行时间（d）；P_j 为污水处理厂的第 1t 污水处理费用（元/t）；CU_1、CU_2 和 CT 为河道外绿地、河湖湿地以及滨河带单位面积的水质净化价值（元/hm²）。据调查，污水处理厂的吨水处理费用为 1.0 元/t 计算（含折旧）；单位面积湿地的 COD 和氨氮污染物去除量分别为 5.1 g/(m²·d) 和 3.7 g/(m²·d)。污水处理厂进水中 COD 含量为 400 mg/L，氨氮含量为 25 mg/L。CU_1 和 CU_2 分别取 1365.3 元/hm² 和 6669.1 元/hm²。

2）河流系统的水质净化价值主要按照污染损失率法进行计算。其中损失率计算公式如下：

$$\text{VB}_{5,t} = \Delta \text{GDP}_t \times \text{LK}_t \times 0.01 \tag{7-7}$$

$$\text{LK}_t = \text{KK} \times \left(\frac{e^{0.54(Q_t - Q_{\text{TH}})} - 1}{e^{0.54(Q_t - Q_{\text{TH}})} + 1}\right) + 0.5 \tag{7-8}$$

式中，$\text{VB}_{5,t}$ 为第 t 年河流系统的水质净化价值（亿元）；GDP_t 为 t 年的增加值总量（亿元）；LK_t 为 t 年的等于损失率系数，无量纲；Q_t 为 t 年的河流平均水质类别增量；KK 为损失率系数，本研究取 3%；Q_{TH} 为拐点的水质类别。根据有关研究，当一个地区的平均综合水质类别达到Ⅳ类时，无论从人们对水环境污染的感官效应，还是对社会经济和人类活动的影响都是一个非常关键的水质状态。因此，确定水污染经济损失影响函数中拐点定为 4。

（6）文化娱乐价值计算

文化娱乐功能是指河流廊道生态系统为人类社会所提供的认知发展、主观印象、消遣娱乐和美学体验等方面的价值，具体可细分为文化多样性、教育价值、灵感启发、美学价值、文化遗产价值、娱乐和生态旅游价值等方面。通常，河流廊道的水质、水量和水生态因素，影响到娱乐活动的适宜性、景观的美学效果（包括视觉和味觉等），是河道廊道在文化娱乐方面的功能质量和生态服务价值大小的决定性因素。该方面价值的评估技术主要包括享受价格法、意愿调查法、旅行成本法、概念方法和经验模型法等。

1）湿地系统的文化娱乐价值主要采用旅行费用法来计算，即单位面积湿地保护区与湿地公园接待游客的人次及人均消费值确定，即

$$\text{VA}_{6,t} = \text{EP} \times \text{EPM} \times \Delta A_t + \Delta B_{1,t} \times \text{DU}_1 + \Delta B_{2,t} \times \text{DU}_2 + \Delta C_t \times \text{DT} \tag{7-9}$$

式中，$\text{VA}_{6,t}$ 为第 t 年湿地的文化娱乐价值（亿元）；EP 为单位面积湿地接待的游客人次

（人次/hm²）；EPM 为人均消费量（元/人次）；DU₁、DU₂ 和 DT 为河道外绿地、河湖湿地以及滨河带单位面积的文化娱乐价值（元/hm²）。据统计，2005 年山西省全省接待国内游客收入 281.9 亿元，接待游客 6545.0 万人次，相当于 EPM 为 430.71 元/人次。依据现有湿地接待的游客情况，确定单位湿地接待的游客人数为 100 人/hm²。DU₁ 和 DU₂ 分别取 662.4 元/hm² 和 1994.0 元/hm²。经计算，2015 年和 2020 年汾河湿地与滨河带系统的文化旅游生态服务价值分别为 7.2 亿元和 12.3 亿元。

2）关于河流系统的文化娱乐价值，研究表明水量是影响河流生态系统美学娱乐功能及其经济价值大小的决定性因素。当前，很多研究者构建了河流水量与娱乐质量之间的关系，发现其为倒 U 型曲线关系，即随着河道流量的增加，文化娱乐的质量明显增加，之后随着河流流量的增加，文化娱乐质量逐渐下降。对于文化娱乐活动而言，最小、最优、不可接受的河流流量随研究河流对象的特点及娱乐活动类型（如划船、捕鱼、游泳、观光等）不同而有明显差异。考虑到山西省河流当前出现断流的特点，本研究假定河流系统的文化娱乐功能在倒 U 型曲线的前段，即随着河道内流量和河道外用水量的增加，文化娱乐功能呈现明显增加趋势，具体如下式所示：

$$VB_{6,t} = (\Delta U_t + \Delta R_t) \times PAP \tag{7-10}$$

式中，$VB_{6,t}$ 为湿地系统 t 年的文化娱乐价值（亿元）；MA_t 为增加的河道内和河道外生态用水量（亿 m³）；PAP 为单位生态用水量增加所带来的文化娱乐价值（元/m³），根据山西的特点，汾河、沁河和桑干河分别取 25 元/m³、20 元/m³ 和 16.5 元/m³。经计算，三条河流生态修复措施所带来的 2015 年和 2020 年文化娱乐价值增量分别达 13.9 亿元和 24.5 亿元。

（7）生命支持价值计算

河流和湿地特殊的空间结构，具有维持自然生态过程与区域生态环境条件的功能，如土壤形成与保持、光合产氧、氮循环、水循环、初级生产力和提供生境等。河流系统适合生物的生存与繁殖，是珍稀濒危水禽的中转停歇站，并能养育许多珍稀的两栖类和鱼类特有种。与河流类似，湿地系统也具有提供重要物种栖息地功能价值。此外，河流和湿地系统对于养分循环也具有重要的推动作用。

1）采用成果参照法对湿地生物栖息地的价值进行计算：

$$VA_{7,t} = EU \times \Delta A + \Delta B_1 \times EU_1 + \Delta B_2 \times EU_2 + \Delta C \times ET \tag{7-11}$$

其中，$VA_{7,t}$ 为湿地系统的 t 年的生命支持价值（亿元）；EU 为单位面积湿地系统的生命支持价值系数（元/hm²）；EU1、EU2 和 ET 为河道外绿地、河湖湿地以及滨河带单位面积的生命支持价值（元/hm²）。

依据 Costanza 等（1997）研究给出的单位面积的调节干扰（即生态系统的容量、抗干扰和完整性对生态系统波动的响应）和生物栖息地（永久和暂时栖息地）价值之和（即 42 134.1 元/hm²，以 2006 年 1 美元兑换 8.7 元人民币计算），确定汾河流域单位面积湿地系统的生命支持价值系数为 42 134.1 元/hm²，DU1 和 DU2 分别为 662.4 元/hm² 和 1994.0 元/hm²。经计算，得到 2015 年和 2020 年汾河流域湿地和河道外的生命支持价值分别为 27.0 亿元和 43.5 亿元。

2）采用成果参照法对河道生态用水增加后生物栖息地价值进行计算：

$$VB_{7,t} = EL \times (\Delta U_t + \Delta R_t) \qquad (7\text{-}12)$$

式中，$VB_{7,t}$ 为河流系统的 t 年的生命支持价值（亿元）；EL 为 $1m^3$ 河流系统生态用水增加的生命支持价值系数（元/m^3）。

7.2.2 地下水系统

7.2.2.1 主导功能识别

地下水系统的主导生态服务功能包括如下三大方面：①水文调节。地下水作为水循环非常重要的一部分，与河流、泉水等地表水资源存在非常紧密的联系，发挥着巨大的水文调节作用。地下水超采会破坏地下水的水文调节功能，不仅会造成地下水流场的破坏，还会对和地下水有水利联系的其他水生态系统造成危害，导致湿地蓄水疏干、湖泊萎缩、河道断流等生态危机。同时，地下水超采还会造成地面沉降，引起地质灾害，进而造成社会经济和生态的重大损失。②水质净化。地下水有一定的水质净化功能，但由于地下水流速小，其自净能力较地表水弱很多。当前因为地下水的过度开采、煤炭开采、工业废水和生活废水排放、工业废弃物和城市垃圾堆放等原因，使地下水受到严重的污染。受到污染的地下水要恢复原状十分困难，花费极高，而且需要几十甚至几百年的时间，深层地下水遭到破坏更是难以恢复。③供给淡水。地下水系统的另一项服务功能是在应急情况下为农业、工业和生活提供淡水。

7.2.2.2 计算方法与参数确定

地下水生态服务价值的计算方法主要包括直接利用价值法、替代市场法和替代工程法，如表 7-2 所示。

表 7-2 地下水生态服务价值及计算方法

主导功能	计算方法	备注
供给淡水	直接利用价值法	计算储备部分地下水作为特殊干旱年份的应急水源具有的价值
水文调节	替代市场法	计算减少地下水超采造成地面沉降损失
水质净化	替代工程法	计算处理地下水污染所需支付的费用

（1）供给淡水价值计算

采用直接利用价值法计算供给淡水的价值，依据山西省及我国其他地区干旱期供水水价调查结果，综合确定储备部分地下水作为特殊干旱年应急水源所具有的价值。调查结果表明，目前国内尚没有特别明确的特殊干旱年水价定价，但是部分地区特殊干旱年水价为 $30 \sim 120$ 元/m^3。北京市规定超计划用水规定数量 40% 以上的部分，按照水价的三倍标准收取；天津市规定超计划 40% 以上的，按标准水价的十倍加收水费、水资源费。根据此确定特殊干旱年水价为常规年份水价的 6 倍，并考虑特殊干旱年优先保证生活用水，因此按照生活用水价格的 6 倍计算，特殊干旱年少量超采地下水作为应急水源的价格为 15 元/m³。

（2）水文调节价值计算

参考山西省当地和国内其他城市地面沉降造成的经济损失参数，结合山西省基本情况，计算地下水超采造成地面沉降的损失，将造成的地面沉降方面的损失。由于尚未见对山西省地面沉降损失的具体评价，参考其他城市的评价成果。其他研究成果表明，天津市地面沉降灾害损失，1959~1993 年总损失评估为 1896 亿元，其中直接损失为 172 亿元，间接损失为 1724 亿元，即每年损失约 54 亿元，其中直接损失为 5 亿元，间接经济损失为 49 亿元。苏州、无锡、常州三市，总损失评估每年为 33 亿元，其中直接损失每年为 3 亿元，间接损失每年为 30 亿元。而天津市近年平均沉降量为 24 mm，苏州、无锡、常州三市年平均沉降量在 15mm 左右。因而，天津市沉降量损失约为 20 000 元/(km²·a·mm)，其中直接损失 1850 元/(km²·a·mm)，间接经济损失 18 150 元/(km²·a·mm)。

山西省当前由于地下水超采造成的地面沉降比较严重，全省以开采地下水为主要水源的城市，如太原、大同、运城谏水盆地及晋中、榆次、介休均发现不同程度的地面沉降和裂缝。太原地面整体呈偏漏斗型下沉趋势，范围北起迎新街，南到晋阳湖，东至中共山西省委党校，西至金胜村，南北长约 15 km，东西宽约 8 km，年均沉陷 37~114mm。大漏斗中又分别以吴家堡（也是地下水漏斗中心）、下元—河西中学及迎新商场为中心，形成三个小沉降中心。大同市目前大同市区有两个地面沉降中心，分别位于时庄—西韩岭一带和利群制药厂一带，其中最大累计沉降量为 124 mm，平均沉降速率为 24.8 mm/a。大同市地面沉降区与地下水降落漏斗在时空分布上有较好的对应关系。地下水过量开采是产生地面沉降的主要因素之一，而地面裂缝的分布与地下水位降落漏斗分布还存在一定的相关性，主要反映在地下水降落漏斗的形成和发展增强了地裂缝的活动。晋中榆次源涡及介休义棠、义安等处，由于受区域水位大幅度下降的影响，局部出现地面沉降和裂缝。运城深水盆地由于大面积的地下水超量开采，地下水水位持续下降，在盆地边沿地一带已出现大的裂缝及一些滑坡体。

参照太原市的情况估算山西省地面沉降造成的经济损失。太原市 I 类沉降中心（吴家堡、下元）20 年沉降量超过 1m，II 类沉降中心（西张、西留等）20 年沉降量超过 0.6m。取太原市 20 年平均沉降量为 0.5m。参考天津市地面沉降造成经济损失的估算，比较两个区域的 2006 年地区生产总值，天津市为 4337.73 亿元，太原市为 2722.21 亿元，据此粗略估计，太原市因为地下水引起的沉降量损失约为 12 600 元/(km²·a·mm)。

地下水超采造成的地面沉降是一个累积效应，山西省地下水已经持续超采 20 年，累计超采量达 115 亿 m³，其中太原市所占比例为 22.5%。据统计，太原市每超采 1m³ 的地下水，会造成 18 元的地面沉降损失。考虑到山西省其他城市地下水超采造成的损失和太原市的情况的差别，按照山西省各地市生产总值水平，估算山西省每超采 1m³ 地下水平均造成 10 元的地面沉降损失。

（3）水质净化价值计算

参考国内外地下水污染修复的案例，使用替代工程法，计算出修复遭到污染的单位水量地下水所需的成本。通常，对受污染的地下水进行治理成本相当高，花费时间很长。捷克计划对一处27km²的地下水污染区进行修复，采用新技术后，预算为25亿欧元，修复时间为30~40年。法国1976~2010年实施对东北部的阿尔萨斯地区180km²约1.93亿m³的地下水进行修复，每1m³的地下水进行修复约需要7.7元人民币。依据法国的地下水修复参数，计算得到山西省1m³受到污染的地下水进行治理的成本为7.7元。

综上所述，地下水生态保护和修复的服务价值为32.7元/m³。

7.2.3 煤炭开采区

7.2.3.1 主导功能识别

煤炭开采区主要考虑如下四方面的生态服务价值，具体包括采煤保水、矿井水处理利用、煤矸石处理和矸石山复垦，其主导生态服务功能见表7-3。

表7-3 煤炭开采区不同方面的生态服务主导功能识别

分类	主导功能			
	采煤保水	矿井水处理利用	煤矸石处理	矸石山复垦
供给服务	应急供水功能	生产生活供水	提供建筑材料和能源（水泥、砖块、矸石电厂发电）	牧草
调节服务	水质调节，预防污染	—	—	草地/稀树林
文化服务	泉水文化功能	—	景观服务	景观服务
支持服务	地下水循环支持功能	地表水置换，支撑地表水生态/污染防治	可持续发展能力/污染防治	土地资源/污染防治

7.2.3.2 计算方法与参数确定

煤炭开采区生态修复的价值增量主要采用单位因子法，即服务价值增量等于单位水量恢复增加所增加的生态服务价值与生态修复水量之间的乘积。采煤保水、矿井水处理、煤矸石处理以及矸石山复垦生态服务价值如表7-4~表7-7所示。

表7-4 采煤保水生态服务价值计算参数 （单位：元/m³）

分类	主导功能	计算参数	计算依据
供给服务	应急供水功能	15	特殊干旱年的供水服务价值，约15元/m³
调节服务	水质调节，预防污染	7.7	参考水质演化部分
文化服务	泉水文化功能	5	晋祠泉水出流量1m³/s，年出水量的3000万m³，文化旅游收入1.5亿元
支持服务	地下水循环支持功能	38	1) 支撑地下水循环：参考修复地下水流场的价格，采用地表水成本加回灌成本价计算地表水成本价 2) 支撑地面不沉降，参考7.2.2.2节
总计		65.7	—

表 7-5 矿井水处理利用生态服务价值计算参数　　　　（单位：元/m³）

分类	主导功能	计算参数	计算依据
供给服务	生产生活供水	10	生产生活供水服务价值，取 10 元/m³
调节服务	忽略	0	—
文化服务	忽略	0	—
支持服务	地表水置换，支撑地表水生态	8	通过矿坑水的利用减少对新鲜地表水或地下水的开采，使其供给生态系统，产生服务价值，取 8 元/m³
	污染防治功能	2	通过矿井水的利用减少排水，节省污水处理开支，取 2 元/m³
	总计	20	—

表 7-6 煤矸石处理生态服务价值计算参数　　　　（单位：元/t）

分类	主导功能	计算参数	计算依据
供给服务	提供建筑材料和能源（如水泥、砖块、矸石电厂发电）	150	每吨水泥价格约 400 元，每吨砖块价格 100 元，每吨煤矸石作为电厂燃料可替代燃煤成本为 100 元，每吨煤矸石利用的综合效益概算为 150 元
调节服务	忽略	0	—
文化服务	景观服务	13	每吨煤矸石占地面积约为 0.2m²，经过处理，减少堆放，可增加景观服务价值 13 元
支持服务	可持续发展能力	2	通过煤矸石处理，减少矸石山的堆放面积，每吨煤矸石节约土地 0.2m²，当地土地价格采用农村宅基地价格，取 10 元/m²
	污染防治功能	20	污染防治用处理成本法估算，每吨的处理成本 20 元
	总计	185	煤矸石处理安置取 35 元/t

表 7-7 矸石山复垦生态服务价值计算参数　　　　（单位：元/hm²）

分类	主导功能	计算参数	计算依据
供给服务	牧草	265	—
调节服务	草地/稀树林	2 400	包括气体调节、气候调节、水源涵养等
文化服务	景观服务	500	参照谢高地等（2007）的森林草地成果，考虑煤矿区草地/稀树林景观的稀缺性
支持服务	土地资源	1 000	当地土地价格采用农村宅基地价格，取 10 元/m²
	污染防治功能	10 000	每公顷堆放煤矸石约 500t，每吨污染的处理成本约为 20 元
	总计	14 165	

7.2.4　水土流失区

7.2.4.1　主导功能识别

水土流失治理所采取的退耕还林、还草、坡改梯、淤地坝、荒滩整治等措施，能够实现的主导生态服务功能有供给功能和调节功能两方面。其中，供给功能主要体现在减少土壤侵蚀和增加粮食产量方面，调节功能主要体现在涵养水源和气候调节方面，具体如表7-8所示。

表7-8 水土流失区生态保护与修复所实现的生态服务主导功能

生态服务功能	主导功能	主要措施
供给功能	减少土壤侵蚀	退耕还林、还草、坡改梯、淤地坝、荒滩整治
	增加粮食产量	
调节功能	涵养水源	退耕还林、还草、坡改梯、退耕还林还草
	气候调节	

7.2.4.2 计算方法与参数确定

水土流失区生态保护与修复价值采用的计算方法，主要包括防护费用法、置换成本法、价格替代法与直接市场法，其价值计算参数如表7-9所示。

表7-9 水土流失区生态保护与修复价值计算方法与参数

主导功能	计算方法	计算参数	参数取值说明
减少土壤侵蚀	防护费用法	196.5 元/t	黄河下游河道冲沙中的水沙比例为1:39.3，即1t沙需39.3m^3的水；冲沙水价为5元/m^3
增加粮食产量	置换成本法	12 000 元/hm^2	淤地坝产粮年产量取4 000kg/hm^2；粮食价格取3.0元/kg
		15 000 元/hm^2	荒滩整治产粮年产量取5 000kg/hm^2；粮食价格取3.0元/kg
涵养水源	价格替代法	217.5 元/hm^2	1) 林地薪柴年产量0.04t/(hm^2·mm)；涵养水深30mm；薪柴售价取300元/t 2) 草地草料年产量取0.005t/(hm^2·mm) 涵养水深15mm；草料售价1000元/t 3) 退耕还林还草各占50%
		4 500 元/hm^2	1) 年增产量取0.15t/(hm^2·mm) 2) 涵养水深10mm 3) 售价3000元/t
气候调节	直接市场法	1 250 元/hm^2	参照谢高地等的研究相关成果，林地取2000元/hm^2，草地取500元/hm^2，设林草各占50%，综合价值取1250元/hm^2

7.2.5 饮水安全

7.2.5.1 主导功能识别

饮水安全的生态服务主导功能体现在支持服务方面，具体包括降低死亡率和维持社稳定两方面。

7.2.5.2 计算方法与参数确定

(1) 降低死亡率价值计算

降低死亡率增加价值主要考虑两个方面：一是通过降低死亡率所体现的人自身的价值；二是通过解决饮水安全问题所减少的医疗费用。对于人自身价值计算部分，根据对山西省实际情况进行调查，农村地区非正常死亡的补偿标准约为20万/人，据此来计算降低非正常死亡所带来的价值。此外，综合文献调查和山西省近年来的发展状况，将减少的医疗费用定为100元/(人·a)，具体计算方法见下式。

$$WA_t = (\mu_1 - \mu_0) \times P + 100 \tag{7-13}$$

式中，WA_t 为第 t 年降低死亡价值参数[元/(人·a)]；μ_1 表示山西省饮水不安全人口当前年死亡率；μ_0 表示标准年死亡率；P 表示人的生命价值。

(2) 维持社会稳定价值计算

维持社会稳定价值采用应急情况下水资源价格的支付意愿法计算，生活用水价格在特殊干旱年（或出现水污染突发事件时）取20元/m³。根据人们所需水量，计算出维持人们正常生活，维持社会稳定的服务价值，具体如下式。

$$WB_t = \frac{P \times L \times M}{N} \tag{7-14}$$

式中，WB_t 为第 t 年维持社会稳定价值参数[元/(人·a)]；L 表示人均年生活用水量，根据调查满足农村人均正常生活用量约为50L/d（高恺等，2009），即人均年生活用水量为18.25 m³；P 表示饮水不安全人数；M 表示饮水单价；N 表示极端事件发生的周期（单位为a），极端事件包括干旱年份和突发水污染，气象灾害等事件，根据山西省当地实际情况 N 取5a。

根据上述考虑因素与计算方法，得到饮水安全工程的生态服务价值计算参数，见表7-10。

表7-10 饮水安全工程生态服务价值参数 [单位：元/(人·a)]

分类	服务功能	计算参数
支持服务	降低死亡率价值	800
	维持社会稳定价值	73
总计		873

7.3 山西省水生态系统修复的价值评价结果

7.3.1 重点河流廊道

2015年和2020年山西省河流廊道生态系统修复主要措施及其所实现的水量与水质改

善程度分别见表 7-11 ~ 表 7-14。

表 7-11　山西河流廊道生态系统修复的主要措施

水平年	变量	湿地与河道系统修复措施	单位	汾河	沁河	桑干河
2015	ΔA	湿地面积增加	万 m^2	1 213	—	—
	ΔU	河道外用水增加	亿 m^3	0.05	0.224 1	0.086 6
	ΔQ	经济用水量增加	亿 m^3	1.26	0.29	2.82
	ΔT	增加外调水	亿 m^3	1.82	−0.5	3.72
	ΔR	增加径流量*	亿 m^3	0.50	−1.014 1	0.813 4
2020	ΔA	湿地面积增加	万 m^2	2 333	—	—
	ΔU	河道外用水增加	亿 m^3	0.154	0.358 6	0.138 6
	ΔQ	经济用水量增加	亿 m^3	2.63	0.51	3.96
	ΔT	增加外调水	亿 m^3	3.93	−0.73	5.01
	ΔR	增加径流量*	亿 m^3	1.146	−1.598 6	0.911 4

* 径流量增加量减去河道外用水增加量和国民经济用水增加量。

表 7-12　河道修复与污染治理的水质状况

河流	重点河段	现状	2015 年目标	2020 年目标
汾河	源头至兰村	Ⅳ	Ⅲ类	Ⅲ类
	兰村至小店桥	劣Ⅴ	Ⅳ类	Ⅲ类
	小店桥至义棠	劣Ⅴ	Ⅴ类	Ⅳ类
	义棠至柴庄	劣Ⅴ	Ⅴ类	Ⅳ类
	柴庄至河津	劣Ⅴ	Ⅴ类	Ⅴ类
桑干河	源头至东榆林	Ⅲ类	Ⅲ类	Ⅲ类
	东榆林至册田水库	Ⅳ类	Ⅳ类	Ⅲ类
	册田水库以下	劣Ⅴ	Ⅴ类	Ⅳ类
沁河	源头至飞岭	Ⅲ类	Ⅱ类	Ⅱ类
	飞岭至润城	劣Ⅴ类	Ⅳ类	Ⅲ类
	润城以下	劣Ⅴ类	Ⅳ类	Ⅳ类

表 7-13　三条河流河道外绿化面积与河湖水面变化　　（单位：万 hm^2）

水平年	绿化面积增加	河湖水面增加
2015	87.9	3.5
2020	141.2	8.8

表 7-14　三条河流的滨河带状况

河流	分段	长度/km	滨河带宽度/m 2015 年	滨河带宽度/m 2020 年	滨河带面积/hm² 2015 年	滨河带面积/hm² 2020 年
汾河	上游	216.6	60	80	1 346.4	1 046.4
	中游	266.9	200	250	8 970.2	9 473.2
	下游	210.5	120	200	3 264.5	3 394.5
沁河		396	80	100	4 756.0	4 756.0
桑干河		260.6	100	120	4 409.0	4 409.0

山西省河流廊道保护与修复的生态服务价值增量的计算结果如表 7-15 所示。可见，2015 年和 2020 年山西省河流廊道综合治理与修复所带来的生态系统服务功能价值分别为 191.8 亿元和 361.3 亿元。其中，2015 年河流廊道综合治理与修复带来的供给淡水、水质净化、水文调节、文化娱乐和生命支持这 5 项生态系统服务功能价值所占比重为 87.7%。2020 年，上述 5 项生态系统服务功能价值占总价值的 87.4%（图 7-3）。

表 7-15　河流廊道的生态服务价值汇总　　　　　　　　　　（单位：亿元）

分类	主导功能	2015 年 湿地	汾河	沁河	桑干河	河流小计	合计	2020 年 湿地	汾河	沁河	桑干河	河流小计	合计
供给功能	供给淡水	0	0.4	0.1	0.8	1.4	1.4	0	0.8	0.2	1.2	2.1	2.1
调节功能	气体调节	23.5	0	0	0	0	23.5	38.0	0	0	0	0	38.0
	水文调节	19.4	24.6	−30.2	33.8	28.2	47.6	34.1	45.4	−50.7	37.2	31.9	66.0
	水质净化	18.7	31.3	2.3	1.9	35.5	54.2	32.6	96.9	5.5	12.8	115.2	147.8
	河道输送	0	2.2	−1.4	4.7	5.5	5.5	0	4.6	−2.1	5.2	7.7	7.7
文化功能		7.2	15.3	−15.8	14.4	13.9	21.1	12.3	32.5	−24.8	16.8	24.5	36.8
支持功能		27.0	12.2	−14.2	13.5	11.5	38.5	43.5	26.0	−22.3	15.8	19.4	62.9
合计		95.8	86.0	−59.2	69.1	95.9	191.8	160.5	206.2	−94.3	88.9	200.8	361.3

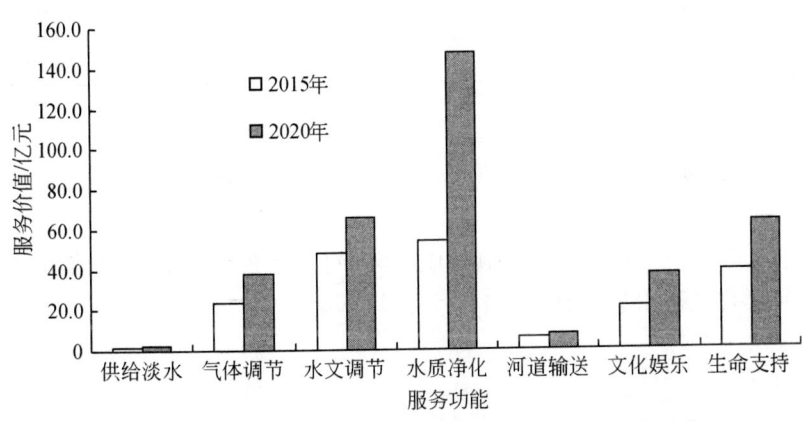

图 7-3　2015 年和 2020 年河流廊道生态系统服务功能价值

7.3.2 地下水系统

通过实施地下水生态系统保护和修复,到 2015 年将置换出 5.6 亿 m^3 深层超采水量。通过替代水源方案把这些水保存在地下,可发挥 32.7 元/m^3 的综合生态服务价值。通过地下水系统的保护和修复,每年可新增 183.12 亿元的生态服务价值。

7.3.3 煤炭开采区

煤炭开采区的生态服务价值核算主要涉及采煤保水、矿井水处理、煤矸石处理利用以及矸石山复垦 4 部分,计算结果表明:①在采煤保水方面,2015 年和 2020 年通过采煤保水技术实施减少的涌水量分别为 2800 万 m^3 和 3750 万 m^3,对应每年增加的生态服务价值分别为 18.40 亿和 24.64 亿元;②在矿井水处理方面,2015 年增加矿井水处理利用能力 10 435 万 m^3,2020 年增加矿井水处理利用能力 11 935 万 m^3,相应每年增加的生态系统服务价值分别为 20.87 亿元和 23.87 亿元;③在煤矸石处理利用方面,2015 年煤矸石处理安置量 12 000 万 t,综合利用量 3450 万 t,2020 年煤矸石处理安置量 17 000 万 t,综合利用量 8260 万 t,相应每年增加的生态系统服务价值分别为 105.83 亿元和 212.31 亿元;④在矸石山复垦方面,2015 年复垦矸石山面积 7200 hm^2,2020 年复垦矸石山面积 14 300 hm^2,对应每年的生态效益分别为 1.02 亿元和 2.03 亿元。汇总结果表明,2015 年生态服务功能合计 146.12 亿元,2020 年为 262.85 亿元,各项的生态服务价值计算结果见表 7-16。

表 7-16 煤炭开采区生态修复的价值评价结果 （单位：亿元）

分类	2015 年	2020 年
采煤保水	18.40	24.64
矿井水处理	20.87	23.87
煤矸石处理利用	105.83	212.31
矸石山复垦	1.02	2.03
合计	146.12	262.85

7.3.4 水土流失区

通过水土流失治理工程的实施,到 2015 年,每年增加生态服务价值 46.76 亿元;到 2020 年,每年增加生态服务价值 98.31 亿元,具体见表 7-17。

表 7-17 水土流失区生态修复的价值评价结果

分类	主导功能	保护措施	治理效果 2015 年	治理效果 2020 年	总价值/(亿元/a) 2015 年	总价值/(亿元/a) 2020 年
供给功能	减少土壤侵蚀	退耕还林/还草	减少土壤流失 150 万 t	减少土壤流失 550 万 t	2.95	10.81
		坡改梯	减少土壤流失 30 万 t	减少土壤流失 50 万 t	0.59	0.98
		淤地坝	减少土壤流失 2 092 万 t	减少土壤流失 4 184 万 t	41.11	82.22
	增加粮食产量		淤地面积 8 064hm²	淤地面积 16 127hm²	0.97	1.94
		荒滩整治	荒滩面积 2 000hm²	荒滩面积 3 000hm²	0.3	0.45
调节功能	涵养水源	退耕还林/还草	退耕还林还草面积 11 359hm²	退耕还林还草面积 53 916hm²	0.02	0.12
		坡改梯	坡改梯面积 15 000hm²	坡改梯面积 25 000hm²	0.68	1.12
	气候调节	退耕还林/还草	退耕还林还草面积 11 359hm²	退耕还林还草面积 53 916hm²	0.14	0.67
合计					46.76	98.31

7.3.5 城乡饮水区

计算结果表明，2008~2015 年饮水安全工程的生态服务价值为 74.32 亿元/a，2005~2020 年饮水安全工程的生态服务价值为 82.62 亿元/a（表 7-18）。

7.3.6 价值总量

在计算重点河流廊道、地下水系统、煤炭开采区、水土流失治理区以及城乡饮水区 5 部分的生态修复价值的基础上，汇总得到 2008~2015 年山西省生态保护与修复的价值为 641.92 亿元/a，2015~2020 年价值为 988.2 亿元/a，具体见表 7-18。

表 7-18 山西省生态保护与修复的价值评价结果　　（单位：亿元/a）

分类	2008~2015 年	2015~2020 年
重点河流廊道	191.6	361.3
地下水系统	183.12	183.12
煤炭开采区	146.12	262.85
水土流失治理区	46.76	98.31
饮水水源区	74.32	82.62
合计	641.92	988.2

从不同的生态系统看，重点河流廊道生态保护和修复价值最大，2015年和2020年两价值所占比重分别为19.9%和36.6%；其次为地下水系统和煤炭开采区生态保护和修复的价值，价值所占比重约为18.5%~28.5%。相对而言，城乡饮水区和水土流失治理区生态保护和修复的价值较小，不足总价值的12%。就不同的生态服务功能而言，调节服务价值所占比重最大，约占总价值的36%~37%，集中体现在重点河流廊道和地下水系统修复方面；其次是供给服务价值，约占总价值的31%~33%，主要体现在地下水系统、煤炭开采区和水土流失区的生态保护和修复方面；再次为支持服务价值，占总价值的23%~26%，主要体现在城乡饮水区、煤炭开采区以及重点河流廊道的生态保护和修复方面；相对而言，文化服务价值最小，仅占总价值的7%左右，主要体现在重点河流廊道和煤炭开采区的生态保护和修复方面。2015年和2020年山西省生态保护与修复的价值结构如图7-4和图7-5所示。

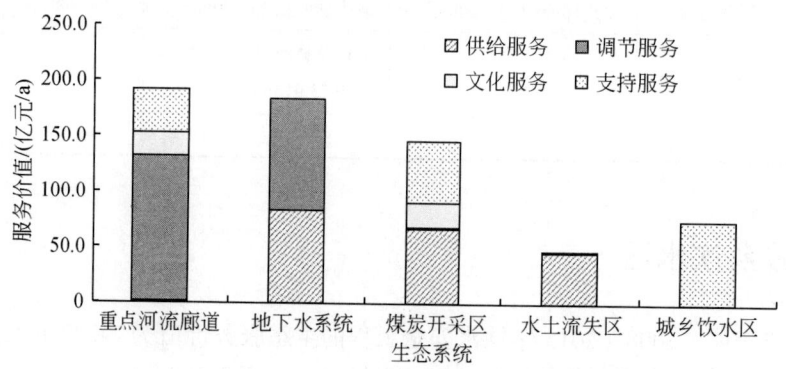

图7-4　2015年山西省生态保护与修复的价值结构

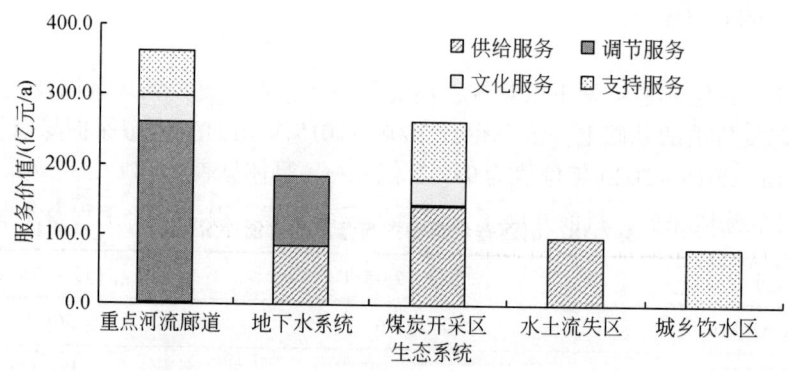

图7-5　2020年山西省生态保护与修复的价值结构

第 8 章　水生态系统保护与修复示范

为在全省范围内实施水生态系统保护与修复工程，彻底改善山西省的水生态环境，针对山西省内河流、滨河湿地、盆地地下水、岩溶泉域等保护对象，重点破解水生态系统长期积累的"老、大、难"问题，布置开展了水生态系统保护与修复示范工作。以流域为重点保护对象，建设汾河综合治理工程，实现千里汾河"清水复流"，辖区内汾河监测断面核心居住区消除劣Ⅴ类水质，边缘居住区劣Ⅴ类水质断面比例不大于10%，国家考核组考核评估断面水质达标率100%。保护流域水源的同时进行泉域保护，选取娘子关泉作为示范工程，开展岩溶泉域保护工程，从非点源污染控制、工业污染控制及泉口景区建设等方面全面介绍保障措施，探索岩溶泉域保护与修复的整体方案，为19大泉域保护工作的全面推动铺平道路。结合山西省地下水超采严重现状，针对超采区提出"节水为先、关井为主、替代水源为保障"的保护思路。山西省水资源消耗严重、污染严重等一系列水生态环境问题与其煤炭产业快速发展息息相关，因此结合山西省特点，探究了采煤区水生态环境保护与修复方案，并提出了有效的水污染治理与保护措施。

8.1　汾河清水复流工程

汾河"清水复流"工程主要包括汾河水源涵养与生态修复、源头雷鸣寺泉域保护、河道疏浚与岸坡整治、滨河湿地修复等水生态环境综合整治工程，探索出一条经济、有效、切实可行的河流廊道修复路径，突破五大河流保护与修复工作的技术瓶颈。

8.1.1　水源涵养与生态修复

针对汾河水源地保护，目前开展了万家寨工程南干线、引沁入汾工程及水利枢纽工程建设，其目标是保证水源地生态用水需水量。

河源区的水源涵养与生态修复是维系汾河生态水量的重要内容，主要措施包括：①划定河源保护区，进行勘界与立碑；②取缔河源区小煤矿和个人采石场，进行移民与生态复垦；③通过建设生态林、经济林和小型淤地坝对水土流失进行治理；④出台优惠政策，建立河源区生态补偿制度。项目总投资0.69亿元，由山西省国土资源厅、山西省扶贫开发办公室协调指导忻州市（宁武县）政府实施。

8.1.2 源头雷鸣寺泉域保护

汾河水源地保护另一个重要方面就是源头泉域保护。雷鸣寺泉作为汾河的源泉，不仅是珍贵的旅游资源，而且蕴藏着深刻的文化内涵，加强泉域保护对整个汾河水源地的保护具有重要意义。雷鸣寺泉域保护目标有三点，分别是：保持泉水的自然出流量与状态；消除岩溶地下水污染源；杜绝煤矿开采对岩溶地下水的水质、水量影响。

根据泉域保护目标，将源头雷鸣寺泉域为泉源重点保护区、水量保护区和煤矿带压区三部分，具体分布情况见图 8-1。不同区域保护措施如下。

1) 泉源重点保护区。从东寨向上游沿汾河支流北石河和芩山乡沟底泉水排泄区内建立泉源重点保护区，总面积 22.85 km²，泉源重点保护区应严格执行《山西省泉域水资源保护条例》中重点保护区的有关规定。

2) 水量保护区。为水量重点保护区。考虑到雷鸣寺泉域的重要性，将泉域东侧中奥陶统出露以东到泉源边界确定为水量重点保护区，包括摩天岭断层、岩溶地下水承压区，总面积 51.69 km²。区内禁止岩溶地下水开采和岩溶地下水水位以下的煤层开采。

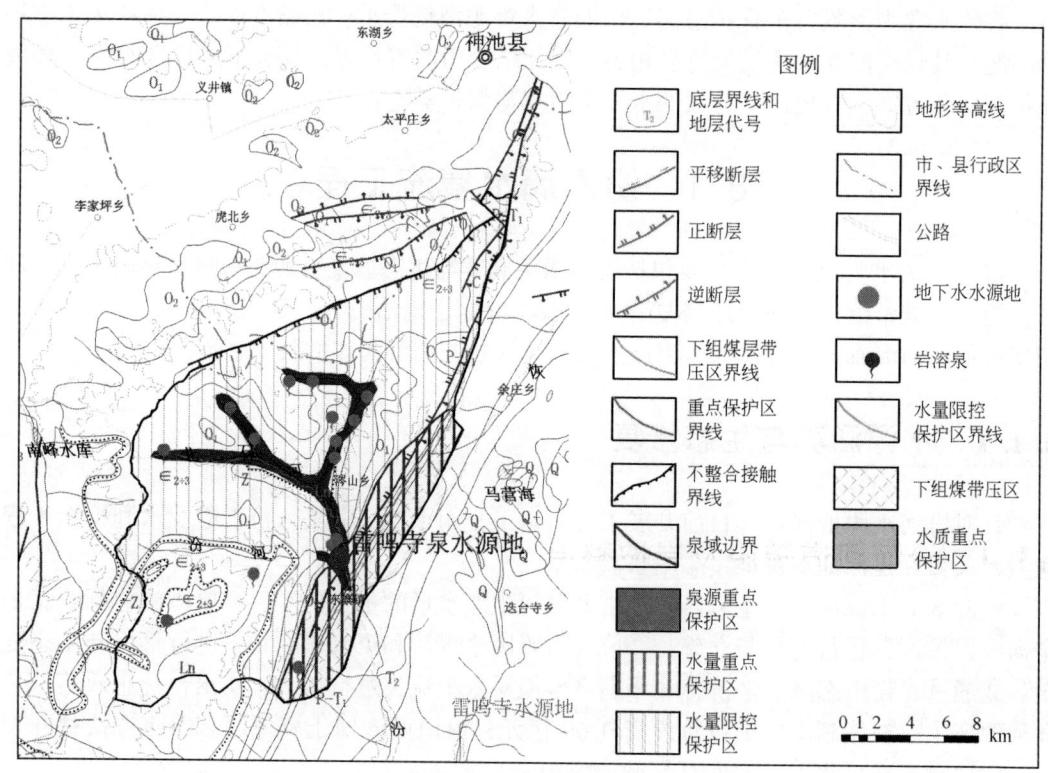

图 8-1 雷鸣寺泉域重点保护区分布图
资料来源：山西省水利厅等，2008

水量限控保护区。作为汾河源头，雷鸣寺泉水是山西人民福祉的象征，保持泉水出流具有深刻的意义。但由于泉域汇水面积小，泉水流量有限，因此要严格控制岩溶地下水的开采，将泉域内全部岩溶分布区确定为水量限控保护区，面积228.89km²。

3）煤矿带压区。泉域内石炭、二叠纪地层分布面积约28 km²，主要呈条带状分布于泉域东侧，除在斜坡地带存在局部无压区外，基本为岩溶地下水带压区。此外，由于本区岩溶水文地质状况研究程度较低，缺乏必要的地下勘探资料。在与东北侧神头泉域边界划分过程中，是以汾河与恢河地表分水岭划界的，但地下岩溶含水层间不存在任何隔水岩体。因此，在神头泉域与雷鸣寺泉域交界一带进行地下水开采，特别是煤矿带压区进行采煤会对泉域岩溶水水质与水量产生影响，需要尽早设置断面，开展雷鸣寺泉域岩溶地下水泉水流量及水质监测工作。

8.1.3　滨河湿地修复

滨河湿地修复以汾河中下游为重点，开展滨河湿地修复工程示范建设。汾河流域规划建设湿地面积783万 m²（表8-1），主要集中在汾河干流的太原、临汾和运城段，旨在营造风景秀美的汾河两岸湿地景观。项目总投资6.8亿元，由山西省水利厅、山西省汾河中下游管理局以及流域各地市人民政府负责组织实施，山西省发展和改革委员会、山西省水利建设开发中心、山西省水文水资源勘测局、山西省林业厅等单位进行配合。

表8-1　湿地试点建设方案

分布位置	面积/hm²	功能定位
兰村至柴村桥段	180	景观带，建成为太原市周边新兴生态旅游区
柴村至小店桥段	228	以景观和游憩功能为主，建成为太原市民休闲娱乐的重要景点
一坝—二坝，柴村—小店桥段	200	利用汾河二坝建立人工湿地，用于处理太原排水的部分污染物，净化水质
三坝库区	75	湿地公园，建设为周边城市的生态旅游区
临汾市	100	湿地公园，建设成为临汾市民休闲娱乐的重要景点
流域合计	783	—

8.1.4　汾河河道疏浚及岸坡整治

汾河河道疏浚和岸坡整治工程由山西省水利厅牵头，各市、区、县人民政府组织实施，项目总投资9.85亿元。其目标是实现关键河段三年大变样，岸坡砌护率大于70%，其中林草类软砌护率不低于50%，促进河道行洪、生态、景观三大功能恢复。

汾河生态修复河道疏浚及岸坡整治工程主要包括汾河中下游干流河道整治疏浚工程、中游干流调蓄工程清淤改造及滩涂绿化、下游入黄河口堤防下延工程、中游兰村至柴村桥段综合整治、支流河道与河口整治工程以及太原城市水系整治，如图8-2所示。

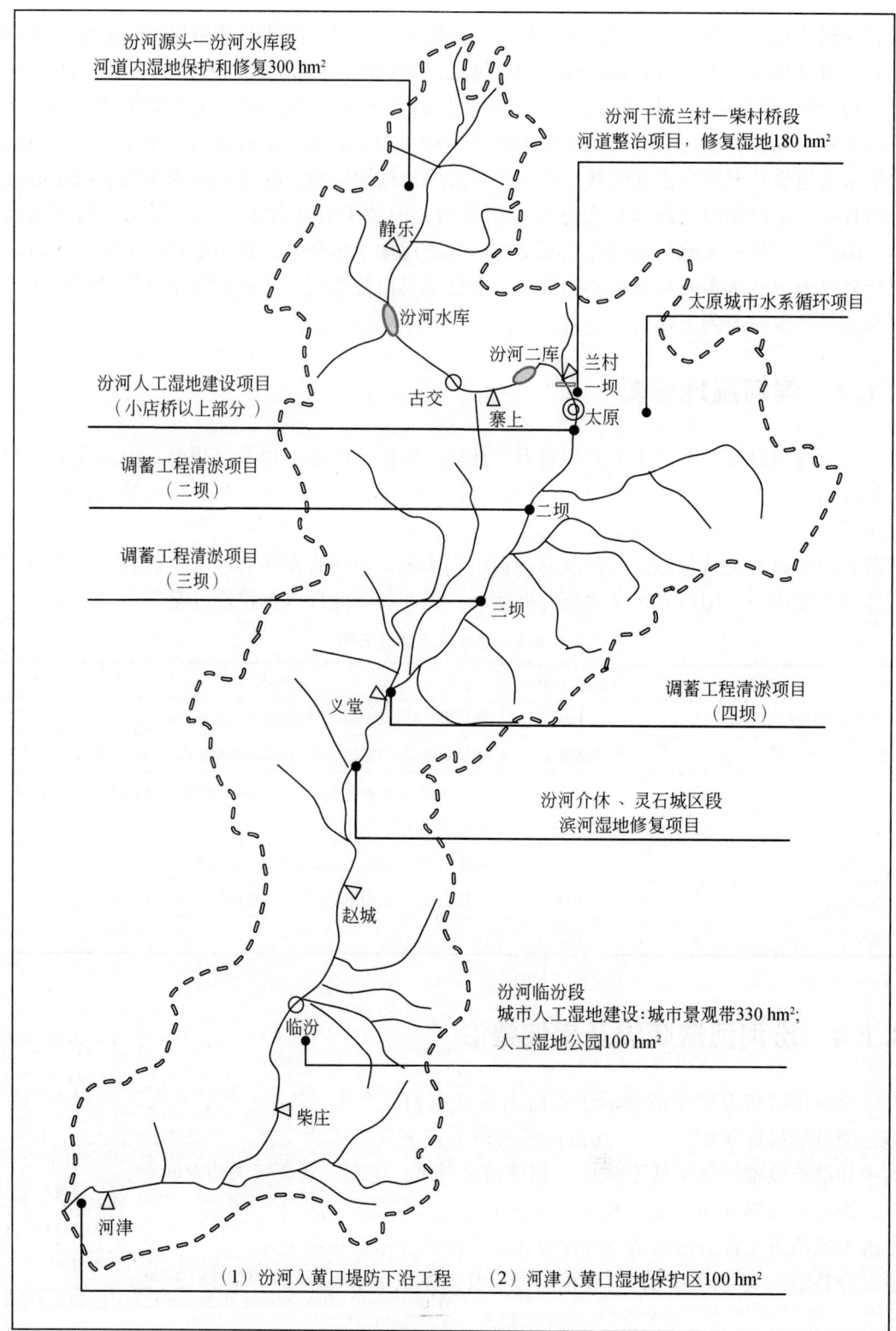

图 8-2 汾河河道疏浚与水系生态构建的试点方案图

8.2 娘子关泉域保护

娘子关泉域水资源系统是一个庞大的以岩溶地下水为主体，包括地表水和中浅层地下水在内的系统。目前泉域存在泉水流量衰减、水质污染、岩溶地下水水位持续下降等问题，对此分别从泉源非点源污染控制、工业污染源控制、泉口景区建设和泉源水土保持绿化工程4个方面提出具体保护措施。

8.2.1 泉源区非点源污染控制

结合泉源区农村非点源污染现状，提出泉源区农村旱厕改造工程、农村垃圾处理工程和农村污染源控制工程三个工程示范建设。

1）农村旱厕改造工程。考虑到各村到娘子关镇污水处理厂的距离以及对泉水水源的污染轻重程度，建设应分期分批因地制宜地对各村进行旱厕改造：①2011年前，完成河滩村、娘子关村、城西村、坡底村和河北村等离娘子关泉源（水源地）较近村落的旱厕改造，全部改为水冲厕所，建成家庭式卫生设施，约需投资1332万元；②2015年前，完成距离水源地较远的程家村、东塔崖村、西塔崖村的旱厕改造，因铺设污水支管距离较远，采用双瓮漏斗式厕所，总投资约76万元。

2）农村垃圾处理工程。由环保管理部门及娘子关镇政府组织实施相关村落的垃圾收集处理工程。①以村为单位统一在居民门前布置垃圾桶，根据居民分布，一般每5户公用一只垃圾桶，组织人员每日定时收集，收集频率一天一次，后在垃圾收集房负责分拣、分类，然后进行集中处理；②先由各村分别完成生活垃圾的收集—分拣—废品回收，而后将可堆腐部分统一进行堆肥，不可堆肥的部分统一进行填埋处理；③填埋处理无法再利用的垃圾，保护区内河滩村、娘子关村、河北村、坡底村、城西村位于镇中心区域，应将无法再利用的垃圾全部运输到现有的金窝沟垃圾填埋场；其他村庄处于山沟区，沿河岸居住，其山沟具有一定的建设填埋场条件，可就近选择填埋场。但建设填埋场则必须对基底做人工防渗处理，同时还要收集和处理很难净化达标的渗滤液。建立填埋场与堆肥处理系统约需投资500万元。

3）农业污染源控制工程。在泉源保护区的坡底养猪场和其他小型畜禽养殖场所，包括各家各户畜禽养殖场所的畜禽粪尿一定要经妥善处理后达到排放标准才能外排。在保护区内，应合理管理农田，控制施肥量，避免过度施肥，加强水土保持，避免水土流失。

8.2.2 工业污染源控制

结合泉域区工业污染现状，预计到2015年投资9000万元，完成位于娘子关镇中心区的山西致诚化工有限公司、河滩钙粉厂（娘子关化工厂），建在桃河岸边的鑫达碳素厂、娘子关电厂碳素厂、城西加气砖厂等企业的关停和搬迁。加大工业企业的废水、废气、废渣的排放管理。泉源保护区内的其他工业企业，应积极改造生产工艺和工业设备，建立起正规的清洁生产体系，实现零排放目标。在保护区内严禁新建对环境污染的企业。在程家西规划工业区（保护区外）也不宜新建对环境污染较重的工业企业。

8.2.3　泉口景区建设

为合理规划、顺利实施泉口景区建设，由城市建设部门及娘子关镇政府组织实施泉口景区建设与拆迁工程：①泉口周围搬迁改造。泉口周围 50 m 范围内划定为水源保护区，禁止新建一切建筑物，现存的建筑设施要实行拆迁。②五龙泉公园住户拆迁。现有的五龙泉公园面积较小，而且周边居民房屋布局杂乱，建筑设施陈旧。根据调查与踏勘，五龙泉公园面积扩展到 5 万 m^2，需拆迁住户 49 户，拆迁面积 5600 m^2。③"水上人家"景区住户搬迁。景点建设与水源地保护需拆迁住户 112 户，面积 9600 m^2，拆迁住户安置和补偿约需资金 960 万元。

8.2.4　泉源水土保持绿化工程

由林业部门、水利部门和娘子关镇政府组织实施水土保持与绿化工程。在保护区裸岩裸土区域种草，面积约为 85 万 m^2，约需投资 300 万元。在河滩与荒草地营造人工林，造林面积 500 万 m^2，约需投资为 3500 万元。进行坡耕地绿化，根据娘子关泉源保护区的实际情况，沟川地 176 hm^2，梯田 400 hm^2，约需投资 200 万元。

8.3　汾河流域地下水超采区治理

结合汾河流域地下水超采情况，确定超采分布区域，并提出汾河流域地下水超采区保护工作措施，拟以"节水为先、关井为主、替代水源为保障"的思路稳步推进。

8.3.1　汾河流域地下水超采分布

目前山西省地下水开采主要集中在中部盆地区和岩溶泉域排泄带，其次为一般山丘区山间小盆地及河谷地带。全省有地下水超采区 21 处（其中孔隙水超采区 16 处，岩溶水超采区 5 处），地下水超采区分布面积为 11 137 km^2。超采区范围内地下水实际年开采量约为 16.5 亿 m^3，年超采量为 5.6 亿 m^3。其中，汾河流域地下水超采区（包括太原盆地、临汾盆地和运城市的汾河谷地）的年超采量为 2.1 亿 m^3，占总超采量的 37.5%。

8.3.2　汾河流域节水型社会建设

在清徐县推广使用 IC 卡，开展节水型社会示范建设，控制工业、生活及农业灌溉用水，减少地下水的超采，促进地下水水位的止降回升。经过 3 年多的努力，压缩盆地区用水量 5000 万 m^3，使试点地区地下水水位明显回升。

8.3.3 汾河流域地下水关井压采

试点期间计划在 27 个区县关闭地下水井 5100 眼，压缩地下水开采量 2.1 亿 m³，基本实现流域内地下水的采补平衡（表 8-2）。

表 8-2 汾河流域地下水超采区关井压采方案

盆地或谷地名称	所属区县	现状超采量/万 m³	修复目标	替代水源工程	压缩超采量/万 m³	关闭井数/眼
太原盆地	杏花岭区	412	采补平衡	汾河水库、汾河二库、引黄工程南干线	412	17
	尖草坪区	2 485			2 485	196
	阳曲县	19			19	3
	古交市	62			62	10
	清徐县	2 857			2 857	820
	万柏林区	479			479	77
	晋源区	1 265			1 265	282
	小店区	1 642			1 642	395
	迎泽区	33			33	8
	榆次区	1 155	采补平衡	松塔水库、汾河清水复流工程、万家寨引黄南干线扩大供水范围	1 155	369
	太谷县	1 193			1 193	435
	祁县	1 206			1 206	308
	介休市	396			396	140
	交城县	211	采补平衡	柏叶口水库、汾河清水复流工程、引文入川管道供水	211	106
	文水县	208			208	106
	汾阳市	176			176	186
	孝义市	1290			1 290	277
临汾盆地	尧都区	39	采补平衡	1) 引沁入汾工程 2) 禹门口黄河提水东扩工程	39	16
	侯马市	403			403	83
	襄汾县	588			588	38
	曲沃县	134			134	4
	翼城县	879			879	27
	侯马市	5			5	2
	浮山县	280			280	43
运城市汾河谷地	新绛县	1 224	采补平衡	夹马口、北赵、禹门口等沿黄提水工程，黄河滩地下水开发工程，汾河清水复流工程	1 224	385
	稷山县	1 127			1 127	430
	河津市	1 575			1 575	337
合计		21 343	—		21 343	5 100

截至 2008 年 8 月，太原市已关闭 24 家单位的 36 眼自备井，完成了全年计划的 27.7%。其中，尖草坪区关闭 4 家单位的 9 眼自备井；晋源区关闭 2 家单位的 3 眼自备井；迎泽区关闭 3 家单位的 6 眼自备井；小店区关闭 10 家单位的 11 眼自备井；万柏林区关闭 4 家单位的 6 眼自备井；杏花岭区关闭 1 家单位的 1 眼自备井。关闭用水单位自备井是为了让更多的百姓喝上清洁、优质的地下水，让更多的工业用水使用引黄水。缓解地下水持续下降的局面，为改善生态环境创造有利条件。

8.3.4　汾河流域地表水替代水源网络

山西省是全国最重要的煤炭能源基地，煤炭外调量占到全国的 70%，因此对水资源需求量很大，目前已经出现了潜在的水资源危机，而且这个危机由量变到质变，逐渐走向表面化，趋于严重化。出现这个危机的因素是综合的，包括资源型缺水、工程型缺水和水质型缺水等诸多问题。因此，建设地表水替代水源网络工程，主要包括汾河流域柏叶口水库工程、松塔水库工程和五马水库工程，以此保障替代水源，对汾河流域地下水超采区综合整治具有重大意义。

(1) 柏叶口水库工程

柏叶口水库位于吕梁市交城县会立乡柏叶口村上游约 500m 处的汾河一级支流文峪河干流上。坝址以上控制流域面积 875 km^2，多年平均径流量 0.95 亿 m^3。该工程是城市生活和工业供水、防洪、发电和灌溉等综合利用的中型水利枢纽工程。该水库已列入"汾河流域规划"。

根据水利部山西水利水电勘测设计研究院 2007 年 3 月编制的《山西省柏叶口水库工程项目建议书》，柏叶口水库总库容 9734 万 m^3，最大坝高 90 m，水电站装机容量 2500 kW。枢纽工程坝型为碾压混凝土重力坝，由大坝、溢流堰、泄流底孔、引水洞和电站组成。

柏叶口水库建成后，通过与文峪河水库联合运用，可将文峪河水库的校核洪水标准由 1000 年一遇提高到 2000 年一遇，解决文峪河水库防洪不达标的问题。更重要的是该水库具有较高的水位（正常蓄水位 1133 m，比文峪河入汾河水位高 370 m），可以高水高用，向太原盆地西（吕梁山脉东麓）边山的交城、汾阳、孝义、文水四县市供水 4400 万 m^3，置换交城、汾阳、孝义城区等超采区的地下水开采量，向霍西煤田的交城、汾阳、孝义影响区应急供水，解决因采煤引起的饮水困难问题（包括受采煤破坏影响最严重的孝义市）。

由于交城、汾阳、孝义、文水四县市是吕梁市的经济中心区域，也是采煤影响破坏最严重的区域，地下水已经出现 3 个严重超采区。该区地势较高，缺乏其他替代水源，只能增加当地地表水的利用。对于柏叶口水库引起的汾河中游水量减少问题，山西省水利厅已经注意到，一方面将汾河流域规划中的建设大型水库方案修改为中型水库，另一方面将在汾河流域水资源配置中通过增加引黄水调入量等措施统筹解决。工程估算总投资为 7.48 亿元。

(2) 松塔水库工程

松塔水库位于晋中市寿阳县境内汾河一级支流潇河干流松塔河上。坝址以上控制流域面积 1174 km²，多年平均年径流量 4693 万 m³。该水库是一座以工业和城市生活用水、发电为主，兼顾防洪、灌溉等综合利用的中型水库。该水库是"汾河流域规划"中的水库工程项目。

松塔水库总库容 9820 万 m³，最大坝高 63 m，水电站装机容量 1000 kW。水库枢纽工程包括大坝、溢洪道、导流泄洪洞、输水洞和电站、供水管线。

松塔水库位于太行山西麓，属于高水高用向太原盆地东边山地供水的工程。该区域的寿阳县地处沁水煤田边缘，是新兴的无烟煤生产基地，已经建成年产 200 万 t 的阳煤集团开元煤矿，正在建设年产 600 万 t 的新元矿井，两座总装机 320 万 kW 的大型火电厂也在建设中。

松塔水库工程建成后，城市生活及工业年供水量 2200 万 m³，主要向寿阳县工业园区供水，解决因采煤引起的饮水困难问题，置换、恢复榆次地下水超采区的开采量；可改善潇河灌区旱灌面积 17.57 万亩，多年平均年供水 830 万 m³；年发电量 349 万 kW·h；配合沿河工程对晋中市城镇及农田提供防洪保护。松塔水库正常蓄水位 1027 m，寿阳县城区地面高程 1010~1030 m，高于汾河晋中段 260~280 m，松塔水库可成为寿阳县和榆次东山地地区涵养地下水和抗旱应急供水的主要水源。

工程估算总投资为 7.16 亿元。

(3) 五马水库工程

五马水库位于临汾市古县洪安涧河上。坝址以上控制流域面积 348.8 km²，多年平均年径流量 2281 万 m³。该水库是一座以工业供水为主，兼顾灌溉、发电、防洪、生态和养殖等综合利用的中型水库。

该水库地处临汾盆地的东侧山区，主要向煤焦工业大县古县、洪洞县工业供水，水库正常蓄水位 690 m，高出汾河洪洞段 200 多米，属于东部山区高水高用的水库工程。

五马水库总库容 1939 万 m³，最大坝高 61.3 m，水电站装机容量 1630 kW。水库主要建筑物包括大坝、泄洪排沙洞、输水洞及电站。

工程建成后，年工业供水量 562 万 m³，主要为古县及洪洞县甘亭工业园区供水，补偿因霍西煤田采煤影响引起的农村饮水困难问题；改善本流域原有 1.2 万亩灌溉面积，多年平均年供水 274 万 m³；年发电 140 万 kW·h；具有防洪、改善生态、养鱼等多项效益。此外，该水库还可调蓄引沁入汾工程水量 1229 万 m³，在遭遇特大干旱时，可以为东边山区 16 万人口提供应急生活水源。

工程估算总投资为 1.94 亿元。

8.4 采煤区水生态保护与修复

采煤区水生态保护与修复示范主要包括古交煤矿矿坑水综合利用、煤矸石综合利用、矸石山生态修复和采煤区生态复垦。

8.4.1　古交煤矿矿坑水综合利用

在矿坑水利用方面，示范建设期末力争山西省矿井水利用率达到90%，对于排放的矿井水要求100%达标。年矿坑排水量在1000万 m^3 以上的矿区，矿坑排水利用率要求达到95%；年矿坑排水量100万~1000万 m^3 的矿区，矿坑排水利用率要求达到85%以上；年矿坑排水量100万 m^3 以下的煤炭企业，矿坑排水利用率要求达到80%以上。矿井水的分类处理及利用方式见表8-3，分地市的矿井水利用量规划见表8-4。

表8-3　各类型矿井水处理及利用方式

矿井水类型	水质特点	处理方式	主要利用方式
洁净矿井水	水质一般较好	井下实行清浊分流	工业用水
		简单消毒处理	生活饮用水
含悬浮物矿井水	除悬浮物、细菌和感官指标外，其他理化指标满足饮用水卫生标准	自然沉降混凝沉淀、过滤、消毒	1）农业灌溉用水 2）煤矿井下生产用水 3）地面工业用水 4）生活饮用水
高矿化度矿井水	含有 SO_4^{2-}、Cl^-、Ca^{2+}、Mg^{2+}、K^+、Na^+、HCO_3^- 等离子	去除悬浮物和消毒、脱盐	1）农业灌溉用水 2）生产用水
酸性矿井水	pH值低于6	碱性物质石灰或石灰石作为中和剂进行中和处理	1）生产用水 2）人工生态用水
特殊污染型矿井水	含氟、重金属及放射性等有害物质	根据毒性大小、污染严重程度采取相应的处理方法	蓄滞蒸发，妥善处理有毒有害残渣

表8-4　分地市矿井水利用量规划

所属地市 项目	涌水量预测/万 m^3	处理利用量/万 m^3	利用率/%
太原市	1 796	1 706	95
大同市	2 409	2 168	90
阳泉市	630	567	90
长治市	3 851	3 466	90
晋城市	4 032	3 629	90
朔州市	4 887	4 398	90
晋中市	2 709	2 438	90
运城市	49	42	85
忻州市	1 578	1 420	90
临汾市	2 234	2 011	90
吕梁市	1 729	1 470	85
合计	25 900	23 310	90

8.4.2 煤矸石综合利用

试点期矸石山生态治理主要为三方面工作：一是提高矸石山堆存的达标率，降低潜在污染；二是对于历史堆积煤矸石和规划实施年煤炭开采所新产生的煤矸石进行再利用；三是对于已经废弃的矿井，要积极地采取措施进行复垦工作，尽量恢复其生态功能，正在开采的煤田，应该对其生态影响进行评估，对于靠近市区且生态影响严重的矿区要停止开采。试点期末矸石山的具体治理目标见表8-5，相应的治理项目数量见表8-6，项目总投资78.05亿元，由山西省国土资源厅、煤炭工业厅、水利厅联合组织相关企业和地方政府实施。本项治理工程投资中，政府投资原则上占10%，其他由企业负担。

表8-5 2015年煤矸石山生态治理分项目标

目标		目标值
矸石山达标堆存量/万 t		10 500
煤矸石年处理利用量	安置处理量/万 t	12 000
	利用量/万 t	3 450
矸石山复垦量/hm²		7 200

表8-6 试点期矸石山生态治理工程项目

编号	项目名称	项目数量/项	处理煤矸石/万 t
1	煤矸石集中安全处置项目	12	12 000
2	煤矸石发电项目	5	1 800
3	煤矸石制砖项目	3	500
4	煤矸石、粉煤灰生产水泥项目	4	200
5	煤矸石、粉煤灰综合利用	5	500
6	煤矸石和粉煤灰制砖工程	2	200
7	煤矸石新型建材项目	4	200
8	煤矸石煅烧高岭土项目	2	50
合计		37	15 450

8.4.3 采煤区生态复垦

采煤区生态复垦措施主要包括：控制煤炭开采，规模化整合生产企业；采煤保水，减少对水资源的破坏。

1）控制煤炭开采，规模化整合生产企业。根据山西省煤炭产业"十一五"规划，近年来山西省全面实施煤炭企业整顿的"三大战役"，关闭了非法采矿点8376个，淘汰产能落后的小煤矿1467个。截至2010年年底，山西省大型煤炭基地内的小型煤矿数量减少了70%，形成晋北、晋中、晋东三大基地，煤炭产量分别达到2.1亿t、1.1亿t和1.8亿t。2010年全省年产30万t以上矿井煤炭产量占到总产量的90%以上，其中大集团、大公司产量占到70%以上。2010年所有煤矿全部实现正规开采，120万t以上矿井采掘机械化程度达到100%，60万~90万t矿井达到70%，30万t矿井达到50%。全省煤炭洗选比重达到70%以上。通过实行资源有偿使用，有效遏制了挑肥拣瘦式的破坏性开采，全省煤矿回采率由2004年的40%提高到58%。

通过规模化整合煤炭生产企业，矿区生态环境明显改善，2010年，国有大型煤炭企业和大型煤矿主要工业污染源治理和污染物排放达到国家和地方法规标准。大中型煤矿矿井水复用率达到60%以上，排放达标率100%；大、中型企业洗煤水全部闭路循环，煤矿、坑口电厂等生产用水优先使用经处理后的矿井水。大型煤矿的土地复垦率达到60%。矿区可绿化区域内草木覆盖率达到70%以上。煤矸石实现无害化处理，矸石山全部植被绿化。规划建设560万kW的煤矸石电厂，采用循环流化床锅炉，使煤矸石利用率达到当年排放量的70%以上，煤泥利用率达到90%以上。

2）采煤保水，减少对水资源的破坏。具体内容包括：加强管理，预防治理采煤对水资源的破坏；加大矿坑水的处理回用力度；改进开采技术，减少对水资源的影响破坏；加大采煤生态补偿的力度，建立采煤生态补偿机制，将生态补偿制度化。

8.5 水土流失区生态保护与修复

山西省地处黄河中游的左岸，黄土高原的东部，是全国水土流失最严重的省份之一。全省总土地面积15.62万km²，水土流失面积10.8万km²，占总面积的69%。截至2003年年底，全省初步治理水土流失面积47 470 km²，水土流失治理度为44%。水土流失区生态保护与修复示范工程包括：坡耕地退耕还林还草、淤地坝建设、小流域水土保持生态修复、荒滩治理与坡改梯。

8.5.1 坡耕地退耕还林还草

为了改变恶劣的生态环境，山西省人民开展了坚苦卓绝的水土保持工作。《山西省水土保持"十一五"规划报告》中，针对坡耕地退耕还林还草做了如下规定。

1）在25°以上的梁峁坡耕地上全部退耕还林还草。

2）在25°以下、15°以上的背风向阳的坡耕地，整修梯田，栽植经果林，发展山地果园。

3）在15°以下的坡耕地面以及残塬塬面，由于土质较好，距村较近，交通方便，根据地形可整修不同宽度的水平梯田，发展农业生产，地埂栽植黄花菜、红枣树以及一些适宜的中草药材等，发展地埂经济。

4）在一些不规则的地段以及荒坡、荒梁布设乔灌混交型防护林。

5）在沟道治理中，重点布设骨干工程、淤地坝、排洪渠等工程措施。在V形沟道的支毛沟，采用林草郁闭，乔灌草间植，以一定的排列和密度形成植物篱型的生物坝，这样沟道治理就形成了工程坝系、生物型坝系、生物与工程混合型坝系，节节拦截涵养水土，有利于沟道生态环境的改善。

6）沿沟沿线布设固岸乔灌混交型防护林带与梁、峁、坡防护林相互配合，形成农田防护林网。这样使整个项目区形成林、草、果、农作物等的秀美环境。

通过以上治理，山西省的生态环境得到显著改善，到2010年，水土流失治理度达60.37%，林草覆盖率达到30.5%，水土流失区群众的生产、生活条件得到明显改善。

8.5.2 淤地坝建设

《山西省水土保持"十一五"规划报告》提出"十一五"期间，初步治理水土流失面积17 732.3 km²、淤地坝5664座、骨干坝1548座，规划总投资109亿元，治理度由现在的44%提高到60.37%。2011~2020年，初步治理水土流失面积26 631.16 km²、淤地坝7628座、骨干坝2045座，规划总投资179亿元，累计治理度达到85.02%。截止到2010年，通过坝库工程及小型拦蓄工程建设，水土流失面积每年减少50%。

8.5.3 小流域水土保持生态修复

到2010年，在不同类型区分期、分批开展预防保护和生态修复试点工程的基础上，使重点开发建设项目和东西两山生态修复取得突破性进展，生态环境明显改观。

长治市山区、丘陵区面积占总面积的84%，由于山高坡陡，治理难度大。长治市充分尊重自然规律，在高山、远山和人口稀少的地方大力推行了封禁治理，坚持做到了四个结合：①封禁治理与发展沟坝地相结合；②封禁治理与生态移民相结合；③封禁治理与"一池三改"（沼气池、改厕、改灶、改圈）相结合；④封禁治理与改变畜牧业的增长方式相结合。通过一系列措施的实施，取得了良好的效果。长治市平顺县西沟村治山治水的经验闻名全国，据调查，平顺县沟坝地玉米单产1.2万~1.5万kg/hm²，相当于坡耕地的3~5倍。

8.5.4 荒滩整治与坡改梯

根据区域的自然特点，可将其划分为黄土丘陵沟壑区、丘陵阶地区、缓坡风沙区、土石山区和冲积平原区五个类型区，分别进行荒滩整治与坡改梯。具体措施如下：

1）黄土丘陵沟壑区。这一类型区丘陵起伏，沟壑纵横，地形破碎，土质疏松，气候干旱，沟壑面积占总面积30%~35%，沟壑密度3~4 km/km²，年侵蚀模数4397t/km²。该区梁峁平缓处优先布置梯田，退耕地优先安排经济林，再布置防护林，最后还草。沟边线布设沟头防护工程，由防护埂和灌木林带组成，沟道布设坝系工程。

2）丘陵阶地区。这一类型区山川相间，地形呈台阶状，沟壑密度 2~3 km/km², 年侵蚀模数 3743t/km²，耕地坡度缓，土质肥沃，农田治理标准高，水利条件好。防治重点是改土治水，大力发展基本农田，有计划地布设经济林和防护林。

3）缓坡风沙区。这一类型区地广人稀，耕作粗放，地势较高，地形平缓，土质疏松，气候干燥，风大沙多，植被稀少。区内风蚀、水蚀交替发生，年侵蚀模数 4612t/km²。宜大面积营造防风固沙林，兴建林网方格田，沙化地大力种植灌木林。在比较缓、河床宽的河道两岸种植乔木林，形成生物堤，固定河床。

4）土石山区。这一类型区山峦高耸，气候高寒，植被较好，雨量较多，农田多为石坎梯田，单产较高，矿产和植物资源丰富，沟壑密度 2~3 km/km²，年侵蚀模数 3372t/km²。应强化天然林区的保护，封、育、造相结合，扩大植被。上部布设乔灌混交林，中部阴坡栽植乔木，以针叶林为主。阳坡草灌混交，下部营造防护林，支毛沟布设谷坊，干沟条件许可布置控制性骨干工程和淤地坝，平缓地带建造石坝梯田。

5）冲积平原区。这一类型区地势平坦，气候温和，雨量较多，水利灌溉、交通条件好，光热资源丰富。沟壑密度 1~2 km/km²，年侵蚀模数 1836t/km²。宜尽快实现园田林网化，对盐碱荒滩进行开发和利用，在河谷沟川的风口设置防风固沙生物带，保护、改造、利用好现有水利设施，扩大灌溉面积，发展商品生产，开展农产品精加工，促进家庭养殖业发展。

8.6 水污染治理与水源地保护

水污染治理与水源地保护主要针对目前河流、泉口的水污染状况，建设一些示范工程，以改善整体水环境，其示范工程包括滹沱河上游综合整治工程、漳河生态环境综合治理工程、神头泉水源地保护和郭庄泉水源地保护工程。

8.6.1 滹沱河上游综合整治工程

滹沱河在山西省境内的干支流主要有滹沱河干流、绵河和松溪河。绵河的上游又分为温河和桃河两条支流。滹沱河最主要的水生态问题是水质污染严重，水功能区达标率低。干流的主要污染源为繁峙化肥厂、代县化肥厂、崞阳造纸厂、原平化肥厂等企业的废污水。桃河流域是阳泉市主要工矿区所在地，河流水质受到不同程度污染，市区阳泉水文站、五渡、白洋墅三断面综合污染指数均大于2，属严重污染。

2009年1月，山西省蓝天碧水工程领导组办公室发出了《关于在涑水河丹河滹沱河流域和"蓝天碧水"工程范围实施环境综合整治的通知》，决定在滹沱河流域实施水环境的综合整治工程。项目范围覆盖忻定盆地、桃河流域及其支流，主要内容包括：饮用水源地保护；建立城镇生产生活污水的收集与末端治理工程，消减入河污染物总量；加强工矿企业污水处理的建设与运行监管力度，切实提高污水处理能力和实际处理率，控制工业废污水的排放；实施河道岸坡整治和美化工程，改善沿河生态环境等。项目投资12.2亿元，由山西省环境保护厅和水利厅联合组织相关市、区、县政府实施。

8.6.2 漳河生态环境综合治理

漳河是山西省东南部最大的河流，长治市重要的生态功能区、粮食主产区，在全市经济和社会发展中占有特别突出的地位。长期以来，由于经济发展对水、煤炭等资源的过度开发，造成流域内水土流失严重、水库及河道淤积堵塞、水质污染、湿地功能退化、大部分水库存在安全隐患、地表沉陷等问题。为有效恢复植被，解决城乡居民用水安全，减少环境污染，防止地表沉陷等地质灾害的发生，实现区域经济社会可持续发展，山西省发展和改革委员会批准自2009年起实施生态环境综合治理工程。

该生态工程分为4项核心工程和多项辅助工程。4项核心工程为：长治市湿地生态修复与保护工程、长治市主城区排污管网改扩建工程、河道整治疏浚工程、林业生态与植被建设工程。主要建设内容为：湿地保护与修复29.2 km²，水系疏通及河道疏浚，退耕还湿及居民搬迁，长治市主城区"三河一渠"新建排污箱涵40.2 km，浊漳河流域建设水源涵养林26.7万亩，河岸防护林12.9万亩等。辅助工程包括：漳河流域有关县市城镇污水及生活垃圾处理，漳河源头治理保护，小流域治理，辛安泉域治理与保护，重点企业污染源治理，采煤沉陷区治理，基本农田建设等。

试点期工程总投资16.2亿元，其中核心工程控制在12亿元，辅助工程投资4.2亿元，由山西省水利厅和长治市政府共同负责组织实施。

8.6.3 神头泉水源地保护

神头泉水源地保护目标：神头泉水出流后主要用于电厂和农田灌溉，因此维持泉水一定量的自然出流是必要的，建议能够保持在4.5m³/s以上；水质状况能够得到改善，逐步消除硝酸盐的污染现象。

为实现保护目标，将神头泉水源地进行划分，具体分布情况见图8-3，具体措施如下。

(1) 泉源重点保护区

主要为泉口出露的源子河两岸，面积约10 km²。除了采取《山西省泉域水资源保护条例》第十条措施外，改造当地生活等排水系统，制定生活垃圾存放清运制度，避免污水进入蓄水池，清理池底淤泥也是必要的。

(2) 水量保护区

从泉域整体出发，岩溶地下水包括朔州盆地的松散层孔隙地下水，要根据可开采资源量作统筹规划，在保证神头泉水流量按保护目标出流的前提下，实行泉域内地下水开采总量控制与科学布局。

1) 水量重点保护区（禁采、压采区）。主要包括朔州盆地北缘断裂带（担水沟断裂、耿庄断裂东段）。该区岩溶地下水富集，据断裂带内耿庄水源地抽水试验资料，在以43 000 m³/d抽水时，108h后中心观测孔水位趋于稳定，水位降深仅1m，而在停抽后8h

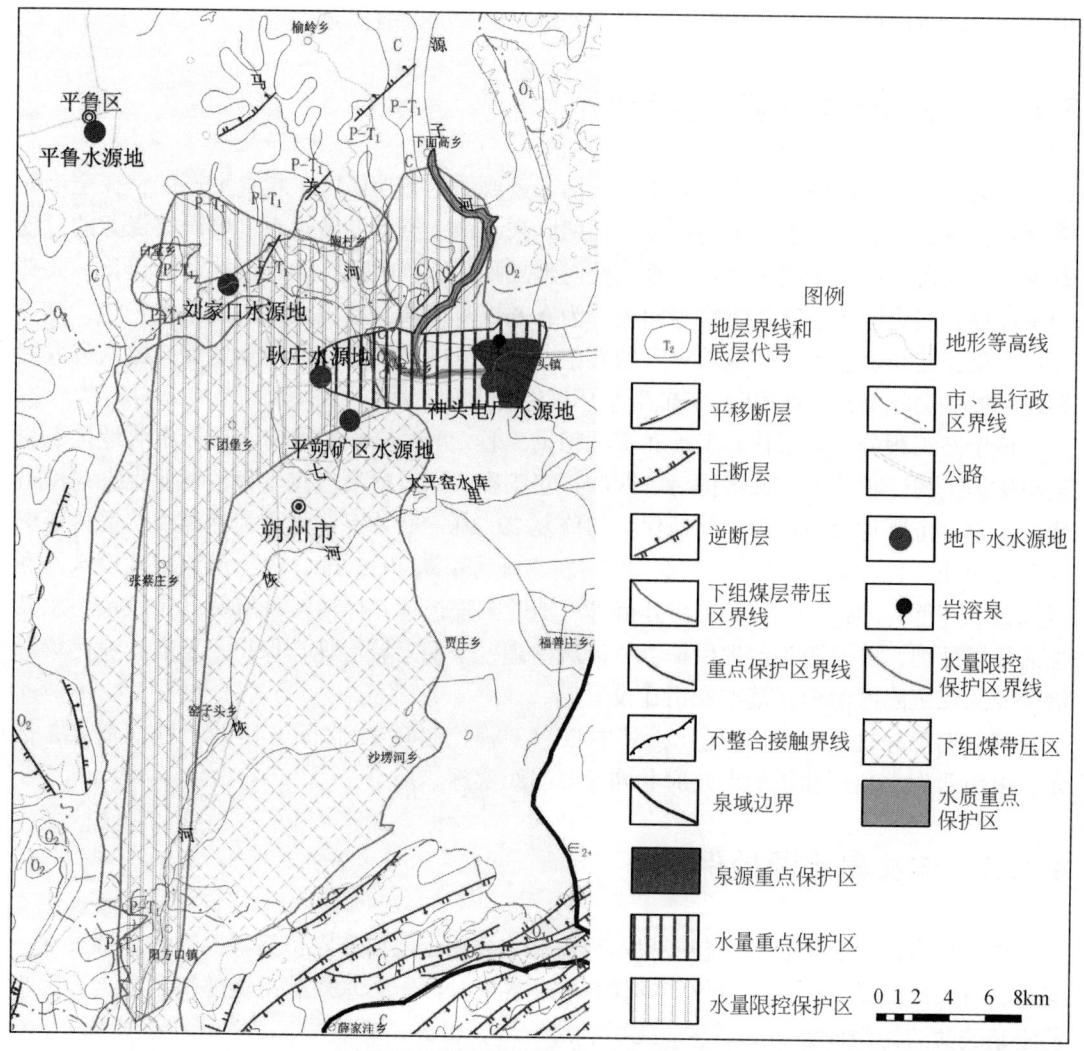

图 8-3 神头泉水源地保护区分布图
资料来源：山西省水利厅等，2008

后，中心观测孔水位能够恢复。这表明山前断裂带具有极强的导水性能，与泉水处于同一断裂带，因此划定为水量重点保护区，面积 43.53 km²。

2）水量限控保护区（严格控采区）。包括南部朔州向斜蓄水构造、北部沿七里河岩溶地下水强径流带和源子河强径流带、耿庄断裂西端，面积 350 km²。根据前人研究成果，西南部朔州向斜为岩溶地下水富水构造，在北山山区岩溶地下水等水位线图表明沿七里河和源子河形成明显的凹槽，具有强径流带的特征。这些地区岩溶地下水丰富，区内包括了平朔矿区刘家口水源地和生活区水源地、平鲁县城自来水水源地等。

(3) 水质重点保护区

主要包括七里河在山前渗漏段、源子河南端碳酸盐岩裸露河段，面积约 10 km²。水质重点保护区要求在近期要禁止水质劣于Ⅳ类的地表水体进入，从长远管理，要求进入水质重点保护区前水质质量达到国家地表水质Ⅲ类以上标准。要加强河道及两岸的生态建设。

(4) 煤矿带压区

泉域内煤矿带压区主要分布在朔州盆地及宁武向斜内,总面积842.85 km²。在宁武向斜带压区采煤需要对矿山岩溶水文地质条件进行严格论证,禁止在耿庄断层—安子平石关岭断层—王万庄断层圈闭的范围内煤矿带压区进行煤矿开采。

8.6.4 郭庄泉水源地保护

郭庄泉域岩溶水资源的保护难度极大,涉及汾河流域治理、山西省产业政策、水资源供需矛盾、地方利益及各行各业的协同管理。其保护目标是防止水质进一步恶化,保持水位逐渐回升,改善泉区环境。建议保护措施为:防止水质进一步恶化,保持水位并使其逐步回升;建立健全郭庄泉域管理机构,加强对集中供水工程的统一管理;加强采煤排水管理,防止泉域内岩溶水开采条件恶化;加强节约用水,减少浪费,提高泉水资源的利用效率;加强基础研究工作。保护区具体划分及分布情况见图8-4。

(1) 泉源重点保护区

保护区范围为沿汾河河谷,北从陈村以南到下团柏断层带,主要为郭庄泉6个泉组(60多个泉眼)分布地段,面积约9 km²。具体规定为:此区内禁止打井、挖泉、截流;采取各种措施,使地下水水位恢复上升到地面以上,恢复各泉组主要泉眼的出流状态,防止汾河污水倒灌;禁止采煤、开矿、开山采石;建议改造霍州电厂供水系统,逐步减少井采供水量,待泉水恢复后,可采用开放式集泉取水方式;禁止新建、改建、扩建与供水设施和保护水源无关的建设项目;治理汾河,彻底改善当地水环境。

(2) 水量、水质保护区

水量重点保护区有两处:一是泉源区断裂带和泉口下游承压区以及泉口北东侧煤矿带压区,总面积281.46 km²。郭庄泉域岩溶水排泄带是我国北方大水矿床之一,水文地质条件复杂,其中团柏矿、圣佛矿、白龙矿、南下庄矿、辛置矿存在带压开采突水问题。在团柏断层以南至泉域边界也是承压区,作为水量重点保护区,不许打深井汲水,现有煤矿必须在预先防止矿坑涌水下生产,同时,必须限制带压开采。二是边山断裂带上的杏花村石门沟水源地,保护区面积约93.02 km²。该处由于过量开采,自20世纪70年代以后岩溶地下水水位下降30m,远远高于泉域区域岩溶地下水水位的下降幅度,已形成降落漏斗。因此,不得再增加开采量,有其他替代水源后应逐步压缩现有开采量。

水量限控保护区。西部山前强径流带,沿着石炭、二叠系与奥陶系接触带由北部汾阳经阳泉曲镇、段纯镇、汾西县至泉区,总面积1387 km²。目前各县在此带打井数十眼,大小煤矿上百个,对郭庄泉造成直接威胁。鉴于郭庄泉水目前已基本断流,恢复一定流量是开展水资源保护的最低目标,因此必须严格控制开采规模,对小煤矿对地下水的污染进行调查、整治。

水质重点保护区。泉域内汾河从灵石县两渡至南关约40 km的长年渗漏补给段两岸,据以往实测资料,汾河多年平均渗漏量为1.61m³/s,约占泉水补给量的20%。目前汾河

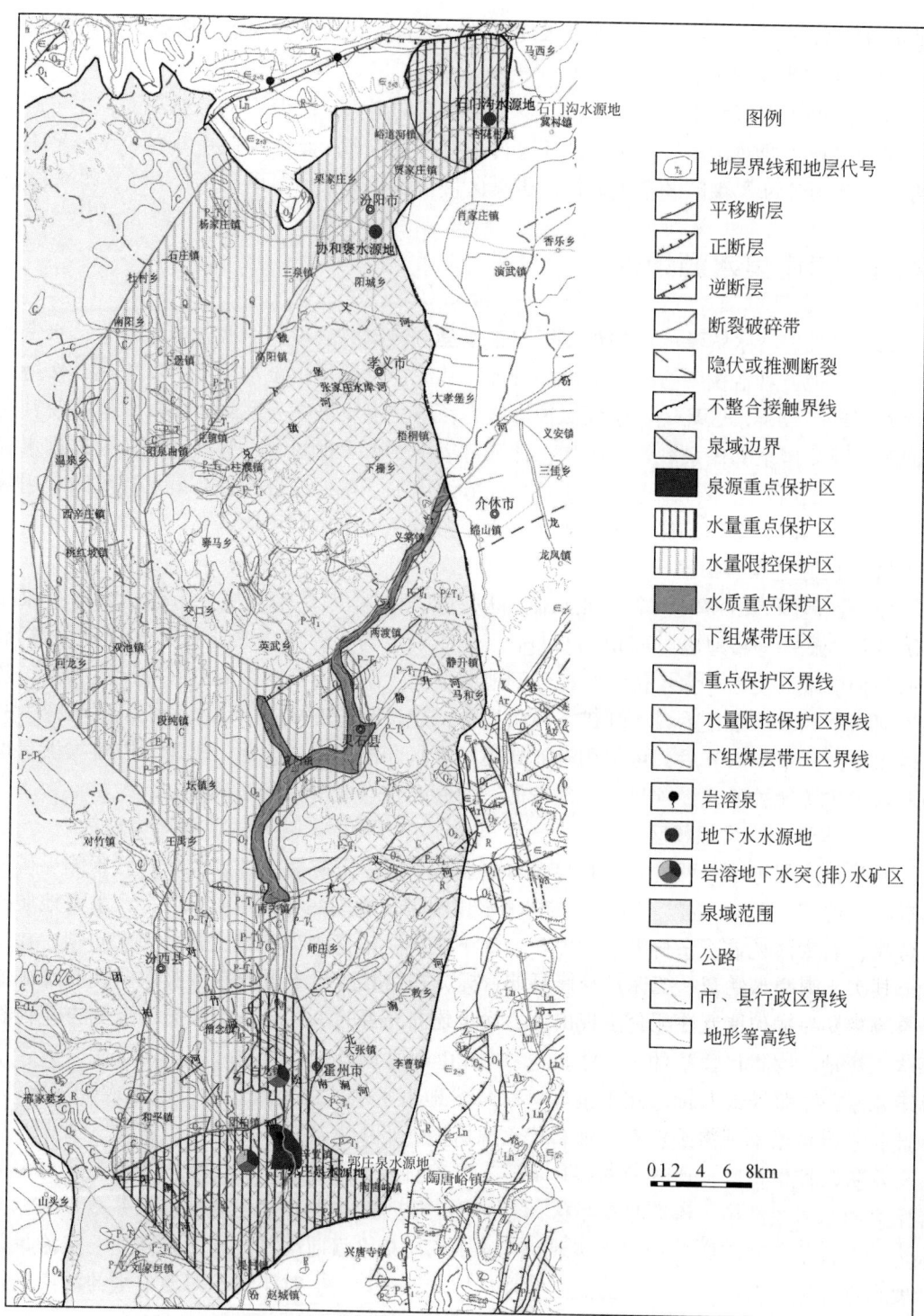

图 8-4 郭庄泉水源地保护区分布图
资料来源：山西省水利厅等，2008

水径流全为高浓度、含有多种污染物的污水，长期大量渗入地下污染岩溶水是现实的重大水环境问题。因此，将泉域内的汾河谷渗漏段及以上段与支沟渗漏段划为水质重点保护区，面积约 58 km²。

（3）煤矿带压保护区

泉域东部存在大面积煤矿带压区，总面积约 1364 km²。下组煤层在岩溶地下水水位以下几十至几百米。在开采前必须采取措施，防止岩溶水突水，破坏岩溶水资源。其中，特别要对排泄区及其下游地区的煤矿开采依照有关规定进行严格管理。

8.7 保障措施

水生态系统保护与修复是一项涉及面广、持续时间长、艰难辛苦的系统工作，山西省为保障其顺利实施需要建立系统的保障体系。同时，通过广泛的宣传，提高全社会对开展水生态系统保护与修复重要性的认识，鼓励社会公众的广泛参与，争取全社会的支持。为了保障山西省水生态系统保护与修复工作的顺利开展，需要完善法律法规体系建设、改进相关水管理体制，并在工程技术、资金支持与社会环境上等提供保障，形成完整的保障体系。

8.7.1 法律法规保障

水生态系统保护与修复涉及政府、企业、公众多方面的利益，在开展水生态系统保护与修复工作中要在严格落实现有的相关法律法规的基础上，通过积极推动水生态系统修复相关地方性配套法规出台，构建和完善水生态系统保护与修复的法律法规保障体系。

首先，在水生态系统保护与修复规划和实施过程中，要严格落实《中华人民共和国水法》、《中华人民共和国水污染防治法》、《中华人民共和国水土保持法》等法律和《饮用水水源保护区污染防治管理规定》、《中华人民共和国清洁生产促进法》等法规，坚持依法行政、依法治水、依法治污。

其次，围绕水生态系统保护与修复的目标，在已有法律法规的基础上，积极推动水生态系统修复与保护地方性配套法规出台，逐步建立完善的水生态系统保护与修复法律法规体系。同时，依法开展监督、检查和管理。加强宏观调控，严格依法管理，落实保护和恢复治理责任，对过去人为造成水污染和水生态系统破坏的，按照"谁开发，谁保护，谁破坏，谁治理"的原则落实责任，限期治理。新的基本建设项目必须报批水生态系统保护与修复方案，防止和控制新的水生态系统破坏发生。

8.7.2 制度保障

流域综合治理是跨区域、跨行业、跨部门的复杂管理工程。长期以来，流域内城市与农村分割、地表水和地下水分割、水质与水量分割的水资源管理体制，破坏了水资源系统的完整性，难以实现流域内的统筹规划与优化配置。针对目前水资源管理中存在的不足，应深化流域管理体制改革,为确保流域水生态系统保护与修复的顺利实施提供制度保障。

1)加强组织领导,制定流域与区域的定期协商和联席会议制度,在充分发挥市场配置资源基础作用的同时,强化政府在水生态系统保护与修复方面的综合协调能力,切实解决部门职能交叉造成的政出多门、责任不落实、执法不统一等问题。

2)制定区域部门定期汇报制度。

3)完善涉水政府管理部门的协商与协作机制。

4)推进区域水务一体化改革,强化对区域防洪、供水、排水、节水、污水处理及再生水利用等涉水事务的统一管理。对目前河流沿岸的管理体制、水生态系统功能保护区的建设和管理体制、生活垃圾和生活污水收费、工业区污染防治与生态修复等重大体制和机制问题,提出协调与解决方案。

8.7.3 工程与技术保障

推行技术创新、加强基础监测,为流域水生态系统保护与修复提供动力与支撑。主要包括:

1)在加强科学基础研究的基础上,加快先进技术的研发与创新,适当引进国外的先进水污染治理技术和设备。

2)积极发展汾河流域有特色的污染治理装备产业、发展环保咨询服务业以及资源综合利用产业。

3)建立全流域范围内的监测系统。对地表水和地下水的水量、水质,沿河的排污口,湿地面积等进行实时监测,建立有效的预警与应急机制。

8.7.4 资金保障

建立流域综合治理的资金保障体系,利用经济杠杆实现政策激励。具体包括:

1)建立多层次、多渠道、多元化的流域综合治理投融资激励制度,保障资金及时到位。对于企业污染治理,主要靠企业自主承担,政府适当给予资金支持。

2)对于污水处理、污水再生利用等基础设施建设,尽快实现投资、建设和运营的市场化、企业化和集约化,政府适当给予资金支持。

3)对于已经合法审批并为流域生态改善进行搬迁的企业,政府给予资金和土地政策等方面的支持。

4)对清洁生产、污染防治示范工程,政府可适当给予支持。

5)对于流域环境管理能力建设,主要由政府进行投资。应通过制定合理的水价、污水处理费、再生水价格等政策,完善收费机制,建立市场化运行平台,吸引社会资金投资城市供水、污水处理与再生利用行业。

8.7.5 社会保障

水生态系统健康与否,与社会公众的身心健康密切相关,同时也影响政府和企业形象。公众参与和社会监督,可以推动水生态系统保护与修复规划的实施。

加强宣传,提高全民水患意识是实现水资源保护目标的思想基础,应广泛开展水生态系统保护与修复的教育和宣传计划,充分发挥新闻舆论的监督作用,充分利用广播、电视、报刊、网络等多种新闻媒体广泛开展多层次、多形式的舆论宣传和科普教育,及时宣传报道先进典型,公开揭露和批评违法违规行为。动员群众广泛参与,扩大公民对水生态系统保护的知情权、参与权和监督权,促进水生态系统保护的科学化、民主化,造就全社会保护水生态系统、保护水环境的氛围,把保护水生态系统的宣传教育融入人民生活之中,让节水爱水成为公众的自觉行为。

8.8 相关政策建议

8.8.1 积极推动地方水生态系统保护法规出台

水利部出台的《关于水生态系统保护与修复的若干意见》指出,随着我国人口的快速增长和经济社会的高速发展,生态系统尤其是水生态系统承受越来越大的压力,出现了水源枯竭、水体污染和富营养化等问题,河道断流、湿地萎缩消亡、地下水超采、绿洲退化等现象也在很多地方发生。《水法》第四、三十、四十条等都明确提出了保护水资源与水生态系统的要求。开展水生态系统保护与修复工作是贯彻落实《水法》、实现人与自然和谐相处的重要内容,是各级水行政主管部门的重要职责。

山西省也应根据山西水生态系统的现状,积极推动地方水生态系统保护法规出台,抓紧开展节约用水管理、地下水资源管理、水资源保护和水资源论证管理等方面的立法工作,为水生态系统保护与修复建立配套法规。建议相关法规以如下几点为指导思想:树立科学发展观,贯彻治水新思路,通过水资源的合理配置和水生态系统的有效保护,维护河流、湖泊等水生态系统的健康,积极开展水生态系统的修复工作,逐步实现水功能区的保护目标和水生态系统的良性循环,支撑经济社会的可持续发展。

8.8.2 完善并落实各项水生态系统保护制度

水生态系统保护与修复是跨区域、跨行业、跨部门的综合性系统工程,政府相关部门应完善对涉水事务的统一管理,推进水务一体化改革。通过水生态系统保护与修复工作,建立水生态系统保护与修复工作的管理体系、技术体系和工作制度。

按照国务院的要求,水利部正在积极推进最严格的水资源管理制度建设,加强对水资源的合理利用和有效保护。其核心是要围绕水资源的配置、节约和保护,实行水资源三条

"红线"管理：①明确水资源开发利用红线，严格实行用水总量控制；②明确水功能区限制纳污红线，严格控制入河排污总量；③明确用水效率控制红线，坚决遏制用水浪费。

以落实法律法规和执法监督为保障，规范水资源管理行为。强化监督管理，严格执行已有的涉水法规，规范行政行为，重点加强取水许可和水资源费征收使用、节水管理、入河排污口审批等制度落实情况的专项检查，依法查处违法取用水、破坏水资源等行为。通过对重要泉域禁止煤炭开采、地下水压采和地下水水位监测等措施，加强对地下水的保护；对煤炭开采区重点开展矿坑水循环利用、煤矸石山的生态修复和采煤保水、减少矿坑废水排放，减少煤炭开采对水资源破坏；建立汾河流域生态补偿机制，促进流域产业发展向资源消耗少、环境影响小、结构效益高的方向发展，并改变生态环境无价或低价的现状，加快生态环境资源市场化进程。

8.8.3　加强水生态系统保护工程和技术建设

水生态系统保护与修复是社会、经济发展的新课题，因此必须加大科技投入，深入研究水生态系统保护与修复中的问题，充分利用新技术、新成果提高建设与管理水平。

现代远程监测和调度技术能够满足水生态系统的流量、水位和水质监控的需要，能够监督水生态修复各项指标的完成情况，保障规划顺利实施。充分利用并继续建设一批蓄、引、提及水污染治理工程，提高水资源综合利用率，保障了生态调水规划的实施，在引黄济晋、引沁济汾等工程的基础上，继续推动以汾河沿岸污水处理工程等为代表的水生态保护工程建设；积极推动替代水源工程的建设，为维持水源平衡、保障地下水压采顺利进行提供条件。兴水战略规划35个项目，在满足生产生活需求的同时，可以为水生态系统保护与修复提供条件。

8.8.4　确保水生态系统保护资金支持

资金的落实是保证山西省水生态系统保护实施的关键。目前我国地方政府或部门普遍存在规划目标与所需资金脱节的问题，致使规划的权威性和实施性降低，难以完全达到预期目标。

水生态系统保护以社会公益事业为主，所以政府是资金投入的责任主体。根据环保部环境规划研究院对《全国城镇污水处理及再利用设施建设规划》及《全国地下水污染防治规划》等专项规划的资金投入统计，"十二五"期间我国污水治理累计投入将达到1.06万亿元。未来五年，国家将投入1.54万亿元用于污染治理，其中污水治理占比超过60%。应争取各治理、建设项目在得到可行性、必要性论证之后，得到各级政府主管部门的资金支持，在国家基本建设中列入计划，争取水利试点支持。同时要拓宽资金筹集渠道，实现投资主体多元化、融资方式多元化。也要解放思想，更新观念，加大市场融资力度。

依据《山西省水利建设基金筹集和使用管理暂行办法》（晋政发〔1997〕77号），从省级地方有关部门收取的政府性基金（收费、附加）中提取30%作为省级水利建设基金，可以用于水生态系统保护与修复规划的实施。《山西省征收水资源费暂行办法》规定了不同地区联合兴建、共同管理的水源工程和自备水源工程征收水资源费标准，成为水资源保护的另一资金筹措渠道。此外，山西省设有煤炭环保基金，专门用于生态环境的治理，能进行稳定持续的资金投入，保障规划顺利实施。

具体项目还应按照"谁受益、谁补偿，谁污染、谁治理"的原则，从山西省煤炭和煤化工企业筹措资金用于治污和生态建设投入。根据《山西省煤炭开采生态环境恢复治理实施方案》，山西省将向煤矿收取矿山生态环境恢复治理保证金，矿山生态环境恢复治理保证金被列入企业成本，按"企业所有、专款专用、专户储存、政府监管"的原则管理。山西省对全省行政区域内从事煤炭开采的所有生产企业一律征收煤炭可持续发展基金，其中50%用于单个企业无法解决的跨区域生态环境恢复治理。

《山西省社会资金建设新水源工程办法》规定，社会资金参与新水源工程建设坚持"谁投资、谁收益、谁承担风险"的原则，为广泛筹集社会资金服务水生态保护与修复建设提供支持。

8.8.5　加大社会宣传力度

加大对于山西省水生态系统保护和修复的宣传力度，正确引导公众对于水生态保护问题的认识。同时，搭建面向公众的信息平台，促进社会公众了解政府对山西省水生态系统保护的举措和战略部署。

坚持信息公开，推进公众参与，建立流域综合治理的社会保障机制。充分利用广播、电视、报刊和网络等多种媒介，采用短信发送、有线电视、报纸报刊和建立网站等形式，在流域内特别是农村地区，宣传流域综合治理的重要性与紧迫性，增强社会公众的生态保护意识和生态文明观念。增加流域综合治理的透明度，推进政务公开，尽快建立服务于社会的流域综合治理信息政府网站，定期公布流域水资源数量、水体（特别是饮用水源地）质量、水资源开发利用状况、排污许可证发放、清洁生产审核信息和城市污水处理厂运行状况等，发挥社会的监督力量。拓宽公众参与环境保护的渠道，采用听证会、论证会或社会公示等形式，发挥公众的监督作用，提高水生态系统保护决策的民主化程度。继续发挥12369环保举报热线的作用，为群众举报与投诉提供渠道。

第 9 章　基本结论与展望

9.1　基 本 结 论

"山西省水生态系统保护与修复研究",对山西省水生态系统演变的历史、现状和未来的保护修复技术进行了详细分析,针对山西省的典型水生态系统的保护与修复制定了详细规划,提出了一套水生态系统服务价值评估理论与技术,得到了以下基本结论。

(1) 山西省水生态系统演变及现状

利用长系列的生态水文数据,总结出山西省水生态系统的演变规律,包括降雨的演变、地表径流的演变、植被的演变、地下水的演变和水质的演变5个方面。

(2) 水生态系统分区及各区问题识别

山西省水生态系统分区主要考虑水文、生态、社会经济三大类要素。根据对山西省第二次水资源调查划分的17个水资源分区的突出水生态问题的归纳,并兼顾天然流域分区和行政分区,拟定以县级行政区为基本单元的划分方法。按问题归类(水生态问题不突出的按流域挂靠),可以将山西省全省划定为7个生态水文区。

根据各区水生态系统现状,对其存在问题进行识别,主要问题有:水污染严重,水功能区达标率低;河道流量衰减;部分地区水土流失严重;水资源供需矛盾突出等。

(3) 水生态系统保护与修复的目标与指标体系

将山西省水生态系统归纳为5类,即河流生态系统、黄土高原生态系统、地下水(岩溶水)超采区、煤炭开采区和城乡饮水水源地,在此基础上提出相应的水生态系统保护与修复的目标和指标体系。

(4) 重点河流廊道水污染控制与生态修复方案

山西省河流廊道水污染控制与生态修复应实行"三条红线"(即生态用水总量控制红线、用水效率控制红线、入河污染物控制红线),并依据山西省的具体情况和21世纪水资源可持续利用等规划,确定在汾河流域、桑干河流域和沁河流域三个重点流域进行水污染控制与生态修复规划。生态环境的改善,很重要的一方面是要恢复和建设河流湿地。水污染控制方面主要是实施非点源污染负荷控制、进行污染治理与加大污水回用工程建设。

(5) 地下水系统保护与生态修复方案

山西省水资源较为贫乏,地下水资源的开发利用在山西水资源开发利用中居于主要地位。为了确保山西省地下水资源的安全和可持续利用,超采的地下水开采区、水质超标的地下水源地必须实行有计划的逐步压采。同时要进行地下水监测,这是加强地下水管理和保护、保障压采计划顺利落实的重要保障。

（6）采煤对水资源影响破坏的控制与生态修复方案

山西省矸石山生态修复主要包括三方面工作：一是提高矸石山堆存的达标率，降低潜在污染；二是对历史堆积的煤矸石和规划实施年煤炭开采所新产生的煤矸石进行再利用；三是对已经废弃的矿井，要积极采取措施进行复垦工作，尽量恢复其生态功能，对于正在开采的煤田，应该对其生态影响进行评估，靠近市区且生态影响严重的矿区要停止开采。

（7）水土流失治理与修复方案

晋西黄土高原区是山西省水土流失的重点区域，水土流失严重。将晋西黄土高原区划分为若干水土保持生态修复区，在修复区限制人类活动，通过自然力量实现生态自我修复。同时进行退耕还林还草规划与淤地坝规划，林草与坝系相结合，实现生态环境标本兼治。

（8）城乡饮水安全保障方案

城乡饮水安全保障包括城市饮水安全和农村饮水安全两个部分。城市饮水水源地的突出水生态问题是地下水超采，其水生态系统保护措施主要是地下水限采、相关的替代水源工程规划以及农村饮水安全保障规划。

（9）河流生态系统用水量配置方案及综合分析

制定汾河、桑干河、沁河等山西省重点河流的水生态保护和修复方案，主要包括控制生产生活取水、污染源排放、引水冲污、保证生态流量、合理调整水生态系统结构5个方面。通过水生态修复方案与生态流量控制阈值，结合社会经济的发展规划，对三大河流水生态系统用水量进行配置，给出满足生态调控要求的生态系统用水量配置方案。

（10）生态系统服务价值的评估

从重点河流廊道、地下水系统、煤炭开采区、水土流失治理区和饮水水源区5个方面进行生态服务价值的计算。

（11）开展水生态系统保护与修复示范

在山西省水生态系统保护与修复关键技术研究的基础上，开展了6个方面的修复示范：汾河清水复流工程、娘子关泉域保护工程、汾河流域地下水超采区治理、采煤区水生态系统修复、水土保持生态修复、水污染治理与水源地保护。

9.2 主要创新点

本研究主要取得了以下7个方面的学术成果：

1）在对山西省水生态系统充分调研的基础上，利用长系列的生态水文数据，研究了植被与流域水循环相互作用机理，提炼出山西省水生态系统演变的五大规律，并对水生态系统面临的突出问题进行了识别与诊断。

2）结合山西省生态文明建设、能源化工基地建设等重大战略部署，从分类整治的角度，系统性提出了具有可操作性与实用性的水生态系统保护与修复的目标与指标体系。

3）结合国家主体功能区划、山西省经济社会发展与生态环境保护的总体部署，综合生态、水文、社会经济三大要素，提出了水生态系统分区的基本理念与关键技术，划定了山西省 7 个水生态系统分区，并分类制定了修复目标和指标体系，增强了修复方案的针对性和可操作性。

4）针对山西省水生态系统的基本特点，采用了面向河流生态修复的水资源配置技术、河流水质模拟与最大允许纳污量评价技术、基于数字流域模型的水土保持规划技术等，对重点河流廊道水污染控制与生态修复、地下水系统保护与生态修复、采煤对水资源影响破坏的控制与生态修复、水土流失治理与修复、城乡饮水安全五大重点领域进行了规划方案设计，并开展了技术推广示范。

5）融合国内外的最新进展，综合考虑水生态系统的供给、调节、支持和文化等服务功能，针对五大水生态系统（两类天然生态系统：河流廊道生态系统、黄土坡面生态系统；三种人类活动关键区：地下水超采区、煤炭开采区、饮水水源地）以及水在其中的作用，提出了基于生态服务功能的水生态系统价值计算关键技术。

6）根据上述提出的水生态系统价值计算方法，对山西省五大水生态系统保护和修复措施所产生的生态服务价值进行了定量化计算和评估，明确给出了生态系统保护与修复措施发挥效用后生态系统服务价值的增量。

7）研究创立了面向生态的河流水资源配置技术，建立了半干旱半湿润地区河流系统生态调度的理论与技术体系。将生态系统、环境系统、经济系统、社会系统相结合，以水生态系统区划、生态服务价值评估为基础，通过对河流生态修复阈值的实时反馈，结合区域/流域水资源配置方案，提出河流生态调度方案集；通过生态水文模拟，对调度方案的河流生态环境影响及效应进行评价，进而筛选出非劣和推荐调度方案。

以上 7 项学术成果可以归纳为如下 3 项创新：

1）研究了水生态系统分析与评价基础理论，揭示了山西省植被覆盖度与降水的关系及植被覆盖度与土壤含水量的相互作用机理，构建了综合考虑区域生态、水文和社会经济三要素的水生态系统区划技术；提出了山西省水生态系统演变的关键因子与关键区，并对水生态系统存在的突出问题进行了系统诊断。

2）开展了省级水生态系统保护与修复研究及示范；创建了基于水生态系统演变规律的层次化水生态系统保护与修复指标体系；提出了五大典型水生态系统保护与修复技术，包括河流廊道生态阈值调控技术、岩溶水保护与修复技术、采煤区生态修复技术、基于数字流域模型的水土保持规划技术和饮水水源地分类保护技术；建立了半干旱半湿润地区水生态阈值调控的理论与方法，构建了面向生态的河流水资源配置模型，提出了复杂水系统河流生态调度的技术体系。

3）提出了面向服务功能的典型水生态系统服务价值评估理论框架与计算方法，并定量评估了水生态系统保护与修复的生态服务价值。

9.3 研究展望

虽然研究取得了大量成果，初步构建了水生态系统保护与修复关键技术体系及水生态服务价值评估理论，并将其应用于山西省的研究，制定了《山西省水生态保护与修复规划》，取得了大量研究创新性的研究成果，但是由于水生态系统本身的复杂性，其研究基础还是相对薄弱的。同时，水生态系统保护与修复涉及多个层次多个部门，在国内的实践还处于试点阶段，在实践中还有大量的具体问题需要开展并逐步完善，在今后还需要在以下几个方面开展重点研究。

（1） 水生态系统服务价值评估理论与技术

水生态系统服务价值的科学评估是开展水生态系统保护与修复工作的关键支撑技术之一。但是由于水生态系统本身十分复杂，不同类型水生态系统生态价值的表现也具有很大差异性，相关理论基础还比较薄弱，需要重点开展不同水生态系统服务价值评估理论及技术研究，建立科学评估水生态系统服务价值的基础理论体系和具体评估技术体系，科学地用统一的经济指标表征不同水生态系统的服务价值。

（2） 考虑水生态系统服务价值的水资源综合配置理论与技术

水资源综合配置是流域和区域水资源综合规划的重要内容，现有的水资源综合配置中仅通过生态流量对水生态系统进行了简单的考虑，对与水生态系统的服务价值考虑不足。今后研究中需要在科学评估水生态系统服务价值的基础上，建立考虑水生态系统服务价值的水资源综合配置理论与技术，并在此基础上将水生态系统生态服务价值纳入水资源综合规划。

（3） 相关政策环境与配套制度建设

水生态系统保护与修复涉计水利、环境、国土等多个部门，涉及流域的上下游等不同地区，关系到政府、企业、公众多方面的利益，不断完善水生态系统保护与修复的法制、政策环境，推动相关配套制度建设，才能够为水生态系统保护与修复规划的顺利实施提供保障。由于山西省是第一个省级行政区上开展的相关研究，在保障措施上还缺少必要的经验积累，需要在规划和实施过程中继续开展相关研究，完善水生态系统保护与修复配套的法律、政策等制度建设。

（4） 推动更多地区开展水生态系统保护与修复关键技术研究

本研究根据山西省水生态系统的特点，建立了较为完整的水生态系统保护与修复关键技术体系，但是我国不同流域、不同地区的水生态系统具有很大的差异，其提供的主要服务功能也千差万别，研究中提出的相关理论与技术还需要在更多的地区开展应用研究，并在研究中不断完善水生态系统保护与修复的关键技术体系，制定针对性的水生态系统保护与修复规划，推动我国的水生态系统保护与修复工作。

参 考 文 献

包维楷,陈庆恒.1998.退化山地植被恢复和重建的基本理论和方法.长江流域资源与环境,7(4):372-374.

包维楷,刘照光,刘庆.2000.生态恢复重建研究与发展现状及存在的主要问题.世界科技研究与发展,23(1):44-48.

曹小虎.2004.山西地下水开发引起生态环境恶化状况分析.地下水,(04):300-302.

陈法扬.1985.不同坡度对土壤冲刷量实验.中国水土保持,(2):18-19.

陈法扬.2003.全国水土保持生态修复分区讨论.中国水土保持,12(8):2-3.

陈明华,周伏建,黄炎和.1995.坡度和坡长对土壤侵蚀的影响.水土保持学报,(1):31-36.

陈能汪,李焕承,王莉红.2009.生态系统服务内涵、价值评估与GIS表达.生态环境学报,18(5):1987-1994.

陈永宗.1988.黄土高原现代侵蚀与治理.北京:科学出版社.

崔保山,杨志峰.2003.湿地生态环境需水量等级划分与实例分析.资源科学,25(1):21-28.

达良俊,李丽娜,李万莲,等.2004a.城市生态敏感区定义、类型与应用实例.华东师范大学学报(自然科学版),6(2):97-103.

达良俊,杨同辉,宋永昌.2004b.上海城市生态分区与城市森林布局研究.林业科学,40(4):84-88.

董哲仁.2004.河流生态恢复的目标.中国水利,(10):1-5.

杜晓军,高贤明,马克平.2003.生态系统退化程度诊断:生态恢复的基础与前提.植物生态学报,27(5):700-708.

段东梅,刘秀琴.2006.山西省生态状况及对策.山西广播电视大学学报,11(1):91-92.

范堆相.2005.山西省水资源评价.北京:中国水利水电出版社.

傅伯杰,陈利顶.1999.黄土丘陵区小流域土地利用变化对生态环境影响.地理学报,54(3):241-245.

傅伯杰,陈利顶,马克明,等.2002.景观生态学原理及应用.北京:科学出版社.

高恺,杨雷,郭一令,等.2009.农村生活用水量现状调查及影响因素分析,供水技术,3(2):14-16.

高彦华,汪宏清,刘琪璟.2003.生态恢复评价研究进展.江西科学,21(3):168-174.

顾丁锡.1983.二十年来太湖生态环境状况的若干变化.上海师范学院学报(自然科学版环境保护专辑):50-59.

关君蔚.1998.水土保持原理.北京:中国林业出版社.

郭晓敏,牛德奎,刘苑秋,等.1998.江西省红壤侵蚀劣地植被恢复技术及综合治理效果研究.水土保持研究,5(2):108-112.

郭晓敏,牛德奎,刘苑秋,等.2002.江西省不同类型退化荒山生态系统植被恢复与重建措施.生态学报,22(6):878-884.

郝云庆,何炳辉,李旭光,等.2005.炼山飞播造林后华山松林主要种群资源利用研究.应用生态学报,16(4):600-604.

黄艺,蔡佳亮,吕明姬,等.2009a.流域水生态功能区划及其关键问题.生态环境学报,18(5):19-20.

黄艺,蔡佳亮,郑维爽,等.2009b.流域水生态功能分区以及区划方法的研究进展.生态学杂志,28(3):542-548.

贾仰文,王浩,倪广恒,等.2005.分布式水文模型原理与实践.北京:中国水利水电出版社.

姜凤岐,曹成有,曾德慧,等.2002.科尔沁沙地生态系统退化与恢复.北京:中国林业出版社.
焦居仁.2003a.生态修复的要点与思考.中国水土保持,2:1-2.
焦居仁.2003b.生态修复的探索与实践.中国水土保持,12(10):10-12.
敬正书.2005.2005年中国水利发展报告.北京:中国水利水电出版社.
康乐.1990.生态系统的恢复与重建——现代生态学透视.北京:科学出版社.
李靖,周孝德.2009.叶尔羌河流域水生态承载力研究.西安理工大学学报,25(3):25-29.
李世杰,窦鸿身,舒金华,等.2006.我国湖泊水环境问题与水生态系统修复的探讨.中国水利,13:14-17.
李素清,李斌,张金屯.2005.黄土高原植被数量区划研究.环境科学与技术,28(3):60-63.
李贤伟,罗承德,胡庭兴.2001.长江上游退化森林生态系统恢复与重建刍议.生态学报,21(12):934-937.
李艳梅,曾文炉,周启星.2009.水生态功能分区的研究进展.应用生态学报,20(12):3101-3108.
李英明,潘军峰.2004.山西河流.北京:科学出版社.
李瑜,宋苏红.2009.地下水生态系统保护探讨.地下水,31(1):103-105.
李政海,王炜,刘钟龄.1995.退化草原围封恢复过程中草场质量动态的研究.内蒙古大学学报(自然科学版),26(3):334-336.
李宗峰.2005.茂县退化森林植被恢复及其与土壤养分的关系研究.重庆:西南师范大学硕士学位论文.
梁新阳,田新生.2002.山西省水环境问题浅析.科技情报开发与经济,5:3-4.
梁彦龄,刘伙泉.1995.草型湖泊资源、环境与渔业生态学管理.北京:科学出版社.
梁宗锁,左长清.2003.简论生态修复与水土保持生态建设.中国水土保持,(4):12-13.
林敬兰,蔡志发,陈明华,等.2002.闽南地区地形坡度与土壤侵蚀的关系研究.福建农业学报,17(2):86-89.
刘秉正,吴发启.1996.土壤侵蚀.西安:陕西人民出版社.
刘昌明,曾燕.2002.植被变化对产水量影响的研究.中国水利,10:112-117.
刘昌明,钟骏襄.1978.黄土高原森林对年径流影响的初步研究.地理学报,33(2):112-126.
刘超,陈娟,刘长燕.2009.邢台市水生态系统修复及保护方法探讨.南水北调与水利科技,7(3):94-97.
刘家宏,王光谦,李铁键.2005.数字流域关键技术研究.人民黄河,27(6):26-28.
刘建设.2007.水生态系统及其指标体系.中国给水排水,23(6):19-22.
刘淼,秦大庸,刘家宏,等.2009.基于NDVI的山西省植被覆盖度变化研究.人民黄河,31(5):17-18.
陆宏芳,夏汉平,彭少麟.2003."生态系统演替理论与生态恢复实践"学术研讨会概述.生态学报,23(1):218-219.
吕松,汪伟.2008.京山河流域水生态系统保护与修复规划.水利科技与经济,15(1):45-46.
罗跃初,周忠轩,孙铁,等.2003.流域生态系统健康评价方法.生态学报,23(8):1609-1614.
雒文生.1989.森林对降水和蒸发的影响.水文,6:32-36.
孟伟,张远,郑丙辉.2007.水生态区划方法及其在中国的应用前景.水科学进展,18(2):293-300.
莫兴国,刘苏峡,林忠辉,等.2004.黄土高原无定河流域水量平衡变化与植被恢复的关系模拟//中国水土保持学会.2004.全国水土保持生态修复研讨会论文汇编.175-181.
牛冲槐,张敏,樊燕萍.2006.山西省煤炭开采对生态环境影响评价.太原理工大学学报,37(6):50-54.

潘妮，梁川. 2008. 基于 TOPSISFS 的生态水文区划分及其应用. 红水河, 1：39-42.

彭少麟. 1995. 中国南亚热带退化生态系统的恢复及其生态效应. 应用与环境生物学报, 1（4）：403-414.

彭少麟. 1997. 恢复生态学与热带雨林的恢复. 世界科技研究与发展, 19（3）：58-61.

彭少麟. 2003. 热带亚热带恢复生态学理论与实践. 北京：科学出版社.

彭少麟，陆宏芳. 2003. 恢复生态学焦点问题. 生态学报, 23（7）：1249-1257.

濮培民，王国祥，李正魁，等. 2001. 健康水生态系统的退化及其修复——理论、技术及应用. 湖泊科学, 13（3）：193-203.

秦大河，丁一汇，苏纪兰，等. 2005. 中国气候与环境演变（下卷）. 北京：科学出版社.

任海，彭少麟. 1998. 中国南亚热带退化生态系统恢复及可持续发展//陈竺. 1998. 中国科协第三届青年学术研讨会论文集. 北京：中国科学技术出版社.

桑晓靖. 2003. 西部地区生态恢复与重建的生态经济评价. 干旱地区农业研究, 21（3）：171-174.

桑学锋，周祖昊，秦大庸，等. 2008. 改进 SWAT 模型在强人类活动地区的应用. 水利学报, （12）：1451-1460.

山西省水利厅. 2009. 山西省特大干旱年应急水源规划. 北京：中国水利水电出版社.

山西省水利厅，中国地质科学院岩溶地质研究所，山西省水资源管理委员会. 2008. 山西岩溶泉域水资源保护. 北京：中国水利水电出版社.

邵薇薇，杨大文，孙福宝，等. 2009. 黄土高原地区植被变化与水循环的关系研究. 清华大学学报（自然科学版），49（12）：1959-1961.

石培礼，李文华. 2001. 森林植被变化对水文过程和径流的影响效应. 自然资源学报, 16（5）：481-487.

史德明，韦启潘，梁音. 1996. 关于侵蚀土壤退化及其机理. 土壤, 3：140-144.

史晓艳，赵艺学. 2007. 基于生态足迹模型的区域生态经济发展分析——以山西为例. 晋中学院学报, 24（4）:40-47.

舒若杰，高建. 2006. 基于 CORELDRAW 软件的小流域模型雨滴测量试验研究. 农业工程学报, 22（11）:44-46.

宋永昌. 1997. 生态恢复是生态科学的最终试验. 中国生态学会通讯, 8（4）：4-5.

宋永昌，陈小勇，等. 2007. 中国东部常绿阔叶林生态系统退化机制与生态恢复. 北京：科学出版社.

孙慧南. 2001. 近 20 年来关于森林作用研究的进展. 自然资源学报, 16（5）：407-412.

孙建轩，张明. 1998. 论黄土高原水土保持型生态农业建设. 山西水利, 3：1-2.

陶希东. 2001. 河西走廊生态退化机制及其恢复与重建研究. 兰州：西北师范大学博士学位论文.

屠清瑛，顾丁锡，尹澄清，等. 1990. 巢湖富营养研究. 合肥：中国科学技术大学出版社.

王光谦，刘家宏. 2006. 数字流域模型. 北京：科学出版社.

王国梁，刘国彬，侯喜禄. 2002. 黄土高原丘陵沟壑区植被恢复重建后的物种多样性. 山地学报, 20（2）：182-187.

王浩，游进军. 2008. 水资源合理配置理论与进展. 水利学报, 39（10）：1168-1175.

王浩，陈敏建，秦大庸，等. 2003a. 西北地区水资源合理配置和承载能力研究. 郑州：黄河水利出版社.

王浩，秦大庸，王建华，等. 2003b. 区域缺水状态的识别及其多维调控. 资源科学, 25（6）：2-7.

王鸿飞，程剑峰，鲍要文. 2005. 对水生态系统保护与修复的探讨//中华人民共和国水利部. 2005. 中国水土保持探索与实践——小流域可持续发展研讨会论文集. 北京：中国水利水电出版社.

王焕榜. 1984. 正确认识自然规律科学评价森林对降水的影响. 海河水利, （1）：69-71.

王津，周涛. 2008. 浅析淮河流域水生态系统的保护与修复. 治淮, （11）：6-7.

王启文, 吴立波, 段晶晶. 2005. 作为饮用水源的微污染湖泊水库的生态修复. 机械给排水, (1): 1-4.

王清华, 李怀恩, 卢科锋, 等. 2004. 森林植被变化对径流及洪水的影响分析. 水资源与水工程学报, 15 (2): 21-24.

王瑞芳, 刘家宏, 秦大庸, 等. 2008. 山西省农业水分生产率评价. 节水灌溉, 30 (9): 40-42.

王炜, 刘钟龄, 郝敦元, 等. 1996. 内蒙古草原退化群落恢复演替的研究. 植物生态学报, 20 (5): 449-459.

王晓宇. 2006. 山西湿地资源利用与保护. 水资源与水工程学报, 3: 55-57.

王义凤. 1991. 黄土高原地区植被资源及其合理利用. 北京: 中国科学技术出版社.

王玉宽. 1993. 黄土丘陵沟壑区坡面径流侵蚀试验研究. 中国水土保持, 7: 22-24.

王治国. 2003. 关于生态修复若干概念与问题的讨论四. 中国水土保持, (10): 4-5.

魏天兴, 朱金兆. 2002. 黄土残塬沟壑区坡度和坡长对土壤侵蚀的影响分析. 北京林业大学学报, 24 (1): 59-62.

向成华, 刘洪英, 何成元. 2003. 恢复生态学的研究动态. 四川林业科技, 24 (2), 17-21.

谢高地, 甄霖, 鲁春霞, 等. 2007. 生态系统服务的供给、消费和价值化. 资源科学, 30 (1): 93-99.

熊怡, 张家桢. 1995. 中国水文区划. 北京: 科学出版社.

杨朝晖, 王浩, 褚俊英, 等. 2010. 海河流域生态系统价值评估与空间特征. 水利学报, 41 (9): 1121-1127.

杨海军, 内田泰三, 盛连喜, 等. 2004. 受损河岸生态系统修复研究进展. 东北师大学报 (自然科学版), 36 (1): 98-100.

杨汉波, 杨大文, 雷志栋, 等. 2008. 任意时间尺度上的流域水热耦合平衡方程的推导及验证. 水利学报, 29 (5): 610-616.

杨士荣, 霍志秀, 邓安利. 2002. 山西省水生态环境现状及保护治理对策. 水利发展研究, 1: 36-38.

杨锁林. 2010. 山西省煤炭开采区地下水资源管理保护对策研究. 中国水利, 9: 37-39.

杨志峰, 刘静玲, 孙涛, 等. 2006. 流域生态需水规律. 北京: 科学出版社.

叶延琼, 陈国阶, 杨定国. 2002. 岷江上游生态环境问题及整治对策. 重庆环境科学, 1: 4-7.

尹澄清, 兰智文, 晏维金, 等. 1995. 白洋淀水陆交错带对陆源营养物质的截流作用初步研究. 应用生态学报, 6 (1): 76-80.

于静洁, 刘昌明. 1989. 森林水文学研究综述. 地理研究, 89 (1): 88-98.

于赢东, 杨志勇, 秦大庸, 等. 2010. 变化环境下海河流域降水演变研究综述. 水文, 30 (4): 32-35.

余作岳, 彭少麟. 1996. 热带亚热带退化生态系统植被恢复的生态学研究. 广州: 广东科技出版社.

袁嘉祖, 朱劲伟. 1983. 森林降水效应评述. 北京林业学院学报, 4: 46-51.

张江汀. 2007. 山西水资源. 太原: 山西经济出版社.

张全, 杜鹏飞, 龚道孝. 2005. 生态区划的基本理论与方法//中国城市规划学会. 2005. 城市规划面对面——2005 城市规划年会论文集 (下). 北京: 中国水利水电出版社.

张小全, 侯振宏. 2003. 森林、造林、再造林和毁林的定义与碳计量问题. 林业科学, 39 (2): 145-152.

张亚群, 韩军青, 马志正. 2009. 山西省生态足迹诊断及动态预测分析. 山西师范大学学报 (自然科学版), 23 (4): 5-12.

张震克, 王苏民, 吴瑞金, 等. 2001. 中国湖泊水资源问题与优化调控战略. 自然资源学报, 16 (1): 6-21.

张卓文, 廖纯燕, 邓先珍, 等. 2004. 森林水文学研究现状及发展趋势. 湖北林业科技, 129: 34-37.

章家恩, 徐琪. 1997. 生态退化研究的基本内容与框架. 水土保持通报, 17 (6): 46-53.

章家恩，徐琪. 1999. 恢复生态学研究的一些基本问题探讨. 应用生态学报, 10 (1)：109-113.
章申，唐以剑，黄玉瑶，等. 1995. 白洋淀区域水污染控制研究（第一集）. 北京：科学出版社.
赵晓英，陈怀顺，孙成权. 2001. 恢复生态学——生态恢复的原理与方法. 北京：中国环境科学出版社.
郑粉莉. 1989. 发生细沟侵蚀的临界坡长与坡度. 中国水土保持，(8)：23-24.
周晓峰，赵惠勋，孙慧珍. 2001. 正确评价森林水文效应. 自然资源学报. 16 (5)：420-426.
左长清. 2004. 实施生态修复几个问题的探讨. 水土保持研究，9 (4)：4-6.
左中昌，董晓辉. 2002. 山西省水土保持生态环境建设五十年. 山西水土保持科技，12 (4)：16-17.
Aber J D, Jordan W. 1985. Restoration ecology: an environmental middle ground. Bio. Science, 35 (7): 74-82.
Adegoke J O, Carleton A M. 2002. Satellite vegetation index-soil moisture relations in the US corn belt. Journal of Hydrometeorology, 3: 395-405.
Arthington A H, Pusey B. 2003. Flow restoration and protection in Australian rivers. River Research and Applications, 19: 377-395.
Bailey R G, Hogg H C. 1986. A world ecoregions map for resource reporting. Environmental Conservation, 13: 195-202.
Bain M B, Harig A L, Loucks D P, et al. 2000. Aquatic ecosystem protection and restoration, advances in methods for assessment and evaluation. Environmental Science & Policy, 3 (supplement): 89-98.
Bohn B A, Kershner J L. 2002. Establishing aquatic restoration priorities using a watershed approach. Journal of Environmental Management, 64: 355-363.
Bosch J M, Hewlett J D. 1982. A review of catchment experiments to determine the effect of vegetation changes on water yield and evapotranspiration. Journal of Hydrology, 55: 3-23.
Boulain N, Cappelaere B, Seguis L, et al. 2006. Hydrologic and land use impacts on vegetation growth and NPP at the watershed scale in a semi-arid environment. Regional Environmental Change, 6 (3): 147-156.
Bradshaw A D. 1987. Restoration: An acid test for ecology//Jordan W R, Gilpin M E, Aber J D. 1987. Restoration ecology: A synthetic approach to ecological research. Cambridge: Cambridge University Press.
Cairns J Jr. 1991. The status of the theoretical and applied science of restoration ecology. The Environmental Professional, 13: 186-194.
Cairns J Jr. 1994. Ecosystem health through ecological restoration, barriers and opportunities. Journal of Aquatic Ecosystem Health, 3: 5-14.
Cairns J Jr. 1995a. Rehabilitating Damaged Ecosystem. Florida: CRC Press.
Cairns J Jr. 1995b. Restoration ecology. Encyclopedia of Environmental Biology, 3: 223-235.
Costanza R, d'Arge R, de Groot R, et al. 1997. The value of the world's ecosystem services and natural capital. Nature, 2: 387.
Daily G C. 1997. Natureps service: Socieal Dependence on Natural Ecosystems. Washington: Island Press.
Davis W M. 1996. How an implant caliper can aid in planning dental implant restoration. Journal of the American dental Association, 127 (9): 1377-1377.
Diamond J. 1987. Reflections on goals and on the relationship between theory and practice//Jordon W R III, Gilpin M E, Aber J D. 1987. Restoration Ecology, A Synthetic Approach to Ecological Research. Cambridge: Cambridge University Press.
Eagleson P S. 2002. Ecohydrology: Drawinian Expression of Vegetation Form and Function. Cambridge: Cambridge university Press.
Gaynor V. 1990. Prairie restoration on a corporate site. Restoration and Reclamation Review, 1 (1): 35-40.

Groot R S de, Wilson M A, Boumans R M J. 2002. A typology for the classification, description and valuation of ecosystem functions, goods and services. Ecological Economics, 41: 393-408.

Harper J L. 1987. Self-effacing Art: Restoration as imitation of nature//Jordon W R Ⅲ, Gilpin N, Aber J. 1987. Restoration ecology: A synthetic approach to ecological research. Cambridge: Cambridge University Press.

Hobbs J R. 2003. Ecological management and restoration, assessment, setting goals and measuring success. Ecological Management & Restoration, 4 (supplement): S2-S3.

Hobbs R J, Norton D A. 1996. Towards a conceptual frame word for restoration ecology. Restoration Ecology, 4 (2): 93-110.

Horton R E. 1945. Erosional development of streams and their drainage basins: Hydrophysical approach to quantitative morphology. Bulletin of the Geological Society of America, 56: 275-370.

Howarth R B, Farber S. 2002. Accounting for the value of ecosystem services. Ecological Economics, 41: 421-429.

John L, Paula K, Liz S, et al. 2000. Measuring the total economic value of restoring ecosystem services in an impaired river basin, results from a contingent valuation survey. Ecological Economics, 33: 103-117.

Jordan W R Ⅲ, Gilpin M E, Aber J D. 1986. Restoration Ecology, A Synthetic Approach to Ecological Research. Cambridge: Cambridge University Press.

Jordan W R Ⅲ. 1995. "Sunflower Forest", ecological restoration as the basis for a new environmental paradigm// Baldwin A D, Luce J D, Pletsch C. 1995. Beyond Preservation, Restoring and Inventing Landscape. Minneapolis: University of Minnesota Press.

Lamb D. 1994. Reforestation of degraded tropical forest lands in the Asia-Pacific region. Journal of Tropical Forest Science, 7 (1): 1-7.

Liu J H, Qin D Y, Wang H, et al. 2010. Dualistic water cycle pattern and its evolution in Haihe river basin. Chinese Science Bulletin, 52 (16): 1688-1697.

Liu Y H, An S Q, Xu Z, et al. 2006. Spatio-temporal variation of stable isotopes of river waters, water source identification and water security in the Heishui Valley (China) during the dry-season. Hydrogeology Journal, 16: 311-319.

Mansfield B, Towns D. 1997. Lessons of the islands: restoration in New Zealand. Restoration and Management Notes, 15 (2): 150-154.

Nuttle W K. 2002. Is ecohydrology one idea or many? Hydrological Sciences Journal, 47: 805-807.

Ruiz-Jaen M C, Aide T M. 2005a. Restoration success: How is it being measured? Restoration Ecology, 13 (3): 569-577.

Ruiz-Jaen M C, Aide T M. 2005b. Vegetation structure, species diversity, and ecosystem processes as measures of restoration success. Forest Ecology and Management, 218: 159-173.

Sabahattin Isik, Vijay P S. 2008. Hydrologic Regionalization of Watersheds in Turkey. Journal of Hydrologic Engineering, 13 (9): 824-827.

Shao W W, Yang D W, Hu H P, et al. 2009. Water resources allocation considering the water use flexible limit to water shortage—a case study in the Yellow River basin of China. Water Resources Management, 23: 869-880.

Shao W W, Yang D W. 2010. Analysis on the relationship between vegetation coverage and soil moisture in the Loess Plateau region of China. Advances in Geosliences: Hydrological Science, 17: 165-178.

Shapiro J. 1990. Bio-manipulation, the next phase-making it stable. Hydro Biologia, 200: 13-27.

Society for Ecological Restoration International Science & Policy Working Group. 2004. The SER International

Program on Ecological Restoration. http//www.ser.org［2005-07］.

Snelder T, Biggs B J F, Woods R A. 2005. Improved eco-hydrological classification of rivers. River Research and Applications, 21（6）: 609-628.

US National Research Council. 1992. Restoration of Aquatic Ecosystems. Washington DC: NatAcad Press.

Yamanaka T, Kaihotsu I, Oyunbaatar D, et al. 2007. Summertime soil hydrological cycle and surface energy balance on the Mongolian steppe. Journal of Arid Environments, 69（1）: 65-79.

Yang D W, Shao W W, Yeh Pat, et al. 2009. Impact of vegetation coverage on regional water balance in the non-humid regions of China. Water Resources Research, 45: W00A14, doi: 10.1029/2008WR006948.

Zhang L, Dawes W R, Walker G R. 1999. Predicting the effect of vegetation changes on catchment average water balance. CRC for Catchment Hydrology Technical Report, 99/12.

Zingg A W. 1940. Degree and length of land slope as it affects soil loss in runoff. Agricultural Engineering, 21: 59-64.